技能大师"亮技"丛书

FANUC 0i 数控车床编程技巧与实例
第 2 版

何贵显　王孝龙　陆　宇　编

精彩章节：
① 通过形象的实例讲解了前置刀架 G02/G03、G41/G42、刀尖方位号的相关知识。
② 详细地介绍了对刀、各类坐标系之间的关系。
③ 详细地介绍了 G71~G75 各循环的特点及使用时的注意事项，以图文并茂的方式对容易产生误解的地方着重进行了说明。
④ 详细地介绍了螺纹各项参数，其中尤其注重对螺纹车削的解释。
⑤ 以列表的形式将宏程序中数据更新的位置对自变量定义域的影响进行了详细的说明。
⑥ 分别以中心角和离心角为步距编写旋转椭圆、旋转双曲线宏程序，采用不同方案，异曲同工。

机械工业出版社

本书从一个一线实际数控机床操作者的角度,对数控编程及操作初学者容易困惑的内容进行了讲解。本书选择在工厂里应用最广泛、编程最具代表性的FANUC Series 0i – TC/TD车削系统为例进行讲解,侧重于手工编程。本书不仅对第1版中的程序进行了优化,还针对数控车削中的重点、难点,增加了十几个加工案例和加工技巧等内容。本书主要内容包括:数控机床安全操作规程,数控刀具和切削工艺的选择,数控车床编程,数控车床面板与操作,用户宏程序。本书附录还介绍了三角函数关系、数控操作面板常用术语英汉对照和非完全平方数二次根式的计算方法。

本书可供刚入门的数控编程、操作人员使用,也可作为职业院校数控专业的教材。

图书在版编目(CIP)数据

FANUC 0i数控车床编程技巧与实例 / 何贵显,王孝龙,陆宇编. —2版. -- 北京:机械工业出版社,2024.12. --(技能大师"亮技"丛书). -- ISBN 978-7-111-77301-6

Ⅰ.TG519.1

中国国家版本馆CIP数据核字第2025RE5899号

机械工业出版社(北京市百万庄大街22号　邮政编码100037)
策划编辑:王晓洁　　　　　　责任编辑:王晓洁　许　爽
责任校对:曹若菲　牟丽英　　封面设计:张　静
责任印制:邓　博
北京盛通数码印刷有限公司印刷
2025年2月第2版第1次印刷
190mm×210mm·12.667印张·340千字
标准书号:ISBN 978-7-111-77301-6
定价:59.80元

电话服务　　　　　　　　　网络服务
客服电话:010-88361066　　机　工　官　网:www.cmpbook.com
　　　　　010-88379833　　机　工　官　博:weibo.com/cmp1952
　　　　　010-68326294　　金　书　网:www.golden-book.com
封底无防伪标均为盗版　　　机工教育服务网:www.cmpedu.com

前言 PREFACE

本书全面落实党的二十大报告关于"实施科教兴国战略，强化现代化建设人才支撑"重要论述，明确把培养大国工匠和高技能人才作为重要目标，大力弘扬劳模精神、劳动精神及工匠精神，为全面建设技能型社会提供有力人才保障。

数控技术的发展早已形成规模，目前在我国的机械加工企业中，数控机床的普及率已经达到了60%，且其比例仍在不断增加，迫切需要大量的数控技术人员。对于一名数控技术人员来说，如果能够掌握合适的程序编制方法，往往可以成倍提高加工效率、降低加工成本。但数控加工岗位初入职的人员，由于理论知识不扎实、缺乏相应的培训及经验不足，在实际数控程序编制和加工过程中会遇到很多问题，这时往往不知所措，想学无门。目前虽然有关数控编程的书很多，但是大多是学校老师编写的理论性教材，真正针对数控加工实际问题的、容易读懂的书却很少。

本书内容来源于实践，服务于实践，从一个一线实际数控机床操作者的角度，对数控编程及操作初学者容易感到困惑的内容进行了讲解。编者先后操作过国内外10个品牌共20多个系列的数控面板，其编程操作大同小异，各有特点。本书选择在工厂里应用最广泛、编程最具代表性的FANUC Series 0i – TC/TD/TF车削系统为例进行讲解，侧重于手工编程。本书主要特色如下：

1. 不断修订更新。本书在修订过程中，增加了"麻花钻的刃磨方法""修爪器的使用方法""长棒料加工成多个小件的技巧""端面异形槽的加工"等十几个加工难点和加工技巧的说明，对书中原有程序进行了优化，并增加多个参考程序。

2. 内容来自实践。本书避免了"写书的人不会操作，操作的人不会写书"的缺点。本书编者是来自一线的数控机床操作人员，书中所写内容更是编者从数控编程操作和数控工艺人员的实际工作角度出发，精心编排的手工编程和宏程序编程最基本的知识和技能，并在其中融入了许多加工注意事项及自己的经验（许多方法是同类书中第一次提到）。其中对各个程序和指令的介绍不同于一般的教材，偏重于实际应用。书中每个程序都经过实际验证，大部分经过多个机床验证，以最大限度地保证图书内容的正确性、通用性和实用性。

3. 内容全面，实例丰富。本书涵盖数控车床常用指令和宏程序编程的全部内容，每个内容介绍时融入实际的应用案例，每个指令均结合编者亲身经历的多个加工实例进行介绍，非常易于理解、应用。除了正面的实例，本书还有许多反面的实例对照介绍，避免读者走同样的弯路。

4. 深入浅出，图文并茂，循序渐进。本书针对大部分数控操作工人和数控工艺人员的实际基础和水平，采用图文并茂的编写形式，将复杂和难理解的理论用图清楚地表现出来。

5. 技术精巧，注重细节。本书介绍了一般数控编程书中没有写到的重要细节（一般技术高手不愿意传授的内容），这些细节往往是影响加工质量和个人技能提高的关键技术，为广大数控编程初学者捅开了"数控编程及宏程序"的窗户纸。书中每个指令均配有操作提示和注意事项，除了一般数控书中结论性的内容，还介绍了计算和方案选择等内容。

编者积多年经验编出本书，希望能给初学者以参考，给从业者以借鉴。饮水思源，感念不忘，感谢政府的"阳光工程"以及台儿庄区人力资源和社会保障局黄礼辉老师、青岛科技大学穆晓亮老师的支持与帮助。书中错误及疏漏之处，敬请广大读者和同行不吝指正。

编　者

目录 CONTENTS

前言

第 1 章 数控机床安全操作规程 ………… 1
1.1 安全操作注意事项 ……………………… 1
1.2 文明生产要求 …………………………… 4
1.3 刀架注意事项 …………………………… 6
1.4 机床操作方法和经验 …………………… 7
1.5 数控机床的日常维护和保养 ………… 11
  1.5.1 数控机床的日常维护 ………… 11
  1.5.2 数控机床的日常保养 ………… 12
1.6 数控系统的日常维护 ………………… 13

第 2 章 数控刀具和切削工艺的选择 …… 14
2.1 金属切削刀具材料 …………………… 14
  2.1.1 常用刀具材料 ………………… 15
  2.1.2 新型刀具材料 ………………… 17
  2.1.3 涂层刀具材料 ………………… 18
2.2 数控刀具的选择 ……………………… 20
  2.2.1 影响数控刀具选择的因素 …… 20
  2.2.2 数控刀具的性能要求 ………… 20
  2.2.3 数控刀具的选择方法 ………… 21
  2.2.4 可转位刀片的型号 …………… 23
2.3 切削用量的选择 ……………………… 26
  2.3.1 切削速度的选择 ……………… 26
  2.3.2 进给量的选择 ………………… 26
  2.3.3 背吃刀量的选择 ……………… 27
  2.3.4 切削用量推荐表 ……………… 27
2.4 相关位置点的设置 …………………… 28
  2.4.1 对刀点 ………………………… 28
  2.4.2 起刀点和退刀点 ……………… 28
  2.4.3 换刀点 ………………………… 28

2.5 装刀的技术要求 ……………………… 29
2.6 车削加工顺序的安排 ………………… 29

第 3 章 数控车床编程 …………………… 30
3.1 数控车床的分类与特点 ……………… 30
  3.1.1 数控车床的分类 ……………… 30
  3.1.2 数控车床的特点 ……………… 31
3.2 数控车床坐标系 ……………………… 32
  3.2.1 数控车床的坐标系设置 ……… 32
  3.2.2 机床坐标系与机床原点 ……… 32
  3.2.3 参考坐标系与机床参考点的
     确定技巧 ……………………… 33
  3.2.4 工件坐标系与工件原点、编程
     零点的相互关系 ……………… 34
3.3 程序结构格式 ………………………… 34
  3.3.1 程序结构 ……………………… 34
  3.3.2 程序段的格式 ………………… 35
3.4 数控系统主要功能简介 ……………… 35
  3.4.1 准备功能（G 功能）………… 35
  3.4.2 刀具功能（T 功能）………… 37
  3.4.3 主轴设置指令 G97、G96、G50 … 37
  3.4.4 辅助功能（M 指令）………… 38
3.5 准备功能的使用方法详解及
  编程技巧 ……………………………… 42
  3.5.1 快速定位指令 G00 …………… 42
  3.5.2 直线插补指令 G01 …………… 44
  3.5.3 圆弧插补指令 G02、G03 …… 50
  3.5.4 暂停指令 G04 ………………… 52
  3.5.5 单位设置指令 G20、G21 …… 54
  3.5.6 参考点的相关指令 …………… 54

- 3.6 工件坐标系指令的使用方法详解 …… 56
  - 3.6.1 机床坐标系指令 G53 …… 56
  - 3.6.2 建立工件坐标系指令 G50 …… 57
  - 3.6.3 回零试切法设置 G54～G59 坐标系 …… 59
  - 3.6.4 设置刀具偏移值建立工件坐标系 …… 61
  - 3.6.5 改变工件坐标系 …… 63
  - 3.6.6 设定局部坐标系 …… 66
  - 3.6.7 各类坐标系之间的关系 …… 68
  - 3.6.8 对刀的注意事项 …… 70
- 3.7 固定循环指令的使用方法详解 …… 71
  - 3.7.1 外径/内径切削循环指令 G90 …… 71
  - 3.7.2 端面/锥面切削循环指令 G94 …… 73
  - 3.7.3 轴向粗车循环指令 G71 …… 76
  - 3.7.4 径向粗车循环指令 G72 …… 81
  - 3.7.5 仿形切削循环指令 G73 …… 84
  - 3.7.6 精车循环指令 G70 …… 89
  - 3.7.7 G71、G72 和 G73 指令的区别 …… 90
  - 3.7.8 端面切槽/钻孔循环指令 G74 …… 91
  - 3.7.9 内径/外径切槽循环指令 G75 …… 93
- 3.8 螺纹切削加工指令的使用方法详解 …… 99
  - 3.8.1 螺纹种类和各项参数 …… 100
  - 3.8.2 单步螺纹切削指令 G32 …… 109
  - 3.8.3 变螺距螺纹切削指令 G34 …… 112
  - 3.8.4 螺纹切削循环指令 G92 …… 112
  - 3.8.5 螺纹切削多重循环指令 G76 …… 128
- 3.9 车孔综合实例 …… 132
- 3.10 细长轴的车削 …… 136
- 3.11 子程序及其用法 …… 142
- 3.12 刀尖半径补偿指令（G41、G42）的用法 …… 145
  - 3.12.1 刀尖半径补偿的概念 …… 145
  - 3.12.2 刀尖半径补偿指令 G41、G42 …… 147
  - 3.12.3 刀尖半径补偿的过程 …… 148
  - 3.12.4 假想刀尖位置方向 …… 148
  - 3.12.5 补偿量的确定 …… 148
  - 3.12.6 使用刀尖半径补偿指令的注意事项 …… 149
- 3.13 前置刀架与后置刀架的区别 …… 152
- 3.14 麻花钻的刃磨方法 …… 153
- 3.15 修爪器的使用方法 …… 154
- 3.16 长棒料加工成多个小件的技巧 …… 156
- 3.17 端面异形槽的加工 …… 160

第 4 章 数控车床面板与操作 …… 165

- 4.1 数控车床面板 …… 165
  - 4.1.1 数控车床面板组成 …… 165
  - 4.1.2 操作面板 …… 166
  - 4.1.3 控制面板 …… 169
- 4.2 数控车床操作 …… 173
  - 4.2.1 开机与关机 …… 173
  - 4.2.2 手动操作 …… 173
  - 4.2.3 程序的编辑 …… 174

4.2.4 MDI 操作 …………………… 175	5.2.4 内槽 ……………………………… 236
4.2.5 程序运行 …………………… 176	5.2.5 外槽 ……………………………… 238
4.2.6 数据的输入/输出 …………… 177	5.2.6 端面槽 …………………………… 241
4.2.7 设定和显示数据 …………… 178	5.2.7 深孔 ……………………………… 244

第5章 用户宏程序 …………………… 181

5.1 宏程序基础知识 ……………………… 181
5.1.1 变量 ……………………………… 182
5.1.2 系统变量 ………………………… 187
5.1.3 运算指令 ………………………… 195
5.1.4 赋值与变量 ……………………… 203
5.1.5 宏语句和一般数控语句 ………… 203
5.1.6 转移和循环 ……………………… 204
5.1.7 宏程序调用 ……………………… 208
5.2 数控车床宏程序加工实例 …………… 219
5.2.1 简单零件（1）…………………… 219
5.2.2 简单零件（2）…………………… 224
5.2.3 简单零件（3）…………………… 230

5.2.8 钻削量递减式深孔 ……………… 247
5.2.9 椭圆 ……………………………… 251
5.2.10 抛物线 …………………………… 269
5.2.11 双曲线 …………………………… 273
5.2.12 正弦、余弦、正切曲线 ………… 282
5.2.13 米制梯形螺纹 …………………… 284

附录 ………………………………………… 289

附录A 三角函数关系 ………………… 289
附录B 数控操作面板常用术语
英汉对照 ……………………… 292
附录C 非完全平方数二次根式的
计算方法 ……………………… 294

参考文献 …………………………………… 296

第 1 章　数控机床安全操作规程

在数控机床的操作、调试、维修过程中，要始终把安全放在第一位，严格按照操作规程及有关规章制度操作，以保障人身和设备的安全。在操作、调试、维修过程中，要做到不伤害他人，不伤害自己，不被他人伤害。要理解"危险""警告""小心""注意"等有关警告符号的含义。

"危险"表示紧急危害状态，如不避免，将导致严重伤亡。在"危险"框中显示的信息必须严格遵守。

"警告"表示潜在的危害状态，是在对操作人员十分危险或对机床损害特别严重时使用，采取所有必要措施来注意所发生的警告，在未清楚警告指示内容时，如果无法避免，将导致严重伤亡。

"小心"表示潜在的危害状态，是在对操作人员及机床可能有轻微伤害、机械损坏时的提示。

"注意"是对操作人员在从事特殊加工步骤时的附加额外的提示，为确保在此情况下不出问题，操作人员应当对此提示给予充分考虑和重视。

数控机床是一种自动化程度很高的机加工设备，操作数控机床时必须小心仔细，正确地操作和维修、保养是正确使用数控机床的关键因素之一。正确操作使用能防止机床超负荷所致的非正常磨损，保持各项机械精度和参数指标，避免突发故障，避免因操作不慎造成的安全事故和经济损失；做好日常维护、保养，可以使机床保持良好的技术状态，延长使用寿命，延缓劣化进程。

1.1　安全操作注意事项

1）单人独自操作，不得两人或两人以上同时操作，不能在操作机床时嬉戏打闹。

2）工作时请按规定穿戴好劳动保护用品，穿好工作服、安全鞋，操作车、铣、钻床等主轴旋转的机床时，要注意不能戴手套、围巾、戒指、项链等，不能穿宽松的衣服，也不允许打领带，不能穿拖鞋、凉鞋、高跟鞋，留长发的女性要将头发盘起来，以免缠绕发生意外伤害。

3）操作前必须熟知每个按钮、旋钮、开关、按键和软键的含义。进口机床的操作面板多是英文，不明白含义的按钮、旋钮、开关、按键和软键不可随意操作，以免造成人身伤害或设备损坏。

4）请按照机床说明书或者铭牌提示加装润滑油、液压油、切削液。

5）禁止靠近旋转中的机床主轴，否则将导致严重伤害或死亡。

6）靠近停止的主轴前，请务必先确认机床所处的状态，机床可能随时起动！

7）机床运转时必须关闭防护门，以防发生伤害。

8）机床运转时不要站在防护门的正面。

9）对于有联锁功能的数控机床，运转中不要把防护门联锁功能设为断开，或把"联锁解除"设为有效，以确保安全。更不能觉得门联锁功能妨碍操作，而故意拆除或损坏，从而毁坏了安全的屏障。

10）操作车床时，如果夹持的棒料太长，伸出了主轴后端，在车削加工时要注意安全。

11）请勿靠近旋转中的转塔刀架，否则将导致伤害。

12）数显车床或经济型数控车床的档位是齿轮变速的，请务必在主轴完全停止之后再换档变速，以免损坏齿轮，主轴旋转时禁止变速！

13）小心顶尖，身体靠近顶尖时要小心。

14）小心刀具，刀具通常都比较锋利，小心划伤手指和身体的其他部位。

15）刀具很硬，但很脆，硬质合金、陶瓷及聚晶金刚石等材质的刀具都很脆，避免碰撞和跌落。

16）小心切屑，钢材、铝及铝合金等塑性金属的切屑都比较锋利，请勿用手直接去拿或戴着手套去拿，切屑有可能会割破手套而伤到手指。如果遇到切屑缠绕，应该用钩子钩。

17）小心压缩空气，压缩空气压力一般为 5~8atm（1atm = 101325Pa），应避免吹向眼睛和耳朵，否则会对人身造成伤害。

18）请务必夹紧、夹好刀具和工件，避免主轴高速旋转时产生的离心力甩出刀具或工件。

19）不要拆除、移动、损坏或污染安装在机床上的警示牌和铭牌。

20）不要在机床的周围放置障碍物，工作空间应保持足够大。

21）不允许使用压缩空气清洁机床电气柜及数控单元。

22）请戴上耳塞。多台机床在同时切削时将产生高分贝噪声，长时间处于高噪声环境，将会使人听力下降甚至永久丧失听力。

23）机床运行期间，要随时观察机床的运行状态，遇到碰撞或刀具损坏，应迅速按下急停开关，并向管理人员报告。

24）刀具、工件安装完成后，要注意检

查安全空间位置，并做模拟运行，以免正式操作时发生碰撞事故。

25）新编辑好的程序在自动运行之前一定要进行模拟检查，检查走刀轨迹是否正确，首次执行程序要细心调试，检查各项参数是否正确合理，是否有小数点遗漏，如果有问题及时改正。

26）数控机床的自动化程度很高，但并不属于无人加工，在切削过程中，操作者应经常观察，根据声音、噪声、振动及振纹等来及时判断和处理加工过程中出现的问题，不要随意离开工作岗位。

27）对于有液压卡盘的数控车床，要理解"内""外"卡盘的含义，"内"即正夹，"外"即反撑，只有当卡盘夹紧或者撑紧工件时（即使卡盘上没有工件），才可以起动主轴，否则会产生报警（CHUCK UNCLAMP），提示卡盘没有夹紧/撑紧！当主轴旋转时，即使踩了脚踏开关，夹紧/撑紧状态的主轴也不会松开，这是为了安全，当然这也需要设定参数。所以，操作者不要去随意修改机床的参数！但是，当机床输出了"M05"指令后，主轴处于减速但没有完全停止的状态时，如踩脚踏开关主轴就会松开，请注意！为避免工件甩出造成设备损坏和人身严重伤害，请根据机床厂商 PLC 参数来设置卡盘的夹紧/撑紧。

28）高压危险！未经专业知识培训，请勿擅自打开机床配电柜，高压电流将对人体产生严重伤害甚至死亡！不要用潮湿的手去接触开关，否则将会导致触电！

29）在暴风雨天气里，不要使用机床。

30）保持车间地面干燥、洁净。在车间加工环境中，地面上可能会留有水或油，避免发生滑倒等意外事件。

31）不要用赤裸的双手直接接触或搬运切削液，这样容易导致皮肤过敏，操作者如有过敏情形，更应该特别注意。

32）不要为了增加各运动轴正负向行程，而将限位块、行程开关等安全装置移走或加以干涉。

33）假如因为切削可燃性材料或是由于切削液具有可燃性，而有可能导致爆炸或者火灾的潜在危险时，应确保有相应材料对应型号的灭火器在旁边可以随时取用。此外，应要求提供潜在爆炸危险材料的供应商说明加工此类危险材料时的安全作业须知。

34）使用天车、吊索、吊钩或其他设备搬运工件时，应格外注意安全。

35）酒后或服用了某些神经抑制性药物后或身体虚弱、不舒服的情况下，不要操作机床。

36）加工完一个工件之后、中途测量尺寸或调头装夹时，最好稍等片刻再打开防护门，以防止吸入来自加工过程中因切削产生的高温而生成的切削液雾气。

37）数控机床要避免阳光的直接照射和其他热辐射，要避免放置在潮湿或粉尘过多的场所，特别要避免有腐蚀气体的场所。

38）为了避免电源不稳定给电子元件造成损坏，数控机床应采取专线供电或增设稳压装置。

1.2 文明生产要求

文明生产是企业生产管理中一项十分重要的内容，它直接影响产品质量，影响设备和工具、夹具及量具的使用寿命，影响技能的发挥。因此，操作者必须养成文明生产的工作习惯和严谨的工作作风，具有良好的职业素质、责任心，严格遵守数控机床的文明生产要求。

1）数控系统的编程、操作和维修人员必须经过专门的技术培训。操作数控机床前，应了解其功率、各种压力及加工范围等基本参数，避免因切削力过大而产生过载。许多数控机床都有过载保护，当刀具用钝了、选择了不合理的切削三要素或碰撞致使机床过载时，过载保护装置将自动断开以保护机床，主轴会停止旋转。此时，应把机床断电，等1~2min之后重新通电，重新通电之后应检查刀具补偿是否正确。

2）操作数控机床时，操作各个按钮、旋钮、开关、按键和软键时不得用力过猛，更不允许用扳手或其他尖锐的工具进行操作。

3）冬天气温降低时，一般需要暖机，以利于润滑油流动顺畅。一般开机回零后，先让主轴以50~200r/min的速度正转5~7min，然后提升转速，时间也相应缩短。下面是后倾斜45°，12位转塔刀架的数控车床上简单的暖机参考程序，实际应用时改一下数字，或者把主轴转速、进给速度和时间设置为变量。

```
O0009（NUAN JI CHENG XU）;
G97 M03 S100;
#1 = 0101;
N2 T#1;
G04 X3.;
#1 = #1 + 0101;
IF［#1 LE 1212］GOTO 2;
G00 U - 100. W - 100.;
```

```
    U100. W100. ;
    /M99 ;
也可以编程如下：
    O0003 （NUAN JI CHENG XU）；        暖机程序
    M03 S200 ;                          一般指定较低的转速，50~200r/min
    #1 = 100 ;
    WHILE ［#1 LE 800］ DO1 ;            把刀塔上的每一把刀具都换一遍
    T#1 ;                               换上1号刀具
    G53 X - 100. Z - 150. ;             快速移动到机床坐标系的安全位置，X-100. Z-150. 仅为示例
    G28 U0 W0 ;                         返回第一参考点
    G04 X3. ;                           暂停3s，3s仅为示例，也可以删除该程序段
    #1 = #1 + 100 ;                     刀具号码在改变
    END1 ;
    M99 ;
```

注意：T#1 此处仅为选择刀具，指定或不指定偏置号都可以。如果是10或12工位的刀塔，可以把［#1 LE 800］修改为［#1 LE 1000］或［#1 LE 1200］。

4）严禁在未经许可的情况下擅自修改数控系统厂家和机床厂家设定的机床参数、系统变量等，否则将导致机床产生意料之外的动作、碰撞或报警。

5）对于数控机床的某些英文报警信息，要理解其含义，绝不可随意关机再开机以解除报警。

6）手轮的转速不能超过5r/s，尤其是当手轮以0.1mm/刻度的倍率快速转动时，当手轮停止转动后，机床的运动轴不会立刻停止，还会移动一段距离，也就是说运动轴的移动速度跟不上手轮脉冲指令运动轴的移动速度，此时有可能会发生碰撞。

7）依机床负载（LOAD）指针指示修改切削三要素等加工参数，也可以依负载指针指示作为判断刀具磨损量的一个依据，及时查看是否需要更换刀具。

8）数控机床在使用过程中，工具、夹具及量具要合理使用和码放，不要把游标卡尺等量具倾斜着垫在工件上，要保持工作场地整洁有序，各类不同状态的零件分类码放整齐。

9）在操作手动卡盘的数控车床时，夹

紧或松开工件后，要记得把卡盘扳手拿下来，以免主轴旋转时甩出扳手造成人身伤害和设备损坏。

10）交接时，按照规定保养机床，认真做好交接班工作，对机床参数修改、刀具参数修改、程序执行情况及尺寸变化情况等，做好文字记录，以利于接班人员的继续工作。

11）机床发生事故，操作者要注意保护现场，并向维修人员如实说明事故发生前后的情况，以利于分析问题、查找事故原因和及时排除故障。

12）数控车床一定要有专人负责，严禁其他人员随意动用数控设备。

13）要认真填写数控机床的工作日志，交接班和更换产品后要做到首件必检，下班时做好交接工作，消除事故隐患。

14）交接班前，可以把工件计数器清零。

1.3 刀架注意事项

1）除非遇到紧急情况，在转塔刀架换刀时，不要随意单击复位键或按下急停开关，以免转塔刀架在没有锁紧的情况下停止换刀动作，致使刀架用手转动，引发报警"TURRET ALARM" "TURRET IS NOT READY" "TOOL MISS INDEX"，引起不必要的麻烦。

2）数控车床在换刀时突然断电或被按了复位键后，多数会产生报警"换刀时间过长"。前置 4 刀位刀架应该在 手动 或 手轮 方式下按一下手动换刀，如没有交换完成刀具就会交换后锁紧。但是，有一些机床在换刀没有完成时按复位键，也不报警，如果在刀具还差一个很小的角度即将被锁紧时，按了复位键，操作者没有发现在程序中指令的刀具还差一个很小的角度才到达正确的位置，即刀具没有被锁紧，然后转到 编辑 方式，移动光标找到这把刀具对应的程序段，转到 自动 方式，按循环启动按钮，那么这把在程序中指令了却又没有被锁紧的刀具也不会被锁紧，接着就会接近、接触工件，意外即将发生！所以在对换刀没有完成却又不报警的机床，应该用手转动一下刀架，如果能转动，说明刀具没有锁紧，在 手动 或 手轮 方式下，按一下手动换刀按键就可以了。

3）在数控车床转塔刀架上安装外圆车刀、外切槽刀及外螺纹刀等外加工刀具时，一定要留意刀具伸出的长度，要注意刀架的回转范围，避免换刀时刀尖划伤后面倾斜的防护板，造成刀尖损坏和防护板损坏。

4）数控车床手动对刀时，应注意选择合适的进给速度。刀架距工件要有足够的转位距离，以免发生碰撞。

5）装刀时，如果条件允许，尽量按照在程序中加工的先后顺序依次装刀，可以节省换刀的时间。

1.4 机床操作方法和经验

（1）开关机顺序　一般是先打开总闸/配电柜，然后打开机床开关，再打开面板开关，最后打开急停开关。接通面板开关的同时，请不要按面板上的键。在 LCD 屏显示坐标位置以前，不要按 CRT/MDI 面板的键。因为此时面板键还用于维修和特殊操作，有可能会引起意外。关机顺序与开机顺序相反。

正确的开关机顺序有利于减少开关机时电流对设备的电冲击。当遇到某些报警信息需要关机时，请在关机后 2min 之后再开机，不要频繁地进行开关机操作。

（2）开机操作中的注意事项　对于装有日本 FANUC、MITSUBISHI 等数控系统的面板、有绝对零点位置记忆的机床，开机后要先回零点，就是第一参考点。如果不回第一参考点，有的机床报警，有的不报警。不管报警与否，虽然在 手动 和 手轮 方式下都可以移动各运动轴，但在 MDI 、 自动 方式下各运动轴都不动作。机床参考点的位置在每个轴上都是通过减速行程开关粗定位，然后由编码器零位电脉冲（或称栅格零点）精定位的。

要先向各轴的负方向移动一段距离或角度之后再回零，至少脱离零点 50mm。多数机床都设有零点指示灯，当机床到达零点时，指示灯会亮。但是，如果机床在关机前到达了零点，再次开机时，机床的零点指示灯不会点亮，所以不能以零点指示灯的点亮与否来判断机床是否在零点上。如果机床已经在零点上，再次回零时，工作台会移动到硬件限位开关上，产生超程报警。

在执行了急停、机床锁定（MACHINE LOCK）及 Z 轴锁定（Z AXIS LOCK）之后，必须回零，否则在 自动 方式下会产生报警或不运行程序，而不报警的机床则极有可能产生碰撞！

对于数控车床，要先回 X 轴，再回 Z 轴，以避免刀具或刀架电动机与尾座和顶尖碰撞。

（3）换刀点的选择　在数控车床上，如

果只是卡盘夹持工件，没有用顶尖，换刀点可以选择在 X 轴、Z 轴正方向较大行程处；如果有顶尖顶着工件，换刀点应该选择在 X 轴正方向的较大行程处，避免换刀时发生碰撞，特别要注意较长的内孔刀。

（4）断屑问题　当粗车铝、钢材等塑性金属时，如果遇到切屑过长甚至发生缠绕等危险情况时，可以适当提高进给量，降低主轴转速，使每转进给量加大，减小切屑的弯曲半径，以利于断屑。必要时可以停主轴后，清理切屑。在加工下一个工件时，还可以适当增大背吃刀量。

（5）切削三要素　根据经验，一般情况下，切削三要素对尺寸有以下影响：

1）当切削速度 v_c 提高，每转进给量 f_r 不变，背吃刀量不变时，可以切除掉更多的金属材料。

2）当切削速度 v_c 不变，每转进给量 f_r 减小，背吃刀量不变时，可以切除掉更多的金属材料。

3）当切削速度 v_c 不变，每转进给量 f_r 不变，背吃刀量减小时，可以切除掉更多的金属材料。

如车削轴时，材料为 45 钢，轴尺寸为 ϕ40g7，查公差表得知，上极限偏差为 -0.009mm，下极限偏差为 -0.034mm，即 $\phi40g7\left(^{-0.009}_{-0.034}\right)$，在编程时编到公差带的中间值或略大，X39.98。如当主轴速度为 700r/min，进给量为 120mm/min 时，加工出来的尺寸为 ϕ39.98mm；当主轴速度为 700r/min，进给量为 100mm/min 时，加工出来的尺寸为 ϕ39.97mm；当主轴速度为 700r/min，进给量为 140mm/min 时，加工出来的尺寸为 ϕ39.99mm。所以当进给量发生改变时会影响尺寸。当调试好了刀具偏置值后又想修改进给量时，可微量修改刀具偏置值，以免工件尺寸超差。

（6）温度对尺寸的影响　热胀冷缩。当不加切削液加工铸铁时，温度对尺寸的影响尤其明显。例如：某小型面包车后轮制动鼓有一处尺寸为 $\phi240H9\left(^{+0.115}_{0}\right)$，编程尺寸为 X240.06。当粗车后温度较高，如果粗车后直接精车，会由于热胀冷缩严重，尺寸很难掌握；可以在粗车后放置一段时间，待零件温度降至室温时再精车，则尺寸较容易控制。当用新换的精车刀车削时，刚开始加工时温度较低，车削后温热，测量时尺寸为 ϕ240.10mm，温度降至室温时测量，尺寸为 ϕ240.03mm 左右；若干时间后，精车刀逐渐磨损，精车后温度较高甚至发烫，测量时尺寸为 ϕ240.20～ϕ240.25mm，当温度降低至 20～30℃ 时，测量尺寸为 ϕ240.05～ϕ240.10mm，合格。

（7）在数控车床上加工内孔和外圆时的注意事项　加工中可能会产生锥度，特别是内孔，如编 $\phi40H7\left(^{+0.025}_{0}\right)$ 的内孔的精加工程序。

　　G00 X40.01 Z2.；　　　　　定位到工件内孔尺寸外2mm
　　G01 Z－65. F150；　　　　　车削深度为65mm

当加工之后，用内径量表测量时，发现孔口尺寸为 $\phi40.01$ mm，孔深处的尺寸为 $\phi39.99$ mm，则可以修改程序为：

　　G00 X40.01 Z2.；　　　　　定位到工件内孔尺寸外2mm
　　G01 X40.03 Z－65. F150；　让刀具沿 X 轴走 0.02mm 的斜度，车削深度为65mm

则加工之后发现孔口处和孔深处尺寸相差无几。当然这和上一把粗车刀留给精车刀的余量有关系，和让刀也有关系。例如：粗车刀加工之后孔口的尺寸为 $\phi39.30$ mm，孔深处的尺寸为 $\phi39.20$ mm，多数情况下会造成精车后，孔深处的尺寸比孔口处的尺寸略小。如果在精加工之后，发现孔的尺寸相差比较大，在检查精车刀刀片是否磨损和崩刃的同时，<u>也要检查粗车刀刀片！</u>如粗车刀刀片出现较大磨损或崩刃，必然会影响精车刀加工的尺寸的稳定性。

（8）对平面度的要求很高的工件加工 如汽车制动鼓的摩擦面，编写如下的车端面的程序：

　　……
　　G00 X176. Z5.；
　　Z0.；
　　G01 X56. F120；

当制动鼓处于撑紧的状态时，加工后测量平面度很好，当卸下工件后，用直角尺和塞尺测量时发现中间鼓了0.03mm，则可以让刀具沿 Z 轴走 0.03mm 的斜度，当卸下工件后测量，可得到很好的平面度。

（9）有公差的孔的加工　一个工件上有两个公差孔 $\phi60H7$（$^{+0.03}_{\ 0}$）和 $\phi240H9$（$^{+0.115}_{\ 0}$），材质为铸铁，加工时不加切削液。需要粗精两把车刀加工，粗车刀加工后的尺寸分别为 $\phi59.40$ mm 和 $\phi239.40$ mm，对好精车刀之后，用同一个偏置值，比如T0303，在加工前把偏置值向 $-X$ 方向调了 0.1mm，按"－0.1"和［＋输入］，编程的尺寸为 X60.015 和 X240.06，精车刀车削之后实测尺寸为 $\phi59.90$ mm 和 $\phi239.96$ mm，也就是说，小孔比编程尺寸小了0.115mm，大孔比编程尺寸小了 0.1mm，可见大孔加工出来的尺寸有偏大的趋势。

如果对刀具偏置值不做调整，再次加工后测量，小孔尺寸为 $\phi59.93$ mm，大孔尺寸为 $\phi240.06$ mm，也就是说，再次加工时，小孔车削的金属比大孔的少。

此时，把精车刀 X 方向的偏置值调大 0.08mm，再次车削，则小孔尺寸为 φ60.03mm，大孔尺寸为 φ240.17mm，此时，温度为 70℃，待冷却至常温 20℃，尺寸分别为 φ60.01mm 和 φ240.04mm，也就是说，小孔尺寸随温度变化的量比大孔的小。

如果在对新的精车刀时把其 X 方向的偏置值调小了 0.1mm 之后，经加工后实测尺寸分别为 φ59.98mm 和 φ240.04mm，记下实测尺寸比此温度时的理想尺寸小了 φ0.05mm 和 φ0.02mm，再次加工时一定要注意，根据经验，最大让刀量按 φ0.15mm 计算（切削力越大，工件加工后的弹性变形也越大，不进刀的情况下再加工时切削掉的金属也越多），先把精车刀 X 方向的刀具偏置值调大（-0.15+0.05）mm = -0.10mm，车一段距离后，发现没有车到工件，立刻停机，之后点复位，再把相应的刀的刀具偏置值调大 0.05mm，重新读取刀具偏置，车一刀之后，测量两孔尺寸分别为 φ60.00mm 和 φ240.08mm，则再把精车刀的刀具偏置值调大 0.02mm，车一刀即可，此时车出的尺寸为 φ60.02mm 和 φ240.10mm，则调了 3 次后的刀具偏置值比原来车出 φ59.98mm 和 φ240.04mm 尺寸时的刀具偏置值大了（-0.10）mm + 0.05mm + 0.02mm = -0.03mm，原来车出 φ59.98mm 和 φ240.04mm 时的刀具偏置值比理想刀具偏置值小了 0.04mm，则此时把对应的刀具偏置值调大 0.07mm，重新车削一个工件基本上就合格了。

对于一个工件上有多处基本尺寸相差较大的公差孔/轴，最好用一把刀具对应多个偏置值来解决，例 T0303 和 T0305。

（10）刚开机机床的加工偏差　有些数控车床，上一次运行时加工的工件尺寸满足公差，但是在关机几个小时、次日早晨又重新开机回零并暖机后，由于温度的变化，加工的前几个工件会产生径向尺寸变化，甚至超差，一般在 φ0.01～φ0.04mm 内，建议记住这个值及方向，次日早晨调整。

（11）调试有效的状态　有些时候因为操作或者调试或者特殊编程的需要，加工某单个或者多个工件时，会使机床处于跳段、选择停止有效的状态，如果突然断电，则原本机床执行以上两种状态中的一种或两种，在复电之后，全部为关闭状态，如果没有注意，而进行了加工，则有可能产生废品。

（12）切削液的使用注意事项　注意切削液的种类、浓度及是否充分加注，切削时刀具、工件的温度，工件材质的切削加工属性，软硬程度（或是否有硬点），工件表面是否有黑皮，连续/断续切削，刀具材料，刀具的各项几何参数，加工方法，机床刚性，机床功率等许多因素都会或多或少地影响操作者对切削三要素的判断，进而影响工件的几何精度、表面质量。

（13）数控机床常见的操作故障

1）防护门未关，机床不能运转。

2）机床未回零。

3）主轴转速超过最高转速限定值。

4）程序内未设置 F 或 S 值。

5）进给倍率修调开关设为 0。

6）回零时离零点太近且回零速度太快，引起超程。

7）程序中，机床计算出的运行速度超过限定值。

8）刀具补偿参数设置错误。

9）刀具换刀位置不正确（离工件太近）。

10）G40 取消不当，使刀具切入已加工表面。

11）程序中使用了非法代码。

12）刀具半径补偿方向弄错。

13）切入、切出方式不当。

14）切削用量太大。

15）刀具钝化。

16）工件材质不均匀，引起振动。

17）机床被锁定（工作台不动）。

18）工件未夹紧。

19）对刀位置不正确，工件坐标系设置错误。

20）使用了不合理的 G 功能指令。

21）机床处于报警状态。

22）断电后或报过警的机床，没有重新回零。

1.5 数控机床的日常维护和保养

1.5.1 数控机床的日常维护

1）每天做好各导轨面的清洁。

2）每天检查主轴自动系统是否工作正常。

3）注意检查电气柜的冷却风扇是否工作正常、风道网有无堵塞。

4）注意检查冷却系统，检查液面高度，及时添加油或水，油、水脏时要更换清洗。

5）注意检查主轴驱动传动带，调整松紧程度。

6）注意检查导轨镶条松紧程度，调节间隙。

7）注意检查机床液压系统油箱液压泵有无异常噪声，工作油面高度是否合适，压力表指示是否正常，管路及各接头有无泄漏。

8）注意检查导轨、机床防护罩是否齐全有效。

9）注意检查各运动部件的机械精度，减少形状和位置误差。

10）每天下班前做好机床清扫卫生。

11）机床起动后，在机床自动连续运转前，必须监视其运转状态。

12）确认切削液输出通畅、流量充足。

13）机床运转时，不得调整刀具和测量工件尺寸，手不得靠近旋转的刀具和工件。

14）必须在停机后除去工件或刀具上的切屑。

15）加工完毕后关闭电源，清扫机床并涂防锈油。

16）导轨机油一般用耐磨液压油，自动泵油装置一般设置为每间隔 15 ~ 20min 泵油 10 ~ 15s。

1.5.2　数控机床的日常保养

数控机床的日常保养见表 1-1。

表 1-1　数控机床的日常保养

序号	检查周期	检查部位	检查要求
1	每天	导轨润滑油箱	检查油标、油量，及时添加润滑油，润滑泵能定时起动泵油及停止
2	每天	X、Z 轴导轨面	清除切屑及污物，检查润滑油是否充分、导轨面有无划伤损坏
3	每天	压缩空气源压力	确认气动控制系统压力在正常范围
4	每天	气源自动分水滤气器	及时清理分水器中滤出的水分，保证自动工作正常
5	每天	气液转换器和增压器油面	发现油量不够时及时补足油
6	每天	主轴润滑恒温油箱	确保主轴润滑恒温油箱工作正常，油量充足并调节温度范围
7	每天	机床液压系统	确保油箱、液压泵无异常噪声，压力指示正常，管路及各接头无泄漏，工作油面高度正常
8	每天	液压平衡系统	确保平衡压力指示正常，快速移动时平衡阀工作正常
9	每天	数控程序的输入/输出单元	确保其运行良好
10	每天	各种电气柜散热通风装置	确保各电气柜冷却风扇工作正常，风道过滤网无堵塞
11	每天	各种防护装置	确保导轨、机床防护罩等无松动、无漏水
12	每半年	滚珠丝杠	清洗丝杠上旧的润滑脂，涂上新润滑脂
13	每半年	液压油路	清洗溢流阀、减压阀、过滤器及油箱底，更换或过滤液压油
14	每半年	主轴润滑恒温油箱	清洗过滤器，更换润滑脂

(续)

序号	检查周期	检查部位	检查要求
15	每年	直流伺服电动机电刷	检查换向器表面，吹净炭粉，去除毛刺，更换长度过短的电刷，并应磨合后再使用
16	每年	润滑液，过滤器	清理润滑液池底，更换过滤器
17	不定期	各轴导轨上镶条，压滚轮	检查各轴导轨上镶条，压滚轮松紧状态按机床说明书调整
18	不定期	冷却水箱	检查液面高度，切削液太脏时需要更换并清理水箱底部，经常清洗过滤器
19	不定期	排屑器	经常清理切屑，检查有无卡住等
20	不定期	清理废油池	及时取走滤油池中废油，以免外溢
21	不定期	主轴传动带	调整主轴传动带松紧，按机床说明书调整

1.6 数控系统的日常维护

数控系统使用一定时间之后，某些元器件或机械部件总要损坏。为了延长元器件的寿命和零部件的磨损周期，防止各种故障，特别是恶性事故的发生，延长整台数控系统的使用寿命，就需要对数控系统进行日常维护。具体的日常维护要求，在数控系统的使用、维修说明书中一般都有明确的规定。总的来说，要注意以下几点：

1) 制订数控系统日常维护的规章制度。
2) 应尽量少开数控柜和强电柜的门。
3) 定时清理数控装置的散热通风系统。
4) 定期检查和更换直流电动机电刷。
5) 经常监控数控装置用的电网电压。
6) 需要定期更换存储器用的电池。
7) 数控系统长期不用时的维护。
8) 备用印制电路板的维护。

第 2 章 数控刀具和切削工艺的选择

2.1 金属切削刀具材料

刀具的发展在人类进步的历史上占有重要的地位。中国早在公元前28世纪—公元前20世纪，就已出现黄铜锥和纯铜的锥、钻、刀等铜质刀具。战国后期（公元前3世纪），由于掌握了渗碳技术，当时的钻头和锯与现代的扁钻和锯已有些相似之处。

然而，刀具的快速发展是在18世纪后期第一次工业革命时，伴随蒸汽机等机器的发展而来的。1783年，法国的勒内首先制出铣刀。1792年，英国的莫兹利制出丝锥和板牙。有关麻花钻的发明最早的文献记载是在1822年，但直到1864年才作为商品生产，那时的刀具是用整体高碳工具钢制造的，允许用的切削速度约为5m/min。1868年，英国的穆舍特制成含钨的合金工具钢。1898年，美国的泰勒和怀特发明了高速工具钢。1923年，德国的施勒特尔往碳化钨粉末中加进10%~20%的钴作为黏结剂，发明了碳化钨和钴的新合金，硬度仅次于金刚石，这是世界上人工制成的第一种硬质合金。用这种合金制成的刀具切削钢材时，切削刃会磨损很快，甚至刃口崩裂。1929年，美国的施瓦茨科夫在原有成分中加进了一定量的碳化钨和碳化钛的复式碳化物，改善了刀具切削钢材的性能。这是硬质合金发展史上的又一成就。

在采用合金工具钢时，刀具的切削速度提高到约8m/min，采用高速钢时，又提高2倍以上。到采用硬质合金时，又比用高速钢提高2倍以上，切削加工出的工件表面质量和尺寸精度也大大提高。

由于高速钢和硬质合金比较昂贵，刀具出现焊接和机械夹固式结构。1949—1950年间，美国开始在车刀上采用可转位刀片，不久即应用在铣刀和其他刀具上。1938年，德国德古萨公司取得关于陶瓷刀具的专利。1972年，美国通用电气公司生产了聚晶人造金刚石和聚晶立方氮化硼刀片。这些非金属刀具材料可使刀具以更高的速度切削。

1969年，瑞典山特维克钢厂取得用化学气相沉积法生产碳化钛涂层硬质合金刀片的专利。1972年，美国的邦沙和拉古兰发明了物理气相沉积法，在硬质合金或高速钢刀具表面涂覆碳化钛或氮化钛硬质层。刀具的基体是钨钛钴硬质合金或钨钴硬质合金，表面碳化钛涂层的厚度不过几微米，但是与同牌号的合金刀具相比，使用寿命延长了3倍，切削速度提高了25%～50%。

2.1.1 常用刀具材料

刀具材料是指刀具切削部分的材料。金属切削时，刀具切削部分直接和工件及切屑相接触，承受着很大的切削压力和冲击力，并受到工件及切屑的剧烈摩擦，产生很高的切削温度。刀具切削部分是在高温、高压及剧烈摩擦的恶劣条件下工作的。因此，刀具材料应具备高硬度、足够的强度和韧性、高耐磨性和耐热性、良好的导热性、良好的工艺性和经济性以及化学稳定性等基本性能。

1. 高速工具钢（High Speed Steel，HSS）

高速工具钢（简称高速钢）是一种含钨（W）、钼（Mo）、铬（Cr）及钒（V）等合金元素较多的工具钢，高速钢刀具制造简单，刃磨方便，容易通过刃磨得到锋利的刃口，它具有较好的力学性能和良好的工艺性，可以承受较大的切削力和冲击。高速钢的品种繁多，按切削性能可以分为普通高速钢和性能高速钢；按化学成分可以分为钨系、钨钼系和钼系高速钢；按制造工艺不同，可以分为熔炼高速钢和粉末冶金高速钢。

（1）普通高速钢 国内外使用最多的高速钢是 W6Mo5Cr4V2、W9Mo3Cr4V（钨钼系）及 W18Cr4V（W18 钨系）钢，含碳量为 0.7%～0.9%（质量分数），硬度为 63～66HRC，不适用于高速和硬材料切削。但由于金属钨的价格较高，国内外已较少采用钨系高速钢，较多采用钨钼系高速钢。

（2）高性能高速钢 高性能高速钢在普通高速钢中加入一些合金，如钴（Co）、铝（Al）等，使其耐热性、耐磨性又有进一步提高，热稳定性高。但其综合性能不如普通高速钢，不同牌号只有在各自规定的切削条件下，才能达到良好的加工效果。

（3）粉末冶金高速钢 粉末冶金高速钢是 20 世纪 60 年代出现的新型高速钢，可以避免熔炼钢产生的碳化物偏析。其强度、韧性比熔炼钢有很大提高，可用于加工超高强度钢、不锈钢及钛合金等难加工材料。可用于制造大型拉刀和齿轮刀具，特别是切削时受冲击载荷的刀具效果更好。

2. 硬质合金（Cemented Carbide）

硬质合金是用高硬度、难熔的金属化合物（碳化钨 WC、碳化钛 TiC 等）微米数量级的粉末与钴、钼及镍（Ni）等金属黏结剂，高压压制成形后再经高温烧结而成的粉末冶金制品。其高温碳化物的含量超过高速钢，具有硬度高（大于 89HRC）、熔点高、化学稳定性好及热稳定性好等特点，但其韧性差，脆性大，承受冲击和振动的能力差。其切削效率是高速钢刀具的 5～10 倍，切削线速度可达 220m/min，硬质合金是现在应用范围最广的刀具材料。

（1）普通硬质合金 常用的有 WC + Co 类和 TiC + WC + Co 类。

1）WC + Co 类（YG）：常用的牌号有

YG3⊖、YG3X（K01）、YG6（K20）、YG6X（K10）及 YG8（K30）等。数字表示钴（Co）的质量百分比含量，此类硬质合金强度好，硬度和耐磨性较差，主要用于加工铸铁及有色金属。钴的含量越高，韧性越好，适合粗加工；钴含量少的用于精加工。

2) TiC+WC+Co 类（YT）：常用的牌号有 YT5（P30）、YT14、YT15（P10）及 YT30（P01）等。此类硬质合金的硬度、耐磨性及耐热性都明显提高，但韧性、抗冲击振动性差，主要用于加工钢材。TiC 含量多，钴含量少，耐磨性好，适合精加工；TiC 含量少，钴含量多，承受冲击能力好，适合粗加工。

(2) 新型硬质合金 在上述两类硬质合金的基础上，添加某些金属的碳化物可以使其性能提高。如在 YG（K）类中添加碳化钽（TaC）或碳化铌（NbC），即 TiC+WC+TaC（NbC）+Co，可以细化颗粒、提高硬度和耐磨性，而韧性不变，还可以提高合金的高温硬度、高温强度和抗氧化能力，如 YG6A、YG8N、YG8P3 等。在 YT（P）类中添加合金，可以提高抗弯强度、冲击韧度、耐热性、耐磨性、高温强度及抗氧化能力等，既可以用于加工钢材，又可以加工铸铁和有色金属，被称为通用合金[代号 TW（M）]。此外，还有 TiC（或 TiN）基硬质合金（又称金属陶瓷）、超细晶粒硬质合金（如 YS2、YM051、YG610、YG643）等。硬质合金的分类、用途、性能、代号以及与旧牌号的对照见表 2-1。

表 2-1 硬质合金的分类、用途、性能、代号以及与旧牌号的对照

类别	成分	用途	被加工材料	常用代号	性能 耐磨性	性能 韧性	适用的加工阶段	相当于旧牌号
K 类（钨钴类）	WC+Co	适用于加工铸铁、有色金属等脆性材料或冲击性较大（如断续切削塑性金属）的特殊情况时也较合适	适用于加工短切屑的黑色金属、有色金属及非金属材料	K01	↑	↓	精加工	YG3
				K10			半精加工	YG6
				K20			粗加工	YG8
P 类（钨钛钴类）	WC+TiC+Co	适用于加工钢材或其他韧性较大的塑性金属，不宜于加工脆性金属	适用于加工长切屑的黑色金属	P01	↑	↓	精加工	YT30
				P10			半精加工	YT15
				P30			粗加工	YT5
M 类 [钨钛钽（铌）钴类]	TiC+WC+TaC（NbC）+Co	既可加工铸铁、有色金属，又可加工碳素钢、合金钢，故又称通用合金。主要用于加工高温合金、高锰钢、不锈钢以及可锻铸铁、球墨铸铁、合金铸铁等难加工材料	适用于加工长切屑或短切屑的黑色金属和有色金属	M10	↑	↓	精加工、半精加工	YW1
				M20			粗加工、半精加工	YW2

⊖ 牌号 YG3 标准 YS/T 400—1994 已被 GB/T 18376.1—2008 代替，但其牌号在国内仍有使用，故保留并将其对应的新标准牌号在括号中注明。

2.1.2 新型刀具材料

（1）涂层刀具材料　涂层刀具材料是指采用化学气相沉积（CVD）或物理气相沉积（PVD）法，在硬质合金或其他材料刀具基体上涂覆一薄层耐磨性高的难熔金属（或非金属）化合物而得到的刀具材料，较好地解决了材料硬度及耐磨性与强度及韧性的矛盾。

常用的涂层材料有 TiN、TiC、Al_2O_3 和超硬材料涂层。涂层材料的基体一般为粉末冶金高速钢或新牌号硬质合金。

（2）陶瓷刀具材料（Ceramics）　常用的陶瓷刀具材料是以 Al_2O_3 或 Si_3N_4 为基体成分，在高温下烧结而成。其硬度可达 91~95HRA，耐磨性比硬质合金高十几倍，适于加工冷硬铸铁和淬硬钢。陶瓷刀具的最大缺点是脆性大、强度低及导热性差。

1）Al_2O_3 基陶瓷刀具是在 Al_2O_3 中加入一定质量分数（15%~30%）的 TiC 和一定量金属（如 Ni、Mo 等）形成的。它可提高抗弯强度及断裂韧性，抗机械冲击和耐热冲击能力也得以提高，适用于各种铸铁及钢材的精加工、粗加工。此类牌号有 M16、SG3 及 AG2 等。

2）Si_3N_4 基陶瓷刀具比 Al_2O_3 基陶瓷刀具有更高的强度、韧性和疲劳强度，有更高的切削稳定性。其热稳定性更高，在 1300~1400℃时能正常切削，且允许更高的切削速度。其热导率为 Al_2O_3 基陶瓷刀具的 2~3 倍，因此耐热冲击能力更强。此类刀具适于端铣和切削有氧化皮的毛坯工件等。此外，Si_3N_4 基陶瓷刀具可对铸铁、淬硬钢等高硬度材料进行精加工和半精加工。此类牌号有 SM、7L、105、F85 等。

（3）超硬刀具材料　超硬刀具材料是金刚石和立方氮化硼的统称，用于超精加工及硬脆材料加工，聚晶金刚石和立方氮化硼越来越成为"普通"的刀具材料。

金刚石有天然及人造两类，除少数超精密及特殊用途外，工业上多使用人造聚晶金刚石（Poly Crystalline Diamond，PCD）作为刀具及磨具材料。金刚石具有极高的硬度、很好的导热性，可以刃磨得非常锋利，表面粗糙度值小，能在纳米级稳定切削。金刚石刀具具有较小的摩擦系数，能保证较好的工件质量，切削线速度可高达 1200m/min，主要用于加工各种有色金属、非金属材料及激光扫描器和高速摄影机的扫描棱镜、特型光学零件，电视、录像机、照相机零件，计算机磁盘等，但不适合加工钢铁类工件。一些小轿车铝合金轮毂的镜面就是金刚石刀具加工出来的。

立方氮化硼（Cubic Boron Nitride，CBN）有很高的硬度和良好的耐磨性，热稳定性比金刚石高1倍，可以高速切削高温合金，切削速度比硬质合金高3~5倍；有优良的化学稳定性，适于加工钢铁材料；导热性比金刚石差但比其他材料好很多，抗弯强度和断裂韧度介于硬质合金和陶瓷之间。使用立方氮化硼刀具，可加工以前只能用磨削方法加工的特种钢，它还非常适合用于数控机床。

2.1.3 涂层刀具材料

1. 涂层的特性

（1）硬度 涂层带来的高表面硬度是提高刀具寿命的最佳方式之一。一般而言，刀具材料或表面的硬度越高，刀具的寿命越长。氮碳化钛（TiCN）涂层比氮化钛（TiN）涂层具有更高的硬度。由于增加了含碳量，使TiCN涂层的硬度提高了33%，其硬度变化范围为3000~4000HV（取决于制造商）。表面硬度高达9000HV的CVD金刚石涂层在刀具上的应用已较为成熟，与PVD涂层刀具相比，CVD金刚石涂层刀具的寿命提高了10~20倍。金刚石涂层的硬度和切削速度可比未涂层刀具提高2~3倍，使其成为非铁族材料切削加工的首选。

（2）耐磨性 耐磨性是指涂层抵抗磨损的能力。虽然某些工件材料本身硬度可能并不太高，但在生产过程中添加的元素和采用的工艺可能会引起刀具切削刃崩裂或磨钝。

（3）表面润滑性 高摩擦系数会增加切削热，导致涂层寿命缩短甚至失效。而降低摩擦系数可以大大延长刀具寿命。细腻光滑或纹理规则的涂层表面有助于降低切削热，因为光滑的表面可使切屑迅速滑离，从而减少热量的产生。与未涂层刀具相比，表面润滑性更好的涂层刀具还能以更高的切削速度进行加工，从而进一步避免与工件材料发生高温熔焊。

（4）氧化温度 氧化温度是指涂层开始分解时的温度值。氧化温度值越高，对在高温条件下的切削加工越有利。虽然TiAlN涂层的常温硬度也许低于TiCN涂层，但事实证明它在高温加工中要比TiCN有效得多。TiAlN涂层在高温下仍能保持其硬度的原因在于可在刀具与切屑之间形成一层氧化铝，氧化铝层可将热量从刀具传入工件或切屑。与高速钢刀具相比，硬质合金刀具的切削速度通常更高，这就使TiAlN成为硬质合金刀具的首选涂层，硬质合金钻头和立铣刀通常采用这种TiAlN涂层。

（5）抗黏结性 涂层的抗黏结性可防止或减轻刀具与被加工材料发生化学反应，避免工件材料沉积在刀具上。在加工有色金属（如铝、黄铜等）时，刀具上经常会产生积屑瘤，从而造成刀具崩刃或工件尺寸超差。一旦被加工材料开始黏附在刀具上，黏附就会不断扩大。例如，用成形丝锥加工铝质工件时，加工完每个孔后丝锥上黏附的铝都会增加，以致最后使得丝锥直径变得过大，造成工件尺寸超差报废。具有良好抗黏结性的涂层甚至在切削液性能不良或浓度不足的加工场合也能起到很好的作用。

2. 常用的涂层

（1）氮化钛（TiN）涂层　TiN 是一种通用型 PVD 涂层，可以提高刀具硬度并具有较高的氧化温度。该涂层用于高速钢切削刀具或成形工具可获得不错的加工效果。

（2）氮碳化钛（TiCN）涂层　TiCN 涂层中添加的碳元素可提高刀具硬度并获得更好的表面润滑性，是高速钢刀具的理想涂层。

（3）氮铝钛或氮钛铝（TiAlN/AlTiN）涂层　TiAlN/AlTiN 涂层中形成的氧化铝层可以有效提高刀具的高温加工寿命。该涂层主要用于干式或半干式切削加工的硬质合金刀具。根据涂层中所含铝和钛的比例不同，AlTiN 涂层可提供比 TiAlN 涂层更高的表面硬度，因此它是高速加工领域又一个可供选择的涂层。

（4）氮化铬（CrN）涂层　CrN 涂层良好的抗黏结性使其在容易产生积屑瘤的加工中成为首选涂层。涂覆了这种几乎无形的涂层后，高速钢刀具或硬质合金刀具和成形工具的加工性能将会大大改善。

（5）金刚石（Diamond）涂层　CVD 金刚石涂层可为有色金属材料加工刀具提供最佳性能，是加工石墨、金属基复合材料（MMC）、高硅铝合金及许多其他高磨蚀材料的理想涂层（注意：纯金刚石涂层刀具不能用于加工钢件，因为加工钢件时会产生大量切削热，并导致发生化学反应，使涂层与刀具之间的黏附层遭到破坏）。

适用于硬铣、攻螺纹和钻削加工的涂层各不相同，分别有其特定的使用场合。此外，还可以采用多层涂层，此类涂层在表层与刀具基体之间还嵌入了其他涂层，可以进一步提高刀具的使用寿命。

3. 涂层的应用

实现涂层的高性价比应用可能取决于许多因素，但对于每种特定的加工应用而言，通常只有一种或几种可行的涂层选择。涂层及其特性的选择是否正确意味着加工性能明显提高与几乎没有改善之间的区别。背吃刀量、切削速度和切削液都可能对刀具涂层的应用效果产生影响。

由于在一种工件材料的加工中存在着许多变量，因此确定选用何种涂层的最好方法之一就是试切。涂层供应商们正在不断开发更多的新涂层，以进一步提高涂层的耐高温、耐摩擦和耐磨损性能。

2.2 数控刀具的选择

2.2.1 影响数控刀具选择的因素

在选择刀具的类型和规格时,主要考虑以下因素:

(1) 生产性质　这里的生产性质指的是零件的批量大小,主要从加工成本上考虑对刀具选择的影响。例如:在大量生产时采用特殊刀具,可能是合算的;而在单件或小批量生产时,选择标准刀具更适合一些。

(2) 机床类型　完成该工序所用的数控机床对选择的刀具类型(钻头、车刀)的影响主要体现在,在能够保证工件系统和刀具系统刚性好的条件下,允许采用高生产率的刀具,例如高速切削车刀和大进给量车刀。

(3) 数控加工方案　不同的数控加工方案可以采用不同类型的刀具。例如:孔的加工可以用钻头及扩孔钻,也可用钻头和镗刀。

(4) 工件的尺寸及外形　工件的尺寸及外形也影响刀具类型和规格的选择。例如:特型表面要采用特殊的刀具来加工。

(5) 加工表面质量　加工表面质量影响刀具的结构形状和切削用量。例如:毛坯粗铣加工时可采用粗齿铣刀;精铣时最好用细齿铣刀。

(6) 加工精度　加工精度影响精加工刀具的类型和结构形状。例如,孔的最后加工依据孔的精度可用钻、扩孔钻、铰刀或镗刀。

(7) 工件材料　工件材料将决定刀具材料和切削部分几何参数的选择,刀具材料与工件的加工精度、材料硬度等有关。

2.2.2 数控刀具的性能要求

由于数控机床具有加工精度高、加工效率高、加工工序集中和零件装夹次数少的特点,因此对所使用的数控刀具提出了更高的要求。从刀具性能上讲,数控刀具应高于普通机床所使用的刀具。

选择数控刀具时,优先选用标准刀具,必要时才可选用各种高效率的复合刀具及特殊的专用刀具。在选择标准数控刀具时,应结合实际情况,尽可能选用各种先进刀具,如可转位刀具、整体硬质合金刀具及陶瓷刀具等。在选择数控机床加工刀具时,还应考虑以下几方面的问题。

(1) 类型、规格和精度等级　数控刀具的类型、规格和精度等级应能够满足加工要求,刀具材料应与工件材料相适应。

(2) 切削性能好　为适应刀具在粗加工或对难加工材料的工件加工时能采用较大背吃刀量和较高进给量,刀具应具有能够承受高速切削和强力切削的性能。同时，同一批刀具在切削性能和刀具寿命方面一定要稳定，以便实现按刀具使用寿命换刀或由数控系统对刀具寿命进行管理。

（3）精度高　为适应数控加工的高精度和自动换刀等要求，刀具必须具有较高的精度。

（4）可靠性高　要保证数控加工中不会发生刀具意外损伤及潜在缺陷而影响到加工的顺利进行，要求刀具及与之组合的附件必须具有很好的可靠性及较强的适应性。

（5）寿命长　数控加工的刀具，不论在粗加工或精加工中，都应具有比普通机床加工所用刀具更长的寿命，以尽量减少更换或修磨刀具及对刀的次数，从而提高数控机床的加工效率和保证加工质量。

（6）断屑及排屑性能好　数控加工中，断屑和排屑不像普通机床加工那样能及时由人工处理，切屑易缠绕在刀具和工件上，会损坏刀具和划伤工件已加工表面，甚至会发生伤人和设备事故，影响加工质量和机床的安全运行，所以要求刀具具有较好的断屑和排屑性能。

2.2.3　数控刀具的选择方法

1. 车削刀具的选用原则

刀具的选择是数控加工工艺中的重要内容之一，不仅影响机床的加工效率，而且直接影响零件的加工质量。由于数控机床的主轴转速及范围远远高于普通机床，而且主轴输出功率较大，因此与传统加工方法相比，对数控加工刀具提出了更高的要求，包括精度高、强度大、刚性好及寿命长，而且要求尺寸稳定，安装调整方便。这就要求刀具的结构合理、几何参数标准化及系列化。数控刀具是提高加工效率的先决条件之一，它的选用取决于被加工零件的几何形状、材料状态、夹具和机床选用刀具的刚性。刀具选择时应考虑以下方面。

（1）根据零件材料的切削性能选择刀具　如车削或铣削高强度钢、钛合金及不锈钢零件，建议选择耐磨性较好的可转位硬质合金刀具。

（2）根据零件的加工阶段选择刀具　粗加工阶段以去除余量为主，应选择刚性较好、精度较低的刀具；半精加工、精加工阶段以保证零件的加工精度和产品质量为主，应选择耐用度高、精度较高的刀具。粗加工阶段所用刀具的精度最低，而精加工阶段所用刀具的精度最高。如果粗、精加工选择相同的刀具，建议粗加工时选用精加工淘汰下来的刀具，因为精加工淘汰的刀具磨损情况大多为刃部轻微磨损，涂层磨损修光，继续使用会影响精加工的加工质量，但对粗加工的影响较小。

（3）根据刀具寿命选择刀具　刀具寿命与切削用量有密切关系。在确定切削用量时，

应首先选择合理的刀具寿命,而合理的刀具寿命则应根据优化的目标而定。一般分最高生产率刀具寿命和最低成本刀具寿命两种,前者根据单件工时最少的目标确定,后者根据工序成本最低的目标确定。

选择刀具寿命时可考虑以下几点:根据刀具复杂程度、制造和磨刀成本来选择。

1)复杂和精度高的刀具寿命应选得比单刃刀具高些。

2)对于机夹可转位刀具,由于换刀时间短,为了充分发挥其切削性能,提高生产效率,刀具寿命可选得低些,一般取 15~30min。

3)对于装刀、换刀和调刀比较复杂的多刀机床、组合机床与自动化加工刀具,刀具寿命应选得高些,尤其应保证刀具可靠性。

4)当车间内某一工序的生产率限制了整个车间的生产率的提高时,该工序的刀具寿命要选得低些;当某工序单位时间内所分担到的全厂开支较大时,刀具寿命也应选得低些。

5)大件精加工时,为保证至少完成一次走刀,避免切削时中途换刀,刀具寿命应按零件精度和表面质量来确定。

数控机床上所选用的刀具常采用适应高速切削的刀具材料(如高速钢、超细粒度硬质合金),并使用可转位刀片。

2. 数控车削刀具类型的选择

数控车削车刀常用的一般分为成形车刀、尖形车刀及圆弧形车刀三类。

(1)成形车刀 也称样板车刀,其加工零件的轮廓形状完全由车刀切削刃的形状和尺寸决定。数控车削加工中,常见的成形车刀有小半径圆弧车刀、非矩形车槽刀和螺纹刀等。在数控加工中,应尽量少用或不用成形车刀。尖形车刀是以直线形切削刃为特征的车刀。这类车刀的刀尖由直线形的主副切削刃构成,如 90°内外圆车刀、左右端面车刀、切槽(切断)车刀及刀尖倒棱很小的各种外圆和内孔车刀。

(2)尖形车刀 尖形车刀几何参数(主要是几何角度)的选择方法与普通车削时基本相同,但应结合数控加工的特点(如加工路线、加工干涉等)进行全面的考虑,并应兼顾刀尖本身的强度。

(3)圆弧形车刀 圆弧形车刀是以一圆度或线轮廓度误差很小的圆弧形切削刃为特征的车刀。该车刀圆弧刃每一点都是圆弧形车刀的刀尖,因此刀位点不在圆弧上,而在该圆弧的圆心上。圆弧形车刀可以用于车削内外表面,特别适合于车削各种光滑连接(凹形)的成形面。选择车刀圆弧半径时应考虑车刀切削刃的圆弧半径应小于或等于零件凹形轮廓上的最小曲率半径,以免发生加工干涉。该半径不宜选择太小,否则不但制造困难,还会因刀尖强度太弱或刀体散热能力差而导致车刀损坏。

2.2.4 可转位刀片的型号

1. 国际通用牌号

国际标准刀片牌号见表 2-2。

P：steel，相当于中国标准的 YT 牌号，适合加工钢材。

M：stainless，相当于中国标准的 YW 牌号，适合加工不锈钢。

K：cast iron，相当于中国标准的 YG 牌号，适合加工铸铁。

表 2-2 国际标准刀片牌号

工件材料		代码
钢	非合金和合金钢，高合金钢，不锈钢，铁素体，马氏体	P（蓝）
不锈钢和铸钢	奥氏体，铁素体—奥氏体	M（黄）
铸铁	可锻铸铁，灰铸铁，球墨铸铁	K（红）
NF 金属	有色金属和非金属材料	N（绿）
难切削材料	以镍或钴为基体的热固性材料，钛，钛合金及难切削加工的高合金钢	S（棕）
硬材料	淬硬钢，淬硬铸件和冷硬模铸件，锰钢	H（白）

2. 我国可转位刀片型号

我国相当一部分刀具标准，等效采用 ISO 相关标准。现列举部分如下：

（1）可转位刀具、刀片型号编制标准

1）可转位车刀型号表示规则。GB/T 5343.1—2007，它等效采用 ISO 5608：1995。它适用于可转位外圆车刀、端面车刀、仿形车刀及拼装复合刀具的模块刀头的型号编制。其型号也是由按规定顺序排列的一组字母和数字代号所组成。

2）可转位刀片型号表示规则。GB/T 2076—2021，等效 ISO 1832：2017，国内外硬质合金厂生产的切削用可转位刀片（包括车刀片和铣刀片）的型号都符合这个标准。它是由给定意义的字母和数字代号，按一定顺序排列的 10 位组成，可转位刀片的型号与意义见表 2-3。

标准规定，任何一个刀片型号都必须用前 7 个号位表示，其中第 8 和第 9 个号位分别表示切削刃截面形状和刀片切削方向，只有在需要的情况下才标出。

（2）可转位刀片的标准

1）GB/T 2079—2015 无孔的硬质合金可转位刀片。此标准等采用国际标准 ISO 0883：2013。标准中规定了 TNUN、TNGN、TPUN、TPGN、SNUN、SNGN、SPUN、SPGN、TPUR、TPMR、SPUR 及 SPMR 共 12 种类型刀片的系列尺寸。

表 2-3 可转位刀片的型号与意义

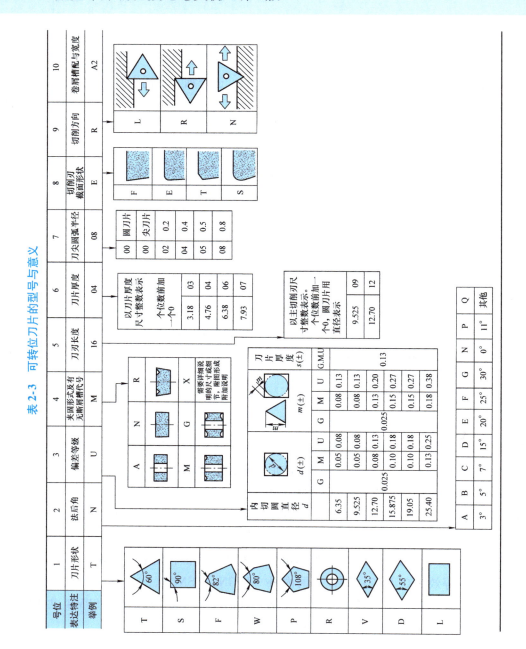

2) GB/T 2077—2023 硬质合金可转位刀片圆角半径。此标准等效采用国际标准 ISO 3286：2016。标准规定刀尖圆角半径 r_ε 的尺寸系列为 0.2mm、0.4mm、0.8mm、1.6mm、2.0mm、2.4mm 及 3.2mm。

3) GB/T 2078—2019 带圆孔的硬质合金可转位刀片。此标准等效采用国际标准 ISO 3364：2017。标准中规定了 TNUM、TNMM、TNUG、TNMG、TNUA、TNMA、ENUM、FNMM、WNUM、SNUM、SNMM、SNUG、SNMG、SNUA、SNMA、CNUM、CNMM、CNUG、CNMG、CNUA、CNMA、DNUM、DNMM、DNUG、DNMG、DNUA、DNMA、VNUM、VNMM、VNUG、VNMG、VNUA、VNMA、RNUM 及 RNMM 共 35 种类型的带圆孔硬质合金刀片尺寸系列。

4) GB/T 2081—2018 硬质合金可转位铣刀片。此标准等效采用国际标准 ISO 3365：2016。此标准规定了 SNAN、SNCN、SNKN、SPAN、SPCN、SPKN、SECN、TPAN、TPCN、TPKN、TECN、FPCN 及 LPEX 共 13 种类型的可转位铣刀片系列尺寸。

5) GB/T 2080—2007 带圆角沉孔硬质合金可转位刀片。此标准等效采用国际标准 ISO 6987：1998。标准中规定了 TCMW、TCMT、WCMW、WCMT、SCMW、SCMT、CCMW、CCMT、DCMW、DCMT、RCMW 及 RCMT 共 12 种类型的沉孔硬质合金可转位刀片系列尺寸。

(3) 刀片的紧固方式　机夹可转位刀片一般通过机械方式夹紧固定，刀片常见的紧固方式如图 2-1 所示。

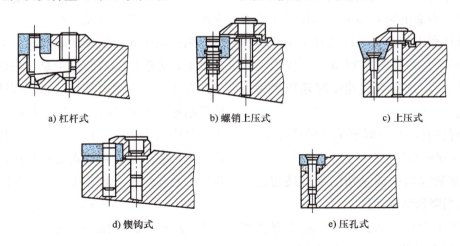

图 2-1　刀片常见的紧固方式

2.3 切削用量的选择

数控编程时,编程人员必须确定每道工序的切削用量,并以指令的形式写入程序中。切削用量包括切削速度、进给量及背吃刀量等。根据不同的加工方法、刀具材料及工件材料等信息,需要选用不同的切削用量。切削用量的选择原则是:保证零件加工精度和表面质量,充分发挥刀具切削性能,保证合理的刀具寿命,并充分发挥机床的性能,最大限度提高生产率和降低成本。

2.3.1 切削速度的选择

切削速度 v_c 对切削温度的影响最大,也就是对刀具寿命的影响最大。选择时主要考虑刀具材料和工件材料,以及加工的经济性(注意:切削负载不能超过机床主轴电动机的额定功率)。选择切削速度时还应考虑下列因素:

1) 要注意避开积屑瘤生成的速度范围,一般为 5~60m/min。

2) 在断续切削或是切削带有硬皮的工件时,适当降低切削速度。

3) 加工大件、细长轴时,适当降低切削速度,提高刀具寿命,一刀完成加工。

切削速度的计算公式为

$$v_c = \pi D n / 1000$$

式中 v_c——切削线速度(m/min);
n——主轴转速(r/min);
D——工件直径(mm)。

则 $n = 1000v_c/\pi D \approx 318v_c/D$。计算的主轴转速 n,要选取机床有的或较接近的转速。

2.3.2 进给量的选择

进给量 f 对切削温度的影响次之。进给量是数控机床切削用量中的重要参数,主要根据零件的加工精度和表面质量要求以及刀具、工件的材料性质选取。最大进给量受机床刚性和进给系统性能的影响。确定进给量的原则:在保证工件质量的同时,为提高生产效率,可选择较高的进给量;在切断、加工深孔或用高速钢刀具加工时,宜选较低的进给量;当加工精度、表面质量要求高时,进给量应选小些;刀具空行程时,特别是远距离"回零"时,可以设定该机床数控系统设定的最高快速移动速度。每分钟进给量为

$$f = n f_r$$

式中 f_r——每转进给量(mm/r);
f——每分进给量(mm/min);
n——主轴转速(r/min)。

2.3.3 背吃刀量的选择

背吃刀量 a_p 对切削温度的影响最小。背吃刀量根据机床、工件和刀具的刚度来决定，在刚度允许的条件下，应尽可能使背吃刀量等于工件的加工余量，这样可以减少走刀次数，提高生产效率。为了保证加工表面质量，可留少量精加工余量，一般 0.1~0.5mm。总之，切削用量的具体数值应根据机床性能、相关的手册并结合实际经验用类比方法确定。

同时，应使切削速度、背吃刀量及进给量三者能相互适应，以形成最佳切削用量。

背吃刀量 a_p 的计算公式

$$a_p = (d_w - d_m)/2$$

式中 d_w——待加工表面外圆/内孔直径（mm）；
d_m——已加工表面外圆/内孔直径（mm）。

切削用量不仅是在机床调整前必须确定的重要参数，而且其数值合理与否对加工质量、加工效率及生产成本等有着非常重要的影响。所谓"合理"的切削用量是指充分利用刀具切削性能和机床动力性能（功率、转矩），在保证质量的前提下，获得高生产率和低加工成本的切削用量。

2.3.4 切削用量推荐表

硬质合金刀具切削用量参考值见表2-4。

表2-4 硬质合金刀具切削用量参考值

工件材料	热处理状况	$a_p = 0.3~2$mm $f = 0.08~0.3$mm/r	$a_p = 2~6$mm $f = 0.3~0.6$mm/r	$a_p = 6~10$mm $f = 0.6~1.0$mm/r
		v_c/(m/min)		
低碳钢，易切钢	热轧	140~180	100~120	70~90
中碳钢	热轧	130~160	90~110	60~80
	调质	100~130	70~90	50~70
合金结构钢	热轧	100~130	70~90	50~70
	调质	80~110	50~70	40~60
工具钢	退火	90~120	60~80	50~70
灰铸铁	<190HBW	90~120	60~80	50~70
	190~225HBW	80~110	50~70	40~60
高锰钢	—	—	10~20	—
铜、铜合金	—	250~300	120~180	90~120
铝、铝合金	—	300~600	200~400	150~200
铸铝合金	—	100~180	80~150	60~100

2.4 相关位置点的设置

编写程序前要根据工件的情况选择工件坐标系原点。X轴的工件原点通常设置在工件的旋转中心上。Z轴工件原点的选择一般要根据该工件的设计基准，选择在工件轴向的左端面（工件有轴向定位时也可以选择在卡盘爪端面），或是选择在工件轴向的右端面。有时为了编程方便，工件原点还可以以工件计算方便的原则来确定。

工件坐标系确定后，接下来就要确定以下几个位置。

2.4.1 对刀点

对刀点是数控加工中刀具相对工件运动的起点。对刀点可以设置在被加工工件上，也可以设置在与工件定位基准有一定尺寸关系的工件外面某一点上，如夹具或卡爪上。对刀点设置原则是：便于数值处理和简化程序编制；易于找正并在加工过程中便于检查；引起的加工误差小。数控车床上，对刀点常常选择在工件右端面的旋转中心上。实际操作机床时，可通过手工对刀操作把刀具的刀位点放到对刀点上，即"刀位点"与"对刀点"的重合。所谓"刀位点"是指刀具的定位基准点，车刀的刀位点为刀尖或刀尖圆弧中心。

2.4.2 起刀点和退刀点

起刀点是在程序执行的一开始，刀具在工件坐标系下开始运动的位置，这一位置即为程序执行时刀具相对于工件运动的起点，所以称程序起始点或起刀点。退刀点是程序的结束点，是程序执行完成后，刀具移动停止后的刀位点位置。

2.4.3 换刀点

换刀点是刀具交换的位置。虽然系统提供了G28、G30指令可供换刀使用，不过这个点在数控车床上比在加工中心上随意，但必须设置在工件或夹具外，且有一定安全距离的位置上，以免刀具与工件、夹具或尾座碰撞。

2.5 装刀的技术要求

数控车床上刀具的安装和普通车床刀具的安装类似,应满足以下技术要求:

1) 外圆车刀伸出长度一般为刀杆厚度的 1~1.5 倍。

2) 孔加工类车刀伸出长度大于孔深 3~10mm 即可,必要时可以在对刀后读取刀具偏置值,然后把刀具伸入孔内至最终深度,观察刀架和工件之间的距离。

3) 外槽刀和切断刀伸出长度大于切入深度 2~3mm 即可。

4) 一般的,车刀中心要严格对正主轴回转中心,某些刀具可以略高 0.1~0.3mm。

5) 刀架的紧固螺钉要逐个交替锁紧,并检查刀具安装后的主、副偏角是否符合切削要求,避免锁紧时刀杆移动导致角度不正确。

6) 焊接螺纹车刀对刀时可以用角度样板,防止装歪。

由于数控车床连续加工较多,刀具安装时还要注意多把车刀的安装顺序和程序中刀具的编程顺序是否一致,尽可能减少换刀时刀架的回转次数;注意车刀在刀架上安装位置的前后左右,避免加工时发生干涉;注意车刀夹紧力度要适当,既不能损坏机床刀架和车刀刀体,又不能因夹紧力不足致使加工中由于刀具位移造成工件尺寸变化或发生事故。

2.6 车削加工顺序的安排

(1) 先粗后精 按照粗车→半精车→精车的顺序,逐步提高加工精度。粗车快速去除余量;若粗车后所留余量不均匀,可以安排半精车;精车要保证尺寸精度,一刀切出零件轮廓。

(2) 先近后远 一般先加工离对刀点近的部位,后加工远的,可以减少空行程时间,还有利于保持毛坯的刚性,改善切削条件。

(3) 内外交叉 内外表面均需加工的零件,应先粗加工内外表面,后精加工内外表面。切不可将零件上的一部分表面(外表面或内表面)加工完毕后,再加工其他表面(内表面或外表面)。

(4) 基面先行 优先加工用作精基准的表面,基准面越精确,装夹误差就越小。例如:加工较长的轴类零件时,总是先钻中心孔,再以中心孔为精基准加工外圆。

第3章 数控车床编程

3.1 数控车床的分类与特点

数控车床是切削加工的主要技术装备,在机械工业制造中,数控车床是应用范围最广泛的金属切削机床。与普通车床一样,数控车床主要用于加工零件的旋转表面,如轴类和盘类工件的内外表面,任意角度的内外圆锥表面,复杂的内外曲面(如椭圆、双曲面等)和圆锥、圆柱、端面螺纹等的切削加工,并能进行切槽、钻孔、铰孔、镗孔等,特别适合加工形状复杂的回转体零件。数控车床和普通车床的工件装夹方式基本相同,但为了提高效率,数控车床较多采用液压卡盘;为了降低劳动强度,还配有排屑器。

数控车床的整体结构组成与普通车床相似,同样由床身、主轴箱、刀架、液压系统、冷却系统、润滑系统、滑板和尾座等部分组成。数控车床的进给系统与普通车床有本质的区别,没有传统的进给箱和交换齿轮变速部件,而是直接用伺服电动机通过滚珠丝杠驱动 X 轴、Z 轴,实现进给运动,也没有小滑板,因而进给系统结构得以简化。车削米制、英制内外圆柱、圆锥螺纹不需要另外配丝杠和交换齿轮了,且效率提高多倍乃至十几倍。刻度盘式的手摇进给机构被手动脉冲发生器替代。

刀架是数控机床的重要部件,安装有各种切削刀具,其结构直接影响机床的加工性能和工作效率。数控机床的刀架一般分为立式和卧式两类,分电动机驱动和液压驱动两种,后者多为中高档卧式数控车床所用。卧式刀架分为后置转塔式、前后置转塔式、前置4工位式和排刀式。8工位或12工位的转塔刀架是中高档全功能型数控车床普遍采用的刀架形式,它通过转塔头的旋转、分度及定位来实现自动换刀功能。前置4工位式和排刀式刀架主要用于经济型数控车床。

3.1.1 数控车床的分类

数控车床种类、规格繁多,按照不同的分类标准,有着不同的分类方法。

(1)按主轴布置形式分

1)卧式数控车床。这是最为常见的数控车床,主轴处于水平位置。卧式数控车床分为水平导轨式和倾斜导轨式。后者的倾斜导轨结构可以使车床具有更大的刚性,并易于排屑。

2)立式数控车床。其机床主轴垂直于水平面,有一个很大的圆形工作台,就是卡盘，一般是液压的。它主要用于加工径向尺寸大、轴向尺寸相对较小且形状较为复杂的大型、重型零件，适用于冶金、军工、铁路及煤炭等行业的直径较大的车轮、法兰盘、大型电动机座及箱体等工件的加工。

（2）按可控轴数分

1）两轴控制。多数数控车床采用两轴联动控制，即 X 轴和 Z 轴。

2）多轴控制。档次较高的数控加工中心都配备了动力铣头，还有些配备了 Y 轴和 C 轴，该机床不但可以进行车削加工，还可以进行铣削加工。

（3）按数控系统功能分

1）简易型数控车床。这是一种低档的数控车床，用单板机或单片机进行控制。单板机不能进行程序的存储，所以当切断电源后就要重新输入程序，而且易受到干扰，不便于功能的扩展，属于早期已经被淘汰的产品，现在工厂里很少见到。单片机虽然可以存储程序，并且是可变程序段格式，但是没有刀尖圆弧半径补偿功能，当图样中有锥度和圆弧时编程相当复杂。

2）经济性数控车床。一般采用开环控制，具有 CRT 显示、程序存储及程序编辑等功能，缺点是没有恒线速度控制功能，刀尖圆弧半径补偿属于选择功能，加工精度不高，属于中档数控车床，主要用于加工精度要求不高、有一定复杂性的零件。

3）全功能型数控车床。这是一种较高档次的数控车床，一般具有刀尖圆弧半径补偿、恒线速度切削、自动倒角、固定循环、螺纹切削及用户宏程序等功能，加工能力强，适合加工精度高、形状复杂、工序多、循环周期长及品种多变的单件或中小批量零件的加工。本文着重讲解全功能型数控车床的编程和操作。

4）加工中心。加工中心的主体是数控车床，配有动力铣头和机械手，可以实现车铣复合加工。有的加工中心有双主轴，副主轴可以移动，接过主轴加工过的工件，再加工另一端；主轴有 C 轴回转功能，使主轴按进给脉冲做任意低速的回转，可以铣削零件端面、螺旋槽和凸轮槽，一机多能，效率极高。若加工中心、卧式数控车床或立式数控车床一起，三台或多台机床配上一台工业机器人，构成车铣加工单元，可用于中小批量的柔性加工。

（4）按特殊或专门工艺性能分　可以分为螺纹数控车床、活塞数控车床、曲轴数控车床、数控卡盘车床及数控管子车床等。

3.1.2　数控车床的特点

数控车床与普通车床相比有以下优点：

1）数控车床通过指令可以自动完成的动作有：主轴无级变速（带伺服电动机的）、主轴正反转、两轴联动、换刀及切削液开关等。

2）具有恒线速度控制功能的数控车床，能够保持切削点的切削速度恒定，可以获得较好且一致的表面质量。

3）刀具的移动能够与主轴的旋转建立联系，这一特点在车削螺纹时尤其能体现出来。

4）伺服电动机有一个较大的调速范围，低转速恒转矩，中高转速恒功率。

5）具有刀尖圆弧半径补偿功能。

6）有全封闭或半封闭的防护板，防止切削液和切屑飞出。

7）全功能数控车床多采用倾斜床身布局，排屑方便，便于采用排屑机，可降低操作者的劳动强度。

8）主轴转速高，为了工件装夹安全可靠，全功能数控车床大都采用液压卡盘，夹紧力调整方便，可降低操作者的劳动强度。

3.2 数控车床坐标系

3.2.1 数控车床的坐标系设置

一般说来，简单的数控车床的机床坐标系有两个坐标轴，即 X 轴和 Z 轴。其中与车床主轴轴线平行的方向为 Z 轴，且规定从卡盘中心指向尾座顶尖中心的方向为 Z 轴的正方向。

在水平面内与主轴轴线垂直的方向为 X 轴，且规定以刀具远离主轴旋转中心的方向为 X 轴的正方向。对于前置刀架式数控车床与后置刀架式数控车床来说，X 轴正方向有所不同，如图3-1所示。另外还有立式车床、车削中心等。

3.2.2 机床坐标系与机床原点

机床原点是由机床制造商在机床上设置的一个固定点，是机床制造和调整的基础，也是设置工件坐标系的基础，一般情况下不

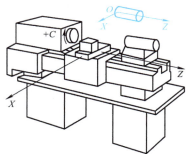

a）前置刀架式数控车床

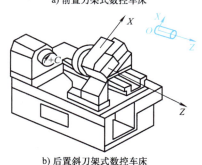

b）后置斜刀架式数控车床

图3-1　数控车床坐标系

允许用户进行更改。一些车床的机床原点设在卡盘中心处（图3-2a），还有一些车床的

机床原点设在刀架位移的正方向极限点位置（图3-2b）。以机床原点为原点建立的坐标系称为机床坐标系。

3.2.3 参考坐标系与机床参考点的确定技巧

在实际使用中通常不以机床坐标系为参考来计算坐标值，而是以参考坐标系来计算坐标值。参考坐标系是指以参考点为原点，坐标方向与机床坐标系方向相同建立的坐标系。机床参考点是机床上的一个固定点，通常位于刀架正方向移动的极限点位置，并由机械挡块或行程开关来控制。机床参考点与机床原点之间的距离由系统参数设定，如图3-3所示，O 为机床原点，O' 为机床参考点，b 为 Z 方向距离参数值，ϕa 为 X 方向距离参数值。当机床开机执行回参考点操作之后，系统显示屏就显示此参数值，即 ϕa 和 b。开机回参考点是为了建立机床坐标系，即通过参考点当前的位置和系统参数中设定的参考点与机床原点的距离值，来反推机床原点的位置。

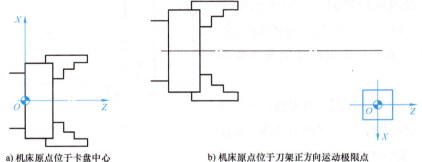

a) 机床原点位于卡盘中心　　b) 机床原点位于刀架正方向运动极限点

图3-2　机床原点位置

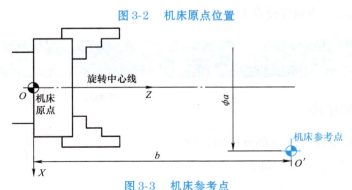

图3-3　机床参考点

3.2.4 工件坐标系与工件原点、编程零点的相互关系

对于不同的零件，为了编程方便，需要根据零件图样在零件上建立的一个坐标系，该坐标系称为工件坐标系。工件坐标系的坐标方向与机床坐标系方向相同。

工件坐标系的建立通常是通过对刀操作将机床坐标系平移，然后将工件坐标系相对于机床坐标系的偏置量用 MDI 方式输入到机床的存储器内来设置的。一般来说机床可以预先存储 6 个工件坐标系的偏置量（G54～G59），在程序中可以分别选取使用即可。

工件坐标系的原点就是工件原点。工件原点通常选在工件图样的设计基准上以减少计算工作量。在实际应用中，为了对刀和编程方便，数控车床的编程零点通常设在工件的右端面中心 O' 或左端面的中心 O 处，如图3-4所示。另外为了编程方便，常常在图样上选择一个适当位置作为编程零点。对于简单零件，工件原点就是编程零点，这时的编程零点就是工件坐标系。对于形状复杂的零件，需要编制几个程序或子程序，为了编程方便和减少许多坐标值的计算，编程零点就不一定设在工件原点上，而设在便于程序编制的位置。

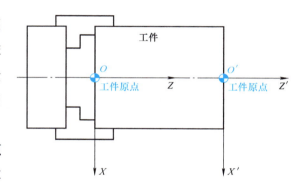

图3-4 工件坐标系及工件原点

3.3 程序结构格式

3.3.1 程序结构

一个完整的数控程序由三部分组成，即程序号、程序段、程序结束。如下：

……
　　M02；　　　　　　　　（程序结束）

1. 程序号

每一个存储在系统存储器中的程序都需要指定一个程序号以相互区别，这种用于区别零件加工程序的代号称为程序号。同一机床中程序号不能重复，且写在程序的最前面，必须单独占一行。FANUC 系统的程序号以大写英文字母 O 加 4 位数字组成，如 O4321、O0012。

2. 程序内容

程序内容是整个加工程序的核心，它由许多程序段组成，每个程序段由一个或多个指令构成并执行一个加工步骤。程序内容表示数控车床除程序结束外的全部动作。

3. 程序结束

程序结束部分必须写在程序最后，由结束指令构成，表示零件加工程序结束，常见的结束指令有 M02 或 M30。为了保证最后程序段的正常执行，通常要求 M02 或 M30 单独占一行。

3.3.2　程序段的格式

程序段是程序的基本组成部分，每个程序段由若干个数据字构成，而数据字又由表示地址的英文字母、数字及特殊符号等构成。数控车床的程序段基本格式如下：

```
N__  G__  X(U)__  Z(W)__  F__  M__  S__  T__;
程序段 准备  X轴移    Z轴移    进给  辅助  主轴  刀具
序号  功能  动指令   动指令   功能  功能  功能  功能
```

3.4　数控系统主要功能简介

3.4.1　准备功能（G 功能）

准备功能是使机床做好某种操作准备，包括坐标轴的基本移动、平面选择、坐标设定、刀具补偿、固定循环及米英制转换等。准备功能指令用地址 G 加两位数字组成，简称 G 代码，ISO 标准中规定准备功能有 G00～G99 共 100 个。

G 代码分为模态代码和非模态代码两种，模态代码（续效代码）是指该 G 代码在一个程序段中一经指定就一直有效，直到后续的程序段中出现同组的 G 代码时才失效。非模态代码（非续效代码）是指只有在写有该代码的程序段中有效，下一程序段需要时必须重写。

常见的 G 代码见表 3-1。表中"＊"表示开机默认代码，"▲"表示非模态代码。

表 3-1　准备功能 G 代码

G 代码	组	功能	G 代码	组	功能
*G00	01	定位（快速移动）	G52	00	局部坐标系设定
G01		直线插补	G53		机床坐标系设定
G02		顺时针圆弧插补	*G54	14	选择工件坐标系 1
G03		逆时针圆弧插补	G55		选择工件坐标系 2
▲G04	00	暂停	G56		选择工件坐标系 3
G07.1（G107）		圆柱插补	G57		选择工件坐标系 4
G10		可编程数据输入	G58		选择工件坐标系 5
*G11		可编程数据输入取消	G59		选择工件坐标系 6
G12.1（G112）	21	极坐标插补方式	G65	00	非模态宏调用
*G113.1（G113）		极坐标插补方式取消	G66	04	模态宏调用
			G67		模态宏调用取消
G17	16	XY 平面选择	G70	00	精车循环
*G18		ZX 平面选择	G71		轴向粗车循环
G19		YZ 平面选择	G72		径向粗车循环
G20	06	英制单位输入	G73		成形粗车循环
*G21		米制单位输入	G74		Z 方向端面钻孔循环
▲G27	00	从参考点返回检查	G75		X 方向外圆/内孔切槽循环
▲G28		返回参考点	G76		螺纹切削复合循环
▲G30		返回第 2~4 参考点	G90	01	内外圆固定切削循环
G32	01	单步螺纹切削	G92		螺纹固定切削循环
G34		变螺距螺纹切削	G94		端面固定切削循环
*G40	07	刀尖圆弧半径补偿取消	G96	02	恒线速度控制
G41		刀尖圆弧半径左补偿	*G97		恒转速控制
G42		刀尖圆弧半径右补偿	G98	05	每分钟进给
G50	00	坐标系设定/恒线速度时，主轴最高速度设定	*G99		每转进给

注：
1. 不同组的 G 代码可以在同一程序段中指定。如果在同一程序段中指定了同组 G 代码，则在最后指定的 G 代码有效。
2. 除了 G10、G11 之外的 00 组 G 代码都是非模态 G 代码。
3. 当电源接通而使系统为清除状态时，原来的 G20 或 G21 状态保持。

3.4.2 刀具功能（T功能）

刀具功能指令用来指定刀具号和补偿号，由T加3位或4位数字组成，前1位或2位表示刀具号（图3-5），后两位表示刀具补偿号（图3-6）。如：T303或T0303都表示选择3号刀具和3号刀具长度补偿值及刀尖圆弧半径补偿值；T300或T0300表示选择3号刀具，取消刀具补偿，一般常用T加4位数字表示。

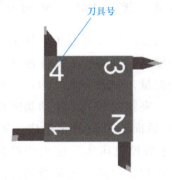

图3-5　刀具号

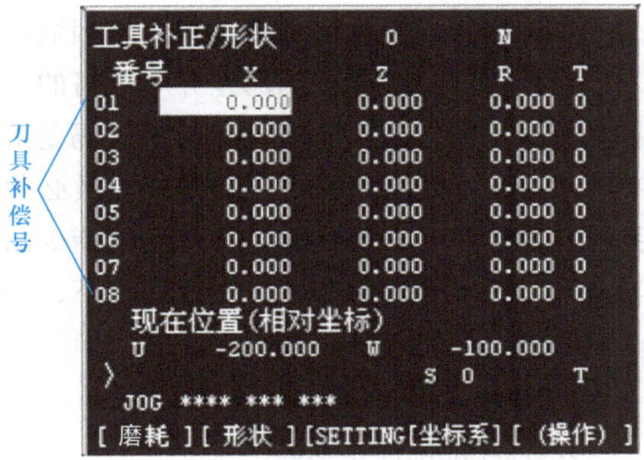

图3-6　刀具补偿号

3.4.3 主轴设置指令 G97、G96、G50

1. 直接设定主轴转速指令 G97

指令格式：

G97　S____；

其中：G97指令用于直接给主轴设定转速，转速S的单位为r/min，如G97 S800，则表示主轴转速为800r/min。

2. 设定主轴线速度恒定指令 G96

指令格式：

G96　S____；

说明：有的数控车床主轴分成低速区和高速区，在每一个区内的速度可以自由改变；有的数控车床主轴是无级变速的，若零件要求锥面、端面或圆弧面的表面粗糙度值一致，则必须要求切削速度保持常值。G96指令用来给主轴设定恒线速度切削，S的单位为m/min，如G96 S120，则表示主轴线速度为120m/min。

恒定线速度控制时，工件坐标系的 Z 轴（$X=0$）必须与主轴轴线（主轴旋转轴）相重合。否则，实际线速度将和设定的线速度不一致。当 X 值为负值时，取其绝对值进行计算。

3. 主轴最高速度限制指令 G50

指令格式：

G50　S____；

其中：S为限制的主轴最高转速，单位为r/min。当使用G96指令进行恒线速度切削时，由于工件直径的变化会导致主轴转速变化，为避免主轴转速过高导致危险事故，使用 G50 指令给机床主轴设置最高转速，若主轴计算出的转速超过 G50 指定的转速，则被限制在最高转速而不再升高。G50 指令常和 G96 指令一起配合使用，但 **G50 一定要编写在 G96 的前面**，隔着几段程序或紧挨着都可以。G50 S ____ 定义的最高转速限制值在重新指定前是保持不变的，最高转速限制功能在 G96 状态下有效，在 G97 状态下无效，但机床主轴最高转速限制值仍然有效。

G50 指令有两个含义，主轴最高转速限制和强制建立工件坐标系，根据其后面的地址来表示不同的含义。

注：

① 在 G96 状态中，被指定的 S ____ 值，即使在 G97 状态中也保持着。当返回到 G96 状态时，其值恢复。例如：

　　G96 S120；　恒定切削线速度 120m/min

　　G97 S900；　主轴转速 900r/min

　　G96；　　　 恒定切削线速度 120m/min

② 机床锁住有效时，恒线速度控制功能仍然有效。

③ 螺纹切削时，虽然恒定线速度切削也有效，但为了保证车削螺纹时不乱牙，不要使用恒定线速度控制，应在 G97 状态下进行螺纹切削。

④ 从 G96 变为 G97 状态时，如果 G97 后没有 S ____ 指令，则 G96 状态最后的转速作为 G97 状态的 S 代码使用，即此时主轴速度保持不变。

⑤ 恒定线速度控制时，当由切削线速度计算出来的主轴转速高于当前主轴档位的最高转速时，此时的主轴转速限制为当前主轴档位的最高转速。

⑥ 对于由 G00 指定的快速移动程序段，其恒定线速度控制，不是根据刀具位置的每时每刻的变化而计算得到的转速来执行的，而是从一开始就根据程序段的终点位置计算其转速。前提条件是，在快速移动时不进行切削加工。

3.4.4　辅助功能（M 指令）

辅助功能也称为 M 功能，用来指令数控机床中的辅助装置的开关动作或状态，即开关量和模拟量，例如：主轴的正反转、切削液的开关、夹紧松开等。辅助功能指令时由地址 M 和后面的 2 位数字组成，从 M00 到 M99。由于数控机床实际使用的符合 ISO 国际标准组织规定的这种地址符的标准化程度和 G 指令一样不高，指定代码少，不指定和永不指定代码多，因此 M 功能代码常因数控系统生产厂家及机床结构的差异和规格的不同而有所不同，也就是说，很多 M 代码是由机床生产厂家定义的。因此，编程人员必须熟悉具体所使用的数控机床的 M 功能指令的功能含义，不可盲目套用。一般情况下，一个程序段中只能有一个 M 指令。

常用的 M 指令如下：

1. 程序准确停止 M00

这里的准确是"一定"的意思，就是当

程序执行到 M00 时一定会停止。程序停止不是程序结束，按 1 次（有的机床是 2 次）循环启动键之后，程序就会紧接着顺序执行，之前的模态信息被保留。M00 表示程序停止了，但主轴和切削液是否停止取决于机床生产厂家对该指令的 PLC 参数设置，根据实际情况，需要时在 M00 之前加上 M05 和/或 M09 指令。这个指令一般用在工件调头装夹、中途测量尺寸、手动换刀、经济型数控车床的手动换挡，或粗加工不通孔后、精加工之前需要清理切屑时。M00 单独程序段编写，可以省略写成 M0。

2. 程序选择停止 M01

程序选择停止又称程序任选停止、程序计划停止。就是说，程序可以停止，也可以不停止。这个指令需要配合机床操作面板上的 选择停止（Optional Stop）键一起使用，当此按键灯亮或开关打开时，M01 和 M00 功能相同；当此按键灯灭或开关关闭时，M01 被跳过，相当于没有 M01，程序不会停止，继续往下执行。M01 和 M00 用法接近，前者还可以在首件加工调试程序时使用。M01 单独程序段编写，可以省略写成 M1。

注：

① 执行 M00/M01 时，主轴是否会停止取决于机床生产厂家对该指令的 PLC 参数设置，例如某厂家设置 K6#7：值为 0，停止；值为 1，不停止，一般默认为 0。

② 执行 M00/M01 时，各类切削液是否会关闭取决于机床生产厂家对该指令的 PLC 参数设置，例如某厂家设置 K0#4：值为 0，关闭；值为 1，不关闭，一般默认为 0。

3. 程序结束，给工件计数器计数 M02

M02 一般编在程序最后，表示程序执行到此结束（即使 M02 之后有程序也不会再执行），并给工件计数器计数（参数 No.6700#0 = 0），在 MDI 方式下执行 M02 时也给工件计数器计数。M02 指令也包含了主轴停止 M05 和切削液停止 M09 功能，程序执行 M02 之后光标不会返回到程序开头（参数 No.3404#5 = 1）。M02 可以省略写成 M2。

4. 主轴正转 M03

程序执行到 M03 时，主轴正方向旋转（从主轴尾端向刀具看，顺时针方向旋转）。前置刀架刀尖在上，后置转塔刀架刀尖在下，使用 M03 指令。当程序执行 M03 指令时，首先使主轴正转继电器吸合，接着主轴按照程序中编写的 S 功能输出模拟量顺时针方向旋转。M03 可以省略写成 M3。

5. 主轴反转 M04

程序执行到 M04 时，主轴反方向旋转（从主轴尾端向刀具看，逆时针方向旋转）。后置转塔刀架刀尖在上，使用 M04 指令。当程序执行 M04 指令时，首先使主轴反转继电器吸合，接着主轴按照程序中编写的 S 功能输出模拟量沿逆时针方向旋转。M04 可以省略写成 M4。

对不同的数控车床，一般变速编程有以下 5 种方式：

1) 由普通车床改装的经济型数控车床，和普通车床的变速机构是一样的，有两个手柄，提前挂好了档位之后，在编程时直接编 M03 就行了，不需要编速度，因为速度是由齿轮啮合提供的。在 自动 方式下，手动换档前需要编写"M05；M00；（手动换档）M03；"。

2) 手动挂档的数控车床，每个档位上对应有两个或多个不同的转速，选择不同的档位时，编写"M03 S01/02/03；"就可以了，S01 对应的是该档位的低速，S02 是较高速度，依次类推。在 自动 方式下，手动换到其他档位前需要编写"M05；M00；（手动换档）M03 S01/02/03；"。在同档位之间变换转速时直接编写"M03 S01/02/03；"。

3) 手动挂档的数控车床，每个档位上对应有两个或多个不同的转速，选择不同档位时，编写"M41/42/43/44；M03；"就可以了，M41 对应的是该档位的低速，M42 是较高速度，依次类推。在 自动 方式下，手动换到其他档位前需要编写"M05；M00；（手动换档）M41/42/43/44；M03；"。在同档位之间变换转速时需要编写"M41/42/43/44；M03；"。

4) 还有一种有 4 个档位的手动挂档的数控车床，分别是 L（低）档、M（中）档、H（高）档及 N（空）档，相邻档位的转速值之间有一定的重叠，在挂到了需要的档位上之后，档位内可以实现无级变速，程序中编写"M03 S__；"，这种挂档方式需要在程序中编写相应的辅助功能 M 41/42/43 指令，分别对应 L/M/H 档。如果挂到了 M 档，却又指令了 M41，那么主轴转速实际值与指令值将会有较大偏差，偏差在 45% ~ 55% 左右。M 41/42/43 辅助指令一般编写在程序的开头。在 自动 方式下，手动换档前需要编写"M05；M00；（手动换档）M 41/42/43；M03 S__；"。在该档位内需要变换转速，可直接编写"M03 S__；"。

注：先换档，然后主轴再旋转。"M 41/42/43；M03（S__）；"。

5) 伺服电动机（servo motor）驱动的主轴，直接编写"M03 S__；"。

6. 主轴停止 M05

程序执行到 M05 时，系统即输出主轴停止的指令，但到完全停止需要一定的时间，M05 可以省略写成 M5。该指令用于下列情况：

1) 程序结束前，但一般情况也是可以省略的，因为 M02 和 M30 指令都包含了 M05。

2) 有些数控车床有主轴低速档 M41、

主轴中速档 M42 及主轴高速档 M43 指令时，在手动换档之前，必须编写 M05 指令，先使主轴停止，再换档，以免损坏变速齿轮。

3）主轴正反转之间的转换常需要加入此指令，待主轴停止后，再变换旋转方向，以免伺服电动机受损。

7. 切削液 1 开 M08

程序执行到 M08，即起动切削液泵，但从给出指令、继电器吸合到喷出切削液，需要一定的时间，尤其是切削液液位低或管道有堵塞时，所以应提前编写 M08，不能等到刀具接近工件时才编写。通常，刀具相对工件是移动的，当刀具移动时，单个管道的切削液通常不能保证在所有时候都喷到刀片上从而有效降低刀片温度。在加工内孔时更要注意，如果刀具在工件外时，切削液可喷到刀片上，当刀具进入工件内部时，切削液往往不能够喷到刀片上，造成刀片温度过高，刀具寿命降低甚至崩刃。应该把切削液倾斜着喷到刀杆上，切削液会随着惯性顺着刀杆流到刀片上，那么在刀具进入工件内加工的时候，切削液也可以冷却刀片，可延长其寿命，切削液流量大小可以通过调节阀调节。

有些机床的切削液有两种工作方式：自动和手动，受机床生产厂家对该指令的 PLC 参数设置。例如某厂家设置 K8#3，值为 0，如果在自动运行的方式下，切削液是手动状态，那么会产生报警信息 "Coolant Is Not In Auto Model"（切削液不在自动方式），这时把切削液调到 自动 方式，按 循环启动 键就行了。如果遇到切削液喷出的液柱时远时近，多数由切削液液位低或回流不畅引起，应补加切削液或/并清理滤网。切削液一次不要加得过多，当机床内部有切屑时，切屑会容留部分切削液，当机床有一段时间不工作时，切屑中容留的切削液会随着重力作用流到切削液池中，切削液可能会溢出，应及时清理。溢出的切削液会造成地面湿滑，人员经过时应小心，以免滑倒摔伤。

现在的机床多数都有油水分离设施，以免润滑油和切削液长时间发生化学作用导致切削液变质发臭。M08 可以省略写成 M8。

8. 切削液 1、2 关闭 M09

M09 可以省略写成 M9。

9. 液压卡盘松开 M10

10. 液压卡盘夹紧 M11

11. 程序结束并复位，给工件计数器计数 M30

M30 一般编在程序最后，表示程序执行到此结束（即使 M30 之后有程序也不会再执行），并给工件计数器计数（参数 No.6700#0 = 0），在 MDI 方式下执行 M30 时也给工件计数器计数。M30 指令也包含了主轴停止 M05 和切削液停止 M09 功能，与 M02 相比有所不同的是，程序执行 M30 之后光标会返回到程序开头（参数 No.3404#4 = 0），所以 M30 较 M02 常用。

12. 主轴空档 M40
13. 主轴 1 档 M41
14. 主轴 2 档 M42
15. 主轴 3 档 M43
16. 主轴 4 档 M44

准备功能的使用方法详解及编程技巧

3.5.1 快速定位指令 G00

指令格式：

G00 X（U）__ Z（W）__；

G00 是模态代码，它的功能是使刀具以点定位控制方式，按机床参数设定的最大运动速度从当前位置点快速定位到目标点。目标点由本程序段内的坐标值确定。它适用于刀具进行快速定位，无运动轨迹要求。G00 可以省略写成 G0。

其中：X（U）__ Z（W）__ 为刀具定位的目标点坐标，U __ W __ 为切削终点相对于刀具起点的增量坐标值，单位为 mm。

即 $U = X_{切削终点} - X_{刀具起点}$

$W = Z_{切削终点} - Z_{刀具起点}$

坐标值可以用绝对值，也可以用相对值，甚至可以混用。如果起点与目标点有一个坐标值没有变化时，此坐标值可省略，省略的坐标轴不动作。由于 X 轴一般按直径编程，参数的速度是指直径变化的速度，所以 X 轴的运动速度为屏幕显示速度的一半。当采用绝对坐标编程时，刀具分别以各轴快速移动速度移动到工件坐标系中坐标值为 X、Z 的点上（X 值按直径输入）；如果采用增量坐标编程，则刀具将移动到距刀具当前位置为 U、W 值的点上。

当参数 No.1401#1 = 0，执行 G00 指令时，为非直线插补型定位。若多个坐标方向需同时定位，则刀具在快速移动下沿各个轴独立移动。所以其移动路径通常不是直线，而是折线，因此在编程时要注意其轨迹，以免发生碰撞，造成刀具和夹具损坏。定位时，一般距离工件 1~5mm。

各运动轴的快速移动速度由参数 No.1420 设置，两轴之间相互独立运动，互不影响，快速移动速度不需要编程，F 进给值对其无效。通过机床面板上的（快速倍率修调）"Rapid Override" 旋钮或按键可以对快速倍率进行修调，倍率值为 100%、50%、25% 和 F0 四档，F0 档的各轴速度由参数 No.1421 设置，值一般设为 100~500mm/min。由 G00 指令的定位方式，刀具在本程序段的开始加速到预先指定的速度，并在程序的终点减速。在确认到位之后，执行下一程序段。

到位是指进给电动机移动到了指定的位置范围内。这个范围由机床制造商在参数 No.1826 中设定。

G00 的速度是机床性能的一个参数指标，速度越大则性能越好，用于非切削的时间就越短，机床的效率就越高。最近这些年国产机床的 G00 速度普遍达到了 30m/min 以上，国外的很多在 80m/min 或以上。

G00 的速度一般用在以下几种情况：

1）程序中的 G00 速度。

2）回零和自动方式下和参考点返回有关的指令的速度。

3）固定循环中退刀的速度。

4）手动方式下的快速移动的速度。

5）G53 指令。

【例 3-1】 如图 3-7 所示，将刀具由 A 点快速移动到 B 点。试编制相应程序。

则输入程序：

G00 X50. Z2. ; （绝对坐标编程）
或：G00 U－70. W－88. ;（相对坐标编程）
或：G00 X50. W－88. ;
或：G00 U－70. Z2. ; } （混合坐标编程）

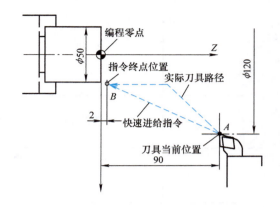

图 3-7　G00 指令示例（一）

【例 3-2】 如图 3-8 所示，将刀具由 A 点快速移动到 B 点。试分别用绝对坐标方式和增量坐标方式编写 G00 程序段。

绝对坐标编程：G00 X40. Z122. ;

增量坐标编程：G00 U－60. W－80. ;

通过示例对比，可以看到数控车床上有两种坐标系，如图 3-9 所示。

图 3-9 中 X 轴箭头的指向代表刀架的位置，此外，还有前后双刀架的车削中心。

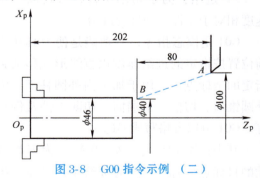

图 3-8　G00 指令示例（二）

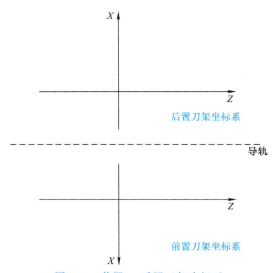

图 3-9　前置、后置刀架坐标系

3.5.2　直线插补指令 G01

指令格式：

G01　X（U）__　Z（W）__　F __；

1）插补：刀具沿直线和圆弧移动并对移动位置进行计算的功能称为插补。

2）进给：为了切削工件，刀具以指定速度相对于工件移动称为进给。

G01 是模态指令，其功能是使刀具从当前位置按指定的进给速度以直线形式移动到指定的坐标点，适用于加工内外圆柱面、内外圆锥面、切槽、平端面、切断工件及倒角等。G01 可以省略写成 G1。

其中：X（U）__　Z（W）__为刀具移动的目标点坐标。F __为进给量，是模态指令，在没有指定新的 F 指令以前，原有的进给速度一直有效，直到被新的 F 值取代，因此编程时不必在每个程序段中都写入 F 指令，但需要依不同的刀片材料、不同的工件材料及在不同的切削条件下编写不同的进给量，以满足不同的表面质量、几何公差等技术要求。所以，不是写或不写 F，而是写多少最佳。通常情况下的轮廓加工，G01 时 F 可以大一些，而 G02/G03 时通常要小一些，才能获得类似的表面质量。

2006 年初，笔者在青岛市崂山区一家汽车零部件公司学习普通车床的时候问了师傅一个问题：刀具移动的速度和主轴转速有关系吗？这是一个非常简单的问题，可以从下面的内容中寻找答案。

进给量通常有两种表示方法，即每转进给量和每分钟进给量（即 f_r 和 f），它们之间的换算关系是 $f = n f_r$，式中物理量单位分别是 mm/min、r/min 和 mm/r，n 是主轴转速。

在 FANUC 系统数控车床上，每分钟进给量和每转进给量分别用 G98 和 G99 指定，格式如下：

$\begin{cases} G98；每分钟进给的 G 代码 \\ F\_\_；进给量（mm/min 或 in/min） \end{cases}$

$\begin{cases} G99；每转进给的 G 代码 \\ F\_\_；进给量（mm/r 或 in/r） \end{cases}$

上面只是举例而已,并不表示 G98 指令的下一个程序段就必须要编写 F __,F __ 一般跟在 G01/G02/G03 或循环指令的后面。

国产武汉华中车床系统面板是用 G94 和 G95 分别来表示每分钟进给和每转进给的。其他国产品牌的一些较老系列的面板,有的系列需要在程序开头编写"G98 F __;"或"G99 F __;",否则产生报警。

每分钟进给量和每转进给量都是模态信息,开机后的默认状态由 No.3402#4 确定,值为 0,表示每转进给;值为 1,表示每分钟进给。两者的不同点在于:即使机床主轴处于停止状态时,每分钟进给也是有意义的;但在主轴停止时,每转进给是没有意义的。所以,如指令每分钟进给,即使主轴没有旋转,刀具也会移动,如果在切削过程中以手动操作使主轴停止后,忘记旋转主轴,又按了 循环启动 ,会有碰撞的可能!

每分钟进给和每转进给方式两坐标轴同时控制,沿每个坐标轴的进给速度如下:
G01 αα ββ Ff;
沿各轴方向的速度如下:
α 坐标方向进给速度:$v_{f\alpha} = \alpha f / L$
β 坐标方向进给速度:$v_{f\beta} = \beta f / L$
其中,$L = \sqrt{\alpha^2 + \beta^2}$。

【例 3-3】 外圆锥面的切削,如图 3-10 所示。试编制相应程序。

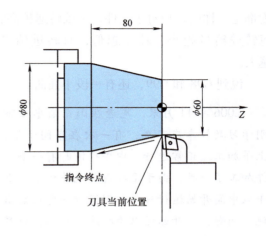

图 3-10 G01 指令切削外圆锥面

绝对坐标编程:G01 X80. Z-80. F100;
相对坐标编程:G01 U20. W-80. F100;
混合编程:G01 X80. W-80. F100;
　　　或 G01 U20. Z-80. F100;

说到这里,就可以解答上面的问题了。在普通车床上,只有每转进给量一种表达方式,当选择了某一个档位的每转进给量之后,如果相对于工件来说,不管主轴转速高低,主轴旋转一圈后刀具相对于工件在进给运动方向上的移动量,即每转进给量是固定的;如果相对于导轨来说,当选择了某一个档位的每转进给量之后,主轴转速越高,刀具的移动速度越大;转速越低,刀具的移动速度越小。在数控车床上,选择每转进给量,和上述情况一致。若选择每分钟进给量,相对于导轨,不管主轴转速高低,刀具移动的速度都是一样的；相对于工件，主轴转速越高，每转进给量越小；转速越低，每转进给量越大。

说到 G98 和 G99，还有一段小插曲。

2006 年 11 月末，笔者在山东省枣庄市刚学习数控车床不久，有一次在车间干活，上午加工还正常进行，中午吃饭时有一个工件加工了一半，由于无人看管就关机了，下午从中间开始运行程序，刚运行一会儿就出现了问题，一开始还以为机床不移动，观察发现也没有报警信息，后来仔细看了屏幕上的位置信息才知道移动速度非常慢，然后停机找原因。问题很快被找到了，原来在程序的开头编写了每转进给指令 G99，关机后开机，下午从中间运行时就跳过了这个指令，导致初态代码 G98 有效，所以运行很慢，后来按 复位 键，在 MDI 方式运行 G99 指令或者 自动 方式单段运行到 G99 指令后，转为 编辑 方式，光标移动到需要执行的程序段，按 自动，再按下 循环启动，才正常加工。

1. 小数点编程

计算器型和标准型编程的区别见表 3-2。

表 3-2 计算器型和标准型编程的区别

程序指令	计算器型编程	标准型编程
X1000 指令值没有小数点	1000mm 单位：mm	1mm 单位：最小输入增量单位（0.001mm）
X1000. 指令值有小数点	1000mm 单位：mm	1000mm 单位：mm

由上面两个指令的例子可以看出，在 FANUC 系统数控车床面板中，关于直径、轴向尺寸的数字，数字数值可以用小数点输入，当输入距离、角度、时间或速度时，可以使用小数点。下面的地址可以使用小数点：表示距离和角度的 X、Y、Z、U、V、W、A、B、C、I、J、K、R，表示时间的 X、U 和表示进给量的 F。

有两种类型的小数点表示法：计算器型和标准型。当使用计算器型小数点表示方法时，没有小数点的数值单位会被认为是 mm、in 或（°）。当使用标准型小数点表示方法时，没有小数点的数值单位则会被认为是该机床的最小输入增量单位。使用参数

No.3401#0（DPI）选择计算器型或标准型小数点进行设置：值为 0，为后者；值为 1，为前者，通常设为 0。在一个程序中，数值可以使用小数点指定，也可以不用小数点指定，但应注意表示的数值的单位不同。

除了编程的数值之外，在 FANUC 0i - TC 和 0i - TD 面板 OFS/SET 界面输入 X、Z 方向刀具偏置值、刀尖圆弧半径值及三者的磨损/磨耗值、EXT 坐标系偏置值、G54 ~ G59 坐标系偏置值、[工件移]的 X、Z 方向偏置值及测量值时，同样遵循以上设置。比如在 0i - TC 和 0i - TD 面板中，在 X 方向刀具偏置值中输入"5"、按下 [+输入] 软键，如果采用的是标准型小数点编程，则实际读到的数值是 5μm，**相差 999 倍，不可不小心**！请牢记！在日本三菱（MITSUBISHI）和日本森精机（MORI SEIKI）面板中，同样遵循以上规定。所以，当不知道以上三种品牌面板的相关参数的设置时，整数数值的后面加上小数点总是错不了的。当然了，0 可以不加小数点。F 进给量用每分钟进给量时，整数后面可以不加小数点。

注：FANUC 0i 系统中的"0"是阿拉伯数字"0"，不是英语字母"O"。

2. 模态信息的注意事项

还有一种情况需要初学者注意，比如下编程指令：

…………
G00 X50. Z2. ;
G01 X100. Z0 F0.25;
Z - 50. F0.2;
…………

当编好了之后觉得第二段程序的 G01 需要更改为 G00，则第三段程序的模态信息也随之由 G01 更改为 G00 了，所以**不要忘记在第三段程序前加上 G01！否则将产生碰撞，因为 F 值对 G00 无效！**

3. 自动倒角、倒圆角编程

直线插补指令 G01 在数控车床上还有一种特殊用法：倒角和倒圆角。倒角控制功能可以在两个相交成直角的程序块之间插入一个倒角或倒圆角。

（1）倒角

1）45°（直角处）倒角，由轴向切削向端面切削倒角，即由 Z 轴向 X 轴倒角。i 的正负根据倒角是向 X 轴正方向还是负方向而定，如图 3-11a 所示。

指令格式：

G01 Z（W）__ I（C）$\pm i$;

在图 3-11a 中用一个绝对或者增量的命令指定从 A 点到 B 点的移动。

2）45°（直角处）倒角，由端面切削向轴向切削倒角，即由 X 轴向 Z 轴倒角。k 的正负根据倒角是向 Z 轴正方向还是负方向而定，如图 3-11b 所示。

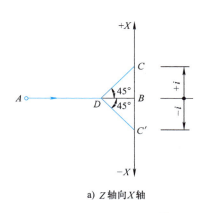
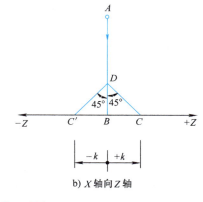

a) Z 轴向 X 轴　　　　　　　b) X 轴向 Z 轴

图 3-11　45°（直角处）倒角

指令格式：

G01 X（U）__ K（C）±k；

在图 3-11b 中用一个绝对或者增量的命令指定从 A 点到 B 点的移动。

（2）倒圆角

1）1/4 圆角倒圆，由轴向切削向端面切削倒圆角，即由 Z 轴向 X 轴倒圆角。r 的正负根据倒圆是向 X 轴正方向还是负方向确定，如图 3-12a 所示。

指令格式：

G01 Z（W）__ R ±r；

在图 3-12a 中用一个绝对或者增量的命令指定从 A 点到 B 点的移动。

2）1/4 圆角倒圆，由端面切削向轴向切削倒圆角，即由 X 轴向 Z 轴倒圆角。r 的正负根据倒圆是向 Z 轴正方向还是负方向确定，如图 3-12b 所示。

指令格式：

G01 X（U）__ R ±r；

在图 3-12b 中用一个绝对或者增量的命令指定从 A 点到 B 点的移动。

说明：

① 对于倒角或倒圆角的移动，必须是 G01 方式中沿 X 轴或 Z 轴的单个移动。下一个程序块必须是沿 X 轴或 Z 轴的垂直于前一个程序块的单个移动。

② I、K 和 R 的命令值为半径编程。

③ 需要注意的是，在跟着一个倒角或倒圆角程序块的程序块中，指定命令的始点不是上述图 3-12 中 A→D 所示的 C 点而是 B 点。在增量编程中，指定从 D 点出发的距离。

【例 3-4】　进行如图 3-13 所示的倒圆角

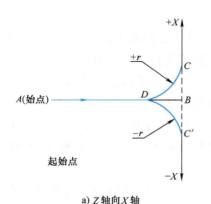
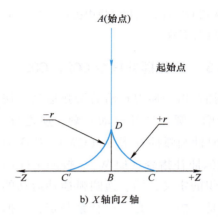

a) Z轴向X轴　　　　　　b) X轴向Z轴

图 3-12　倒圆角

注：

① 下面的指令将会引起报警：

a. 当 X 轴和 Z 轴同时由 G01 指定，并指定了 I、K、R 其中之一时。

b. 在指定了倒角和倒圆角的程序段中 X 或 Z 的移动距离小于倒角值和倒圆值时。

c. 在指定了倒角和倒圆角的下一程序段中没有与上一程序段相交成直角的 G01 命令时。

d. 如果在 G01 中指定了多于一个的 I、K、R 时。

② 单独程序段停止点是图 3-12 中 A→D 中的点 C，而不是点 D。

③ 在螺纹切削的程序段中，不能使用倒角和倒圆角。

④ 在不使用 C 作为一个轴名字的系统中，C 可以用来代替 I 或 K 作为倒角的地址。如需把 C 作为倒角的地址，把参数 No. 3405#4 固定为 1。

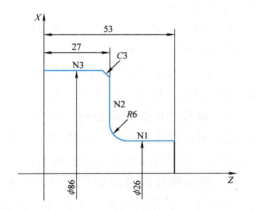

图 3-13　倒圆角和倒角示例

和倒角，试编写其程序。

程序如下：

　　G00　X26.　Z55.；
　　G01　Z27.　R6.；
　　X86.　K-3.；
　　Z0；

⑤ 如果用 G01 在相同程序块中指定了 C 和 R，最后指定的地址有效。

3.5.3 圆弧插补指令 G02、G03

圆弧插补指令使刀具沿着圆弧运动，切出圆弧轮廓。圆弧插补运动有顺、逆之分，G02 为顺时针圆弧插补指令（CW），G03 为逆时针圆弧插补指令（CCW）。按照 ISO 国际标准组织的定义，顺、逆圆弧插补运动的判断方法是，按右手直角坐标系判定：大拇指指向 X 轴正方向，食指指向 Y 轴正方向，中指指向 Z 轴正方向，观察者从垂直于圆弧所在平面的第三轴的正方向向负方向看去，走刀方向绕 Y 轴顺时针转动的为顺圆，反之为逆圆，如图 3-14 所示。G02、G03 可以省略写成 G2、G3。

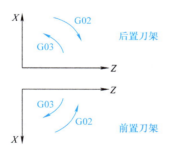

图 3-14 圆弧顺、逆

指令格式：

$$(G18)\begin{Bmatrix} G02 \\ G03 \end{Bmatrix} X(U)\_\_ Z(W)\_\_ \begin{Bmatrix} I\_\_ K\_\_ \\ R\_\_ \end{Bmatrix} F\_\_ ;$$

其中：

1）在绝对坐标编程状态下，X __、Z __ 为圆弧终点坐标；在增量坐标编程状态下，U __、W __ 为圆弧终点相对于圆弧起点的增量坐标值。

2）R 是圆弧半径（在车床上，加工的圆弧所对的圆心角小于或等于 180°），单位为 mm。

3）I、K 分别为圆心在 X、Z 轴相对于圆弧起点的增量坐标，即

$I = (X_{圆心} - X_{圆弧起点})/2$，I 值用半径值指定，单位为 mm。

$K = (Z_{圆心} - Z_{圆弧起点})$，当 I、K 值为 0 时可以省略，单位为 mm。

4）I、K 和 R 同时编写的程序段，以 R 指令的半径值为优先，I、K 被忽略。

5）如果用 R 指定圆心角接近 180° 的一段圆弧，中心坐标的计算会产生误差。在这种情况下，应使用 I 和 K 指定圆弧中心。

6）圆弧插补的进给量等于由 F 代码指定的进给量，且是沿圆弧切线方向。指定的进给量和实际进给量的误差为 ±2% 之内。该指定的进给量是在进行了刀尖圆弧半径补偿后沿圆弧上测得的速度值。

在前置刀架的数控车床上，很多人容易混淆对圆弧顺逆的判断，甚至连有一些干了一两年数控车床的工人对这个指令都有点摸不着头脑，觉得有点绕人。按照他们的解释，

在前置刀架中，明明看起来是顺时针方向的圆弧，却用 G03 指令；看起来是逆时针方向的圆弧，却用 G02 指令。有些人说，不同的书本上讲的都是一样的，但是和我用起来的恰好是相反的；有些人甚至会说，系统是不是弄错啦？笔者问他是不是只操作过前置刀架的数控车床？他说是。笔者说当你操作过后置刀架的数控车床之后，你就不这么说了。为此，下面举个例子来说明这个问题。

> 有一片透明的平面玻璃，在玻璃的一个面上用黑色记号笔画了一段圆弧，并标注了箭头方向，当分别从垂直于玻璃面的两个角度去观察时，得到圆弧顺逆的判断无疑是相反的，而玻璃上的圆弧是固定不变的。

还有一些操作者说，对于某工件上的一段固定的圆弧，如果加工轨迹的方向相同，在前置刀架的数控车床上用 G02/G03 指令，那么在后置刀架上就用 G03/G02 指令。这很显然是错误的，首先车床上加工的产品是回转体。其次，就像透明玻璃上用黑色记号笔画的那段圆弧一样，从垂直于玻璃面的两个角度去观察的时候，得到的顺逆的判断是相反的，但圆弧是固定不变的。这里的顺逆是因为观察角度的不同所导致的，只是"看起来"的顺或逆，实际上圆弧是固定的，用的指令也就是固定的。所以在加工方向一致的情况下，在前置刀架上用什么指令时，在后置刀架上也用什么指令，指令是不变的。

所以，在判断圆弧顺逆之前，请先依右手直角坐标系确认观察的方向！

【例 3-5】 编写如图 3-15 所示的圆弧轮廓的精加工程序。

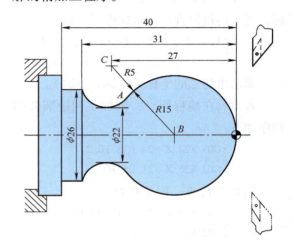

图 3-15 圆弧车削举例

本题可以用三角形相似求出切点坐标：连接两个圆的圆心，从 R5mm 圆心作 Z 轴垂线，连接垂足和 R15mm 圆心，经过两圆切点作 Z 轴平行线，交于三角形，则很容易求出切点坐标。

还有一种解法是利用定比分点公式求出切点的坐标：设直线 L 上两点 P、O，它们的坐标分别为 (X_1, Y_1)、(X_2, Y_2)，在直线 L 上一个不同于 P、O 的任一点 M，使 PM/MO 等于已知常数 λ。即 $PM/MO = \lambda$，把 M 叫作

有向线段 PO 的定比分点。若设 M 的坐标为 (X, Y)，则 $X = (X_1 + \lambda X_2)/(1 + \lambda)$，$Y = (Y_1 + \lambda Y_2)/(1 + \lambda)$。

在本题中，切点 A 分有向线段 BC 的定比分点 $\lambda = 15/5 = 3$，先求出切点的半径的坐标，然后再得出直径的坐标即可。则有

$$\begin{cases} X_A = (0 + 3 \times 16)/(1+3) = 12（半径值）\\ Z_A = [-15 + (-27) \times 3]/(1+3) = -24 \end{cases}$$

则求出切点的坐标为（24，-24）。

若刀具在编程原点，则加工两段圆弧的程序如下：

$$\begin{cases} \text{G03 X24. Z}-24. \text{ R15. F0.2;} \\ \text{G02 X26. Z}-31. \text{ R5. F0.2;} \end{cases}$$

如果用 I、K，则编程如下：

$$\begin{cases} \text{G03 X24. Z}-24. \text{ I0 K}-15. \text{ F0.2;} \\ \text{G02 X26. Z}-31. \text{ I4. K}-3. \text{ F0.2;} \end{cases}$$

对比以上两种编程方法，不难看出 I、K 和 R 的关系：$I^2 + K^2 = R^2$。

对于圆弧的半径差，有些初学者自己编的程序是这样的：

……
G01 X20. Z80. F0.2;
G03 X60. Z30. R25. F0.15;
……

乍一看，程序编写得很好，没有什么问题，实际上错误很大，而且这种错误还是隐藏的。先分析一下所描述的两点之间的距离，根据两点间的距离公式，可以算出两点间距离 $d = (\sqrt{[(60-20)/2]^2 + (30-80)^2})$ mm = 53.8516mm，而根据圆在数学上的定义，只有当这段距离是圆的直径时，此时的圆的半径 r 才最小，为 $r = d/2 = 26.9258$mm，而 25mm < 26.9258mm，不符合圆在数学上的定义，如果在圆弧起点和终点之间半径差 1.9258mm 大于或等于参数 No.3410 中的设定值（该值由机床生产厂家设定，一般为 0~30μm，如果该值设为 0，不进行圆弧半径差的检查），机床就会产生 PS20 报警信息，超出半径公差。如果终点不在圆弧上，刀具在到达终点之后将沿着一个坐标以直线运动。

3.5.4 暂停指令 G04

指令格式：

$$\begin{cases} \text{G04 P \_\_;} \\ \text{G04 X \_\_;} \\ \text{G04 U \_\_;} \\ \text{G04;} \end{cases}$$

说明：程序执行到 G04 时，各轴的进给运动停止，主轴不停，不改变当前的模态 G 指令和保持的数据、状态，延时给定的时间后，再执行下一个程序段。

程序延时一般用于以下几种情况：

1）切槽加工到达槽底部时，设置延时时间，以保证槽底的切削质量和位置度。当

用 G04 命令执行停止时，如在沟槽底部的位置，如果切削刀具与工件保持长时间的接触，将会缩短刀尖的寿命，同时也会给加工精度造成不利影响。

停留周期是主轴大约旋转一周所需的时间或稍长。

2）钻孔加工中途退刀后，设置延时时间，随着切削液的流入，以保证孔内的切屑充分排出。

3）其他情况下设置延时，如自动棒料送料器送料时延时，以保证送料到位。

G04 为 00 组非模态 G 指令；G04 延时时间由指令字 P __、X __ 或 U __ 指定，P、X、U 指令范围为 0.001~99999.999，单位为 s。指令字 P __ 的时间单位为 0.001s，不能使用小数点编程；指令字 X __ 和 U __ 的时间单位为 s，可以使用小数点编程。如果需要暂停 1.5s，可以有如下编程方法，使用时任选一种即可

G04 X1.5；= G04 X1500；= G04 U1.5；= G04 U1500；= G04 P1500；

以上为参数 No.3405#1 = 0 时的情形，若值为 1，每分钟进给时按时间暂停，每转进给时用小数点指定的 X、U 按转数暂停。如 G95；G04 U1.5；暂停一圈半。

注意：

① 当 P、X、U 未输入时或 P、X、U 指定负值时，表示程序段间准确停，想要运行下面的程序，请按 循环启动 。

② P、X、U 在同一程序段，P 有效；X、U 在同一程序段，X 有效。

③ G04 指令执行中，进行进给保持的操作，当前延时的时间要执行完毕后方可暂停。

④ G04 指令单程序段编写。

这是本书讲的第一个非模态代码，举个例子来看一下模态和非模态的区别：

……

N10 G01 X10. F0.2；

N20 G04 X2.；

N30 X30.；

……

在 N10 这段程序里，刀具进给到直径 10mm 的位置，N20 这段，停了 2s，N30 这段，然后又停了 30s 吗？显然不是的，G04 是非模态指令，N20 这段编写了，就有效；N30 这段没有编写，就无效，还是延续原来 N10 这段程序的 G01 指令，所以是直线插补到直径 30mm，而不是又停了 30s。

"模态"就是在同一组代码出现之前一直有效的指令。"初态"就是开机默认的模态。"非模态"就是只在编写的程序段中有效的指令。多数代码是模态的，模态的指令可以节省编程时间，节省系统内存空间。

3.5.5 单位设置指令 G20、G21

指令格式：

$\begin{cases} G20；（英制尺寸，单位为 in）\\ G21；（米制尺寸，单位为 mm）\end{cases}$

说明：该 G 代码必须在设定坐标系之前，在程序的开头以单独程序段指定。在程序执行期间，绝对不能切换 G20 和 G21。

G20 和 G21 为模态指令，两者可相互注销，默认状态为米制 G21（米制和英制的换算关系为：1in＝25.40mm）。

在英制/米制转换之后，将改变下列值的单位：

① 由 F 代码指令的进给速度。
② 位置指令。
③ 工件原点偏移值。
④ 刀具补偿值。
⑤ 手摇脉冲发生器的刻度单位。
⑥ 在增量进给中的移动距离。
⑦ 某些参数。

也可以在"SETTING"界面内切换英制和米制输入。

3.5.6 参考点的相关指令

参考点是机床上的一个固定点。通过参考点返回功能，刀具可以容易地移动到该位置。例如，参考点用作自动换刀的位置。如果需要，用参数 No. 1240～1243 可以在机床坐标系设定 4 个参考点，如图 3-16 所示。

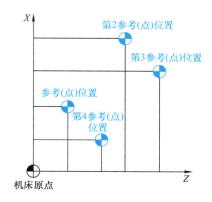

图 3-16 机床原点和参考点

（1）返回参考点检查指令 G27　G27 指令检查刀具是否能按程序正确地返回到参考点。如果刀具能正确地沿指定轴返回参考点，则该轴参考点返回指示灯亮。但是，如果刀具到达的位置不是参考点，则机床产生 PS092 号报警。G27 为非模态指令。

指令格式：

G27 X（U）__ Z（W）__；

其中：X（U）__ Z（W）__为机床参考点在工件坐标系中的绝对或相对坐标值。

G27 指令是以快速移动速度定位刀具的。当机床锁住接通时，即使刀具已经自动返回到参考点，指示返回完成的灯也不亮。在这种情况下，即使指定了 G27 命令，也不检查刀具是否已返回到了参考点。

注意：执行 G27 指令的前提是机床在通电后刀具曾返回过一次参考点，手动回零方式或者用 G28 指令返回都可以。此外，使用该指令前，必须先取消刀具圆弧半径补偿。

执行 G27 指令后，如想让机床停止，须加入辅助指令 M00，否则机床将继续执行下一个程序段。

在偏移方式下，用 G27 指令的刀具到达的位置是加了偏移值的位置。因此，如果加了偏移值的位置不是参考点，灯不点亮，而是出现报警信息。通常，在指令 G27 之前，应先取消偏移。

（2）自动返回参考点指令 G28　G28 指令可以使刀具从任何位置以快速定位方式经过中间点返回到参考点。

指令格式：

G28　X（U）__ Z（W）__ ；

其中：X、Z 为绝对坐标编程时中间点在工件坐标系的坐标，U、W 为增量坐标编程时中间点相对于刀具起点的坐标。

G28 指令首先使所指定的编程轴快速定位到中间点，然后再从中间点返回到参考点。一般，G28 指令用于换刀或者消除机械累积误差，在执行该指令前应先取消刀尖圆弧半径补偿，G28 为非模态指令。

如图 3-17 中程序可以编为：G28　U60. W30. ；

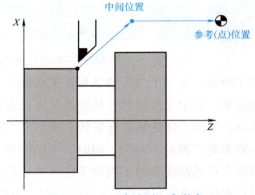

图 3-17　G28 自动返回参考点

（3）返回第 2～4 参考点指令 G30　G30 指令可以使刀具从任何位置以快速定位方式经过中间点返回到第 2～4 参考点。

指令格式：

G30　P2～4　X（U）__ Z（W）__ ；

其中：X、Z 为绝对坐标编程时中间点在工件坐标系的坐标，U、W 为增量坐标编程时中间点相对于刀具起点的坐标。G30 指令首先使所指定的编程轴快速定位到中间点，然后再从中间点返回到第 2～4 参考点。

在没有绝对位置编码器的系统中，只有在执行过 G28 指令自动返回第 1 参考点或手动返回参考点之后，才可以使用第 2～4 参考点返回功能。通常只在换刀位置不同于第 1 参考点时才使用 G30 指令。执行该指令前应先取消刀尖圆弧半径补偿。如果省略 P，则认为是第 2 参考点。G30 为非模态指令。

3.6 工件坐标系指令的使用方法详解

为了与程序统一，使程序的编制简单化，加工时要建立一个与工件坐标系重合的工件坐标系。由于工件形状、长短和装夹位置的不同，不同工件在装夹在数控车床后其工件坐标系的位置是不同的；同时，不同的程序编制人员或操作者对不同的工件所确定的起刀点和换刀点设定的位置也是不同的。因此，必须建立工件坐标系、刀具和固定的机床坐标系（或机床参考点）之间的位置关系，这就是工件坐标系的建立。

3.6.1 机床坐标系指令 G53

指令格式：
G53 X__ Z__；

其中：G53 指令使刀具快速定位到机床坐标系中的指定位置上，X、Z 后的值为机床坐标系中的坐标值，其尺寸一般均为负值。

G53 指令指定的各轴的位置，就是按下 POS 键，"综合坐标"中各轴的"机械坐标"值。

在数控机床上的一个作为加工基准的特定点叫作机床原点。每台机床上都有机床原点。用机床原点作为原点的坐标系称为机床坐标系。

注意：

① 刀尖半径补偿和刀具偏置应当在它的 G53 命令指定之前提前取消。否则，机床将依照指定的偏置值移动。

② 机床坐标系必须在指定 G53 指令发出之前设定，因而通电后，必须手动或者用 G28 命令让机床自动返回参考点。但用绝对位置编码器时，就不需要该操作。

③ G53 指令为非模态指令。G53 指令必须用绝对方式指定，如果指定了增量值，G53 指令被忽略。

④ G53 指令的应用较为少见。

⑤ 通电后，当完成手动参考点返回时，可以立即建立一个加工坐标系，其坐标值为 (α, β)，是用参数 No.1240 设定的，如图 3-18 所示。

编制数控程序采用工件坐标系，工件坐标系的建立实质上是确定工件坐标系原点和机床坐标系（或机床参考点）原点之间的位置关系的过程。下面具体说明车床对刀的方法，其中将工件右端面旋转中心点设为工件坐标系原点的方法最为常用，将工件上其他点设为工件坐标系原点的对刀方法与之类似。

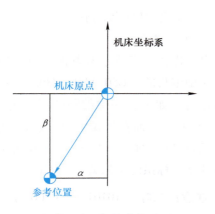

图 3-18　机床坐标系

数控车床上建立工件坐标系的方法有多种，主要有以下三种方法，读者可根据工厂实际情况选择使用：

1）G50 指令强制建立工件坐标系。

2）G54～G59 指令建立和选择工件坐标系。

3）刀具偏置建立工件坐标系。

3.6.2　建立工件坐标系指令 G50

指令格式：
G50 X __ Z __；

其中：X __ Z __ 只能以绝对坐标编程（G50 作为强制建立工件坐标系时）。

G50 指令强制建立工件坐标系，实质上是确定起刀点相对于工件坐标系原点的位置。一般放在一个工件程序的首段，且单独程序段指定该指令。

和刀具偏置建立坐标系不同，G50 指令建立工件坐标系有基准刀具和非基准刀具之分。G50 指令是以基准刀具为基础建立工件坐标系的，其余非基准刀具则通过叠加刀具偏置值将其刀位点平移至基准刀具位置上。

G50 指令建立工件坐标系的操作过程如下（假设刀具 T0101 为基准刀具，一般为外圆刀）。

（1）基准刀具建立工件坐标系（以 T0101 刀具为例）

1）开机回原点　先后使 X、Z 轴返回参考点，避免刀架和尾座发生碰撞。

2）清零基准刀具对应的刀具补偿寄存器号的几何偏置值，包括形状和磨损/磨耗。操作方法：按功能键 OFS/SET，进入"刀具补正"画面，按［补正］软键、［形状］软键，显示"刀具补正/几何"画面，单击↑、↓键移动光标至需要清零的番号上，按数字键"0"，再按［输入］软键或功能键 INPUT 即可。

3）选择 MDI 或手动方式，使主轴以一个合理的转速正转。

4）选择手动方式，先快速移动刀具到离工件较近处，然后选择手轮方式，移动刀具到离工件 1～2mm 处，选择手轮倍率"×0.01"，从尾座向卡盘方向尽量和 Z 轴平行着去看，当目测能切到工件时，缓慢匀速摇动手轮，使刀具能切削到工件外圆表面，而又不能切削过深为宜。保持 X 轴坐标不变，快速退 Z 轴，停止主轴。在操作过程中，手眼要配合好，反应要快，避免发生碰撞！

5）查看外圆直径是否车削完成了，如果没有车好，适量进刀后再车。用千分尺或卡尺测量外圆表面直径，假设为 ϕ60.500mm。

6）按下 POS 键，按［相对］软键，按下地址键 "U"，按［操作］软键，输入测量到的外圆直径尺寸，例如 "60.500"，再按［预定］软键，则 X 轴的相对坐标值就被设定为测量值。

7）起动主轴，移动刀具试切工件右端面，保持 Z 轴不变，退 X 轴。

8）在"相对坐标"界面，按下地址键 "W"。

再按［起源］软键，清零 Z 轴的相对坐标值，即把当前刀具位置作为工件坐标系原点。

再按［操作］软键，输入要设定的 Z 轴的相对坐标值，比如为 "1.0"，按［预定］软键，即把当前刀具位置作为相对坐标的 "Z1.0"。

9）手动、手轮方式下将 X、Z 轴 "相对坐标" U、W 移动到程序中 G50 设定的位置上，比如程序中设定为 "G50 X80. Z80.;"，就把刀具移动到相对坐标 "U80. W80."的位置上。

以上操作就完成了对基准刀具 T0101 使用程序中编写的 "G50 X80. Z80.;"指令的对刀过程。如果程序中编写的指令为 "G50 X80. Z80.;"，而在步骤9）中没有把刀具移动到相对坐标 "U80. W80."的位置上，则强制建立坐标系的结果就是对刀错误！

注意：此时的 T0101 和 T0100 的含义是不同的，虽然 T0101 的 01 号番号的 X、Z 两个轴的形状/磨损（磨耗）都为 0，但是其刀尖方位号和刀尖圆弧半径值却是只有 T0101 才能读取到！

（2）非基准刀具偏置值的输入

1）在完成基准刀具的对刀后，把基准刀具退到安全位置，用 手动 或 手轮 方式将 2 号刀具换上。

2）手动、手轮方式下移动 2 号刀具接近基准刀具对刀时试切过的外圆，手轮方式选择倍率 "×0.01"，轻轻接触已加工过的外圆表面，保持 X 轴不变，退 Z 轴，记下此时 X 轴的相对坐标值，比如为 "U-2.300"，把 "-2.3" 输入到 T02 02 对应的 02 号刀补寄存器的 X 轴补偿值中。

3）手动、手轮方式下移动 2 号刀具接近基准刀具对刀时试切过的右端面，手轮 方式选择倍率"×0.01",轻轻接触已加工过的右端面,保持Z轴不变,退X轴,记下此时Z轴的相对坐标值,比如为"W-3.500",把"-3.5"输入到T02 02 对应的 02 号刀补寄存器的Z轴补偿值中。

参照以上操作步骤,依次把其余刀具的偏置值输入到与其对应的番号的寄存器中。这样,就完成了加工程序的G50工件坐标系的建立。

(3) G50指令的优缺点 当程序执行到"G50 X80. Z80. ;"指令时,机床本身不发生任何运动,但显示屏上显示的绝对坐标值却会变成G50指令中设定的坐标值"X80. Z80."。此时便以基准刀具建立起了工件坐标系,此后的程序均是在此坐标系中运行。G50指令建立的工件坐标系和刀具当前位置有关,所以在程序结束之前,必须把刀具返回至原对刀点,且下一个加工工件也必须是原来的安装位置,否则程序加工会有误!此外,当关机或突然停电重新上电开机后,执行返回参考点动作后,刀具就偏离了原来的对刀位置,则必须对基准刀具进行重新对刀,较浪费时间。

G50指令建立工件坐标系的方法,是一种在多数数控系统上广泛配备的功能,但在工厂应用非常少见,工厂讲究的是安全、可靠和效率,以下两种方法简便易行、应用较为广泛,尤其是刀具偏置建立工件坐标系的方法。

3.6.3 回零试切法设置 G54~G59 坐标系

回零试切法对刀是用所选的刀具试切零件的外圆和右端面,经过测量和计算得到零件端面中心点的坐标值,操作步骤如下:

1)开机 回零 之后,把模式选择开关旋转至 手动 或 手轮 位置。

2)Z方向对刀,步骤如下:

① 按住进给轴和方向选择开关或摇动手轮,机床向相应的方向进行运动,手动车削工件端面,如图3-19所示。

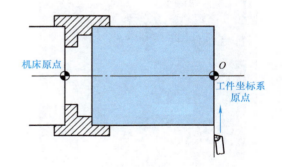

图3-19 车削端面

② 按功能键 OFS/SET,显示刀具参数设置窗口,如图3-20所示。

③ 按软键[坐标系]进入到坐标系设置窗口,如图3-21所示。

应的寄存器中，从而完成 Z 方向的对刀操作。

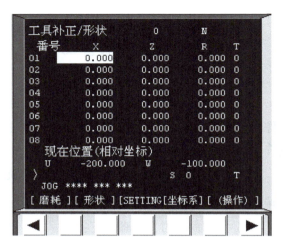

图 3-20　刀具参数设置窗口

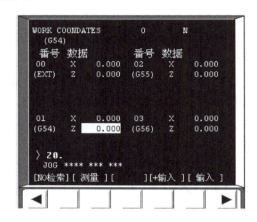

图 3-22　设置 Z 轴坐标值

3）X 方向对刀，步骤如下：

① 手动车削外圆，如图 3-23 所示，保持 X 轴坐标不变退刀，停机后测量工件直径。

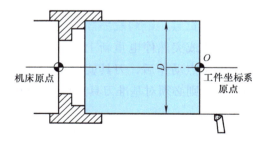

图 3-23　车削外圆

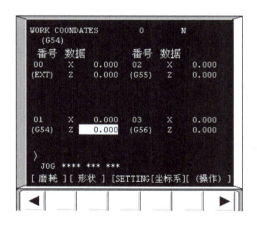

图 3-21　坐标系设置窗口

④ 将光标移动至 Z 轴坐标位置（G54～G59 之一）输入"Z0"，按软键［测量］，如图 3-22 所示，则刀具 Z 方向对刀值输入到相

② 依次按功能键 OFS/SET 显示刀具偏移画面（图 3-20）、［坐标系］软键（图 3-22），

将光标移动至 X 轴坐标位置（G54～G59 之一），输入"X 直径值"，按［测量］软键，则刀具 X 方向对刀值输入到相应番号的寄存器中，从而完成 X 方向的对刀操作。

车床的刀架上可以同时放置多把刀具，需要对每把刀具进行对刀操作。下面是多把刀具的对刀方法：

1）选择其中一把刀为标准刀具，按本小节介绍的操作步骤完成对刀。

2）按 POS 键，按［相对］软键，显示相对坐标系。用选定的标准刀具接触工件端面，保持 Z 轴在原位将当前的 Z 轴位置设为相对零点。把需要对刀的刀具转到加工刀具位置，让它接触到同一端面，读出此时的 Z 轴相对坐标值，这个数值就是这把刀具相对标准刀具的 Z 轴长度补偿，把这个数值输入到形状补偿界面中与刀号相对应的参数中。

3）再用标准刀具接触零件外圆，保持 X 轴不移动，将当前 X 轴的位置设为相对零点。把需要对刀的刀具转到加工刀具位置，让它接触相同的外圆位置，此时显示的 X 轴相对值即为该刀具相对于标准刀具的 X 轴长度补偿。把这个数值输入到形状补偿界面中与刀号相对应的参数中。

这样对刀之后，用以下指令编程："G54 T0101;""G54 T0202;""G54 T0303;"……

3.6.4 设置刀具偏移值建立工件坐标系

在数控车床操作中经常通过设置刀具偏移的方法对刀。但是在使用这个方法时不能使用G54～G59设置工件坐标系。G54～G59的各个参数均设为0。设置刀具偏移值的步骤与3.6.3节基本相同，只是对刀值的存储位置不同，具体如下：

1）开机 回零 之后，把模式选择开关旋转至 手动 或 手轮 位置。

2）进行 Z 方向对刀，步骤如下：

① 手动车削工件端面，如图3-19所示。

② 按 OFS/SET 键显示刀具参数设置窗口，如图3-20所示。

③ 按［形状］软键进入到形状补正窗口，如图3-24所示。

④ 将光标移动至 Z 坐标位置输入"Z0"，按［测量］软键，如图3-25所示，则刀具 Z 方向对刀值输入到相应的寄存器中，从而完成 Z 方向的对刀操作。

3）X 方向对刀，步骤如下：

① 手动车削外圆（图3-23），保持 X 轴坐标不变退刀，停机测量工件直径，记住这个直径值。通常，以"×0.01"的手轮倍率车削一段距离的外圆/内孔，来实现 X 方向对刀。在没有使用顶尖的情况下，退刀时一

对/相对坐标值，车削一段距离后，向+X/-X退一点，移动Z轴脱离工件后，然后再移动刀具到原来X轴的绝对/相对坐标值上，随后测量。

② 依次按 OFS/SET 键显示刀具偏移画面（图3-20）、[形状] 软键（图3-24），将光标移动至X轴坐标位置，输入"X 直径值"，按[测量]软键，则将刀具X方向对刀值输入到相应的寄存器中，从而完成X方向的对刀操作。

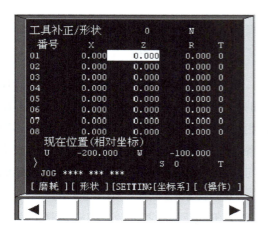

图3-24　刀具形状补正设置窗口

用这种方法建立起来的偏置，用指令T□□○○来调用。前1位或2位表示刀具号，后2位表示刀具补偿号。

程序开头的编程，不少初学者往往有以下三种方式：

① G00 X__ Z__;
　　T□□○○ M03 S__;
② G00 X__ Z__ T□□○○ M03 S__;
③ T□□○○ M03 S__;
　　G00 X__ Z__;

乍一看都差不多，实际相差很大。方式①在还没有读到刀具偏置的时候就产生了运动指令，显然是错误的；方式②在换刀的同时产生了运动指令，是非常危险的；只有方式③才是最好的。

假设有两种不同的工件A和B，其长短、直径尺寸都不相同，刀具使用的加工顺序也

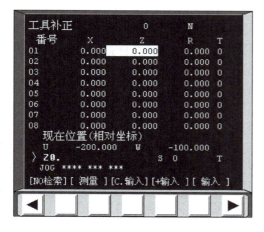

图3-25　设置Z方向偏置值

一般以100%的快速倍率，不使用"×0.01"的手轮倍率退刀，以免刀具再次加工到工件，使尺寸变小/变大，导致对刀不准确。也可以在车削外圆/内孔前，记住此时的X轴的绝

不一定相同，加工程序当然也不相同，但加工时都要用到刀架上的 1~6 号刀具，在加工完一定数量的工件 A 后，然后加工一定数量的工件 B，然后还要加工工件 A……抛开 G50 对刀方法，当采用上述三种对刀方法中的后两种时，即 G54~G59 建立工件坐标系或刀具偏置建立工件坐标系，有没有一种对刀方法更加简便可行？

其实可以把这两种方法结合起来使用：

1) G54~G59 建立工件坐标系。假设工件 A 使用 G54 坐标系，当加工工件 B 时，不再设其为 G54 坐标系，而使用 G55 坐标系，按以下方式对刀：在 MDI 方式下任意调用其中的一把刀具，比如为 T0606，则输入 "G54 T0606；M03 S __；"，按 INSERT，按 循环启动 键，则 T0606 被换上，转到 手动、手轮 方式下使刀具接近工件 B，手轮 方式下以 "×0.01" 的倍率，沿 X 轴进刀切削工件的右端面，保持 Z 轴坐标不变，退 X 轴。按 POS、"绝对坐标"，记下此时的 Z 轴的绝对坐标值，比如为 "Z6.750"，此时可以移动 Z 轴。按 OFS/SET、"坐标系"，移动光标到 G55 坐标系的 Z 轴的位置上，输入 "Z0"，按 [测量] 软键。

2) 刀具偏置建立工件坐标系。虽然在加工工件 A 时没有用到 G54~G59 坐标系，但仍可以把它想象成使用了 G54 坐标系，只不过其两轴的值均为 0，编程一样可以用 "G54 T0101；"。仿照上述方法，把 "6.750" 直接输入到 G55 坐标系的 Z 中。

一般情况下，在加工中心上常会用到刀具长度补偿和 G54~G59 坐标系的 Z 值一起平移坐标的方法，在数控车床上也一样可以用到。

在以上对刀方法中，Z 轴都可以不对在一个平面上。例如，某一把刀具不加工其他刀具所用的对刀平面，比如切槽刀具，可以把这把刀具对在它所加工的位置上，然后依以上对刀方法去对刀，并把此位置设为 Z0。但在编程时要考虑到它和其他刀具对刀平面之间的 Z 方向距离，以免碰撞！但多数情况下，刀具都对在工件一侧的端面上，避免交接班者的误操作，也有利于安全。

3.6.5 改变工件坐标系

由 G54~G59 规定的 6 个工件坐标系可以通过外部工件原点偏移值或者工件原点偏移值改变其位置。可以用三种方法改变外部工件原点偏移值或工件原点偏移值。

1) 从 MDI 面板输入，如图 3-26 所示。
2) 用 G10 指令或 G50 指令编程。
3) 用外部数据输入功能。

外部工件原点偏移可以用输入到 CNC 的信号来改变，详见机床制造商的说明书。

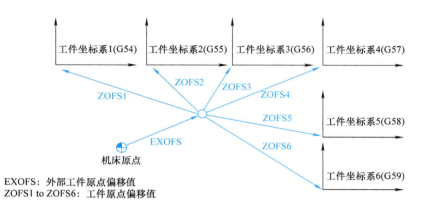

图 3-26 改变工件原点偏移值

1. 用 G10 改变

指令格式：

G10 L2 P0~6 X（U）__ Z（W）__ ;

其中："P = 0"对应 EXT 外部工件坐标系原点偏移；"P = 1~6"对应工件坐标系 1~6（即 G54~G59）的工件原点偏移；如果是绝对指令，其值为相应轴的工件原点偏移值；如果是增量指令，其值要叠加到相应轴设定的工件原点偏移上的值（其和为新的偏移值）。用 G11 可以取消该指令。

2. 用 G50 改变

指令格式：

G50 X（U）__ Z（W）__;

说明：G50 指令使工件坐标系（G54~G59）移动而设定新的工件坐标系，在这个新的坐标系中，当前的刀具位置与指定的坐标值一致。

如果用 U、W 增量值指定，该值与原来的刀具位置坐标值相加，建立新的坐标系，但刀具位置不变（坐标系偏移）。U __ W __ 分别代表坐标原点在 X 轴和 Z 轴上的移动量，即

$$X_{原坐标系坐标值} + \Delta u = X_{新坐标系坐标值}$$
$$Z_{原坐标系坐标值} + \Delta w = Z_{新坐标系坐标值}$$

坐标系的偏移量加在了所有工件原点的偏移值上，这意味着所有的工件坐标系都移动了相同的量。具体如图 3-27 和图 3-28 所示。

图 3-27 中，XZ 为原始工件坐标系，$X'Z'$ 为新建工件坐标系。刀具在 G54 坐标系中的位置为（160.0，200.0），在执行了指令 "G50 X100.0 Z100.0;" 后，原始坐标系 XZ 移动了矢量 A，变为新的工件坐标系 $X'Z'$。

如果用增量值指定，则程序为：G50

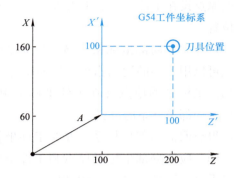

图 3-27　G50 改变工件坐标系（一）

件原点偏移量，C 为 G55 的工件原点偏移量。假设指定了 G54 工件坐标系，然后，G55 工件坐标系用"G50 X300. Z600."设定。则在 G55 工件坐标系中，刀尖处于（300.0，600.0），假如 G54 和 G55 工件坐标系之间的位置关系已经正确设定，且托盘是装在两个不同的位置上，如果两个托盘所在的两个位置所对应的两个坐标系之间的相对位置关系已正确设定，把两个坐标系处理为 G54 和 G55 工件坐标系。那么，一个托盘中以 G50 完成的坐标系的移动，也会引起另一个托盘对应坐标系等矢量的移动。这样，两个托盘上的工件能够用同样的程序加工，仅是指定 G54 工件坐标系或者 G55 工件坐标系不同。

U − 60. W − 100. ；

图 3-28 中，XZ 为原 G54/G55 工件坐标系，$X'Z'$ 为新建工件坐标系，A 为由 G50 引起的新旧坐标系间的偏移量，B 为 G54 的工

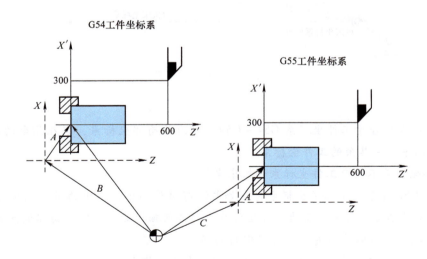

图 3-28　G50 改变工件坐标系（二）

3.6.6 设定局部坐标系

指令格式：

G52 X__ Z__；

在工件坐标系中编写程序时，为了编程方便，可以设定工件坐标系的子坐标系，子坐标系叫作局部坐标系，如图 3-29 所示。

用"G52 X__ Z__；"可以在工件坐标系（G54~G59）中设定局部坐标系。局部坐标系的原点设在工件坐标系中由 X__ Z__ 指定的位置。

一旦建立了局部坐标系，局部坐标系的坐标就可以用于轴的运动指令。用 G52 指令新的局部坐标系的原点（在工件坐标系中）可以变更局部坐标系的位置。

如果想取消局部坐标系，并在工件坐标系中工作，应使局部坐标系原点和工件坐标系原点重合，即指定"G52 X0 Z0"。

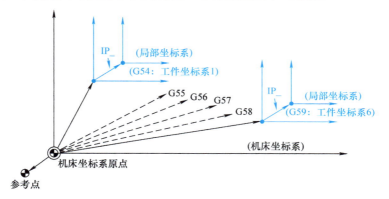

图 3-29 设定局部坐标系

注意：

① G52 指令适合于工件坐标系 G54~G59，因为是局部坐标系，只在指令的工件坐标系中有效，而不影响其余的工件坐标系。

② 局部坐标系不改变工件坐标系和机床坐标系。

③ 当用 G50 指令定义工件坐标系时，如果没有对局部坐标系中的所有轴指定坐标值，局部坐标系保持不变。如果没有为局部坐标系中的任何轴指定坐标值，局部坐标系被取消。

④ G52 指令暂时取消刀尖半径补偿中的偏移。

⑤ 紧跟在 G52 指令之后，用绝对方式指定一个运动指令。

说到这里，我们会突然发现原来 Z 轴的移动与 G54 坐标系的 Z 值、形状的 Z 值的和有关。就像你手里一共有 5 个苹果，要把它放在 5 个盘子里，一个盘子放了 5 个，其他盘子就没有了；一个盘子放了 2 个，其他盘子就只有 3 个可以放了，而总数是不变的。那么，一共有几个盘子呢？

除了以上介绍的是对刀的几种方法可以引起坐标系的偏移外，还可以使用以下两种坐标系同样能引起坐标系的偏移：

1）EXT 外部工件坐标系设定。EXT 外部工件坐标系平移功能和 G54~G59 工件坐标系一样，只不过它不需要在程序里执行偏移指令，只要对 EXT 坐标系进行设置，偏移动作就会立即执行，"绝对坐标"值就会立即做出相应变化。并且，如果在程序里出现 G54~G59 工件坐标系，它将和 G54~G59 工件坐标系的偏移值进行叠加，G50 指令可以取消该功能。上述情况中，把 "6.750" 直接输入到 EXT 坐标系的 Z 中。

在发生了碰撞、产生驱动器报警后，断电复电后机床位置可能会发生改变，此时也可以用 EXT 坐标系对所有刀具进行偏移。

2）工件平移（见图 3-30）。工件平移实际上是将所有工件坐标系进行平移的一种偏置方法，就像前文描述的那样，"Z6.750" 说明 B 工件比 A 工件的右端面偏向了尾座 6.750mm。按 OFS/SET 键，再按两次右扩展键 "▷"，出现以下画面，将光标移动到 [平移值] 的 Z 轴位置上，输入 "Z0"，按 [测量] 软键，系统就会自动根据现有的坐标系（包括刀具补偿值和 G54~G59）和命令它的 "Z0" 计算出差值，并将差值自动输入到光标所在位置，并立即起作用，实现现在的工件坐标系的 Z 方向原点在现在的工件端面上的功能。

图 3-30　工件平移画面

上述操作过程还可以这样进行：将光标移动到 "测定值" 的 Z 轴位置上，输入 "Z0"，再按 [输入] 键即可，和上述效果是一样的，只是两个值互为相反数。

3）除此之外，磨损/磨耗也是会经常用到的。很多人单从字面意思来理解 "磨损/磨耗"，认为只有刀具在磨损的时候才会用得上，其实不然。下面来看一下 "磨损/磨耗" 的用法：

① 真实的磨损。

② 假设是焊接刀具，两把刀具刀位点的矢量差。

③ 用于机夹刀片崩刃或磨损时的快速对刀（这种较为常用）。

其实，"形状"和"磨损/磨耗"在名称和表现形式不同，用途也略有不同，但原理是一样的，一般情况下，可把前者当作粗调，后者当作微调，两者是一体的，机床读取到的数据总是两者值的和。

> **注意**：当对刀时，按"X/Z ___"，按[测量]软键时，会清零相应轴相应番号的磨损/磨耗数据。

3.6.7 各类坐标系之间的关系

讲述了这么多的方法以后，可能会因种类繁多而有点糊涂了，下面来整理一下它们之间的关系。

从图 3-31 可以看出，如果机床坐标系一旦移动，其他坐标系将全部发生平移，但要补充说明的是，如果机床坐标系一旦发生平移（重新手动回参考点），G50 建立的坐标系就会消失，刀具补偿建立的坐标系，就会发生平移，如果刀具补偿建立在 G50 坐标系基础之上，在 G50 坐标系消失的同时，刀具补偿建立的坐标系就会直接相对于机床坐标系平移，就会错误平移。

从图 3-32 可以看出，如果机床坐标系发生平移，在其基础上建立的其他坐标系都会发生等量平移，也就是说机床坐标系相对于其他坐标系来说是一个基础平台。依此类推，工件移相对于 EXT、G54~G59、刀具补偿等建立的坐标系来说同样是基础平台，工件移一旦发生平移，EXT、G54~G59、刀具补偿等建立的坐标系都会发生等量平移，EXT 外部工件系相对于 G54~G59、刀具补偿来说又是平台，G54~G59 相对于刀具补偿来说也是平台。除了机床坐标系以外，其他的坐标平移方法，你都可以任选其中之一或其中几种，也可以全部使用，但一定要结合实际情况，怎么方便就怎么用。

因此，结合前文所述，总结如下的简便对刀方法：

1) 如果一把刀具在加工某一个工件时，已经加工出了合格的尺寸，只要这把刀在刀架上没有移动，如果都以工件的右端面作为同一工件坐标系 Z 方向的原点，那么当它在加工其他伸出卡盘长度不同的工件时，一般不需要对 X 轴，只对 Z 轴就可以了。

2) 如果多把刀具在加工某一个工件时，已经加工出了合格的尺寸，当更换了工件后，两个工件伸出卡盘长度不同，但都以工件的右端面作为工件坐标系的原点，需要的刀具是加工上一个工件的所有刀具或其中的几把刀具，并且这些刀在刀架上没有移动，怎

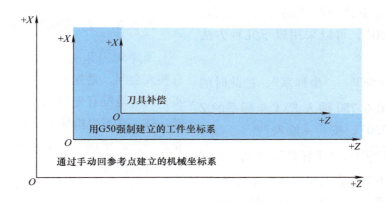

图 3-31　坐标系之间的关系（一）

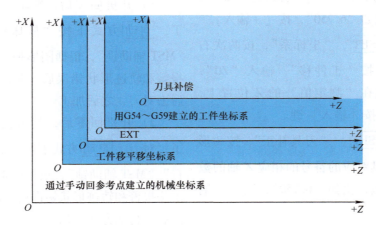

图 3-32　坐标系之间的关系（二）

才能够快速且简便地对刀呢？

首先移动刀架使远离工件，在 MDI 方式下输入加工上一个工件的刀具及偏置号和所用的坐标系，例如"G54 T0101"，然后按 循环启动 。按位置键 POS ，按"绝对坐标"，选择 手动 方式，选择合适的快速倍率或手动进给速度，然后转到 手轮 方式，选择合适的倍率，使刀具接近工件右端面，不需要转动主轴，用眼观察刀具的位置，使当前位置在平端面时能够加工到工件右端面且不宜过大即可，记下此时的 Z 的绝对坐标值，比如为"Z6.750"，可以采用以下几种方法输入：

① 按 OFS/SET、"坐标系"，把此时的 Z 的绝对坐标值 6.750 输入 EXT 坐标系的 Z 里，比如"6.750"，按［+输入］。

② 按 OFS/SET、"坐标系"，把此时的 Z 的绝对坐标值 6.750 输入相应坐标系的 Z 里，比如 G55 坐标系、［+输入］。如果用刀具偏置的方式执行刀补，可以输入默认的 G54 坐标系的 Z 里，比如"6.750"，按［+输入］。

③ 按 OFS/SET、"坐标系"，按两次右扩展键"▷"，按"工件移"，输入"Z0"，按［测量］，或在"测定值"的 Z 位置上，输入"Z0"，再按［输入］键。

④ 按 OFS/SET、"刀具补正"，按"形状"，把每把刀具对应的号的相应 Z 轴的数据都加上这个数，比如"6.750"，按［+输入］。

⑤ 按 OFS/SET、"刀具补正"，按"磨损/磨耗"，把每把刀具对应的号的相应 Z 轴的数据都加上这个数，比如"6.750"，按［+输入］。如果该值超出了参数限定的范围，会产生报警。

建议采用①、③方法，6.750 可以省略成 6.75。

3.6.8 对刀的注意事项

回零对刀和机床锁合用，经常会出错！ 有些人会问，是先对刀还是先编辑程序？其实，两者是没有先后顺序的，哪个先哪个后都一样。在不少机床上，在很多情况下，主要是操作的错误导致了碰撞的发生，而操作者本身可能并不知道这么操作是错误的！在面对一个新的尚未运行过的程序时，经常出现的错误操作如下：

1）开机回零后，编辑程序。程序编好了，自动方式下按"机床锁""空运行""MST 辅助锁"，根据图形描画判断没有语法报警和轨迹形状错误后，解除各种锁定，然后去对刀，之后加工。

2）开机回零后，编辑程序。程序编好了，对刀。自动方式下按"机床锁""空运行""MST 辅助锁"，根据图形描画判断没有语法报警和轨迹形状错误后，解除各种锁定，然后在自动方式下加工。

这两种危险的操作都极有可能导致严重的碰撞事故！！ 因为一些机床或面板，在执行了"机床锁"并解除之后，并不产生报警信息。在以上两种操作中，都应该在"机床锁"解除之后应该重新回一次机床原点！因为"机床锁"之后，机床丢失了对现在位置与机床原点之间位置关系的记忆。

3.7 固定循环指令的使用方法详解

一般车削加工的毛坯多为棒料和铸件，因此车削加工多为大余量多次进给切削。如果对每一刀都进行编程，将给程序员带来很多麻烦，且较容易出错。此时可以利用固定循环功能，用一个程序段可以实现通常有3~10多个甚至更多程序段指令才能完成的加工路线。采用固定循环指令编程，可以缩短程序段的长度，减少程序所占用的内存。固定循环一般分为单一固定循环和复合固定循环。

3.7.1 外径/内径切削循环指令 G90

指令格式：
G00 X（U）α Z（W）β；
G90 X（U）__ Z（W）__ R__ F__；

其中：X（U）α Z（W）β 为固定循环的起点，也是固定循环的终点。也就是说，是从这个点开始这个循环，也是到这个点结束这个循环的。从它的走刀路径可以看出：车削外圆时，定位点的 X 轴坐标要比毛坯外圆直径略大；车削内孔时，定位点的 X 轴坐标要比毛坯内孔直径略小，定位点的 Z 轴坐标要定位在工件外。

X（U）__ Z（W）__为切削终点绝对/相对坐标值，单位为 mm。

R__为圆锥切削起点与切削终点的半径的差，即：R =（$X_{圆锥切削起点}$ − $X_{圆锥切削终点}$）/2。R 值有正负之分，所以编程时应注意 R 的符号。R = 0 或缺省输入时为圆柱面切削。

> **注意**：这里的 R 值的计算要从 G90 指令之前的定位点的 X 轴的绝对/相对坐标开始算起，而不是从工件右端面或工件上的锥度始点的 X 轴的绝对/相对坐标算起。

F__为循环进给量，可以用每分进给或每转进给指定。

G90 指令的走刀路线如图3-33、图3-34所示。车刀从刀具起点开始做循环进给运动，最后返回到刀具起点。图中虚线表示车刀快

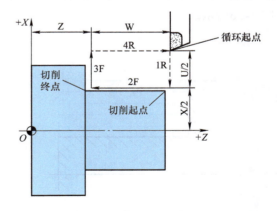

图3-33　G90 指令切削柱面运行轨迹（一）

速移动，实线则表示按指定的进给速度运动。

G90 指令主要用于圆柱面和圆锥面的循环切削。

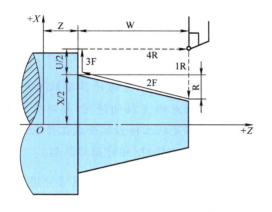

图 3-34　G90 指令切削圆锥运行轨迹（一）

G90 指令应根据毛坯和成品形状在两轴的余量比例来选择使用，如图 3-35 和图 3-36 所示。

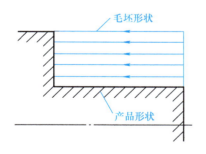

图 3-35　G90 指令切削柱面运行轨迹（二）

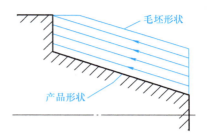

图 3-36　G90 指令切削圆锥运行轨迹（二）

【例 3-6】　如图 3-37 所示，要加工毛坯为双点画线的圆锥面，分 3 次走刀，每次背吃刀量 1.5mm，试编写其程序。

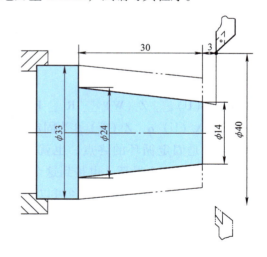

图 3-37　G90 指令圆锥切削循环加工实例

FANUC 面板数控车编程如下：

O7004；
G50 X40. Z3. ;   设立坐标系，定义对刀点的位置
M03 S700；   主轴以 700r/min 正转
G90 X30. Z－30. R－5.5 F100；   加工第一次循环，背吃刀量 1.5mm
X27. ;   加工第二次循环，背吃刀量 1.5mm
X24. ;   加工第三次循环，背吃刀量 1.5mm
G00 X100. Z100. ;   退刀
M30；   主轴停、主程序结束并复位

这里的 R－5.5 是从 Z3 到 Z－30 的距离来计算的，从图上可以看出，在 30mm 的轴向距离上，切削起点与切削终点的半径的差是－5mm，按照比例关系，可以算出 33mm 的轴向距离上，切削起点与切削终点的半径的差是－5.5mm。

从 G90 指令的走刀轨迹能看出它的缺点：

1）动作③和动作②的进给值相同。

2）如果工件直径的变化量较大，由于动作③的进给值较小，则退刀过程比较耗时，效率较低。

2013 年 7 月 20 日，笔者到山东省潍坊诸城市一家机械厂，车间里有一台新买的数控车床，车间主任说新来的工人干活慢，不出产量。经观察，原因是毛坯的直径较大，最终加工出来的工件的右端直径很小，工件的最大直径比毛坯略小，轴向尺寸变化量较小，新手编程用的是 G90 指令，所以导致退刀时间长，效率低。通过修改为 G71 指令，效率提高约 20%～30%。

3.7.2 端面/锥面切削循环指令 G94

G94 指令主要用于盘套类零件的粗加工工序。
指令格式：
G00 X（U）α Z（W）β；
G94 X（U）__ Z（W）__ R__ F__；
其中：X（U）α Z（W）β 为固定循环的起点，也是固定循环的终点。也就是说，是从这个点开始这个循环，也是到这个点结束这个循环的。从它的走刀路径可以看出：车削外圆时，定位点的 X 轴坐标要比毛坯外圆直径略大；车削内孔时，定位点的 X 轴坐标要比毛坯内孔直径略小。定位点的 Z 轴坐标则必须要定位在工件外。

X__ Z__ 为端面切削终点绝对坐标值；
U__ W__ 为切削终点相对于刀具起点的增量坐标值；R__ 为切削循环起点与循环终点的 Z 轴方向坐标值之差。即 R =（$Z_{圆锥切削起点}$ － $Z_{圆锥切削终点}$）。当 R = 0 时，为端面切削循环 R 可省略，轨迹如图 3-38 所示。图 3-39 所示

切削锥面的轨迹为顺锥，R 值取负值，倒锥 R 取正值（注意：这里的 **R** 值的计算要从 **G94** 之前的定位点的 **Z** 轴的绝对/相对坐标开始算起，而不是从工件毛坯外圆的 **Z** 轴的绝对/相对坐标算起）。

G94 指令运行结束，车刀返回到刀具起点。

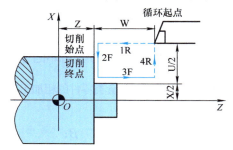

图 3-38　G94 指令切削柱面运行轨迹（一）

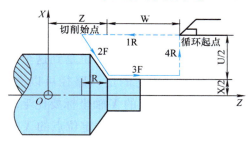

图 3-39　G94 指令切削圆锥运行轨迹（一）

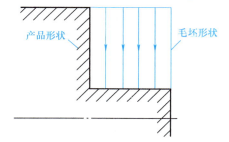

图 3-40　G94 指令切削柱面运行轨迹（二）

G94 指令应根据毛坯和成品形状在两轴的余量比例来选择使用，如图 3-40 和图 3-41 所示。

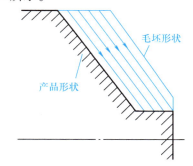

图 3-41　G94 指令切削圆锥运行轨迹（二）

【例 3-7】　如图 3-42 所示，要加工毛坯为虚线的圆锥面，分四次走刀，每次 Z 方向背吃刀量 2mm，试编写其程序。

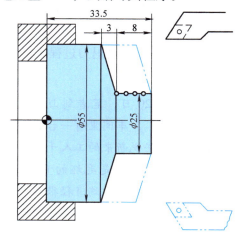

图 3-42　G94 指令圆锥切削循环加工实例

FANUC 面板数控车编程如下：

```
O7005;
N1  G98;                          使用分进给
N2  G54  G00  X60. Z45. M03;      选定坐标系，主轴正转，到循环起点
N3  G94  X25. Z31.5  R-3.5 F100;  第一次循环加工，背吃刀量2mm
N4  Z29.5  R-3.5;                 每次背吃刀量均为2mm
N5  Z27.5  R-3.5;                 每次切削起点，距工件外圆面5mm，故R值为-3.5mm
N6  Z25.5  R-3.5;                 第四次循环加工，背吃刀量2mm
N7  M05;                          主轴停
N8  M30;                          主程序结束并复位
```

上面图中的这道题，精加工径向尺寸从55mm到25mm时，轴向尺寸变化值为-3mm，按照比例关系，从60mm到25mm，计算出R值为-3.5mm。

注意：

① 在固定循环指令中，X(U)、Z(W)、R一经执行，在没有执行新的固定循环指令重新给定X(U)、Z(W)、R时，X(U)、Z(W)、R的指令值保持有效。如果执行了除G04以外的非模态（00组）G指令或G00、G01、G02、G03、G32时，X(U)、Z(W)、R保持的指令值被清除。

② 在录入方式下执行固定循环指令时，运行结束后，必须重新输入指令才可以进行和前面同样的固定循环。

③ 在固定循环G90～G94指令的下一个程序段紧跟着使用M、S、T指令，G90～G94指令不会多执行循环一次；下一程序段只有EOB的程序段时，则固定循环会重复执行前一次循环动作。

④ 在固定循环G90、G94指令中，执行暂停或单段运行操作，刀具运动到当前轨迹终点后单段停止。

⑤ 一般情况下，G90指令加工外圆时使用右偏刀竖着装刀，G94指令加工外圆时使用左偏刀横着装刀。

和G90指令类似，从G94指令的走刀轨迹能看出它的缺点：

a. 动作③和动作②的进给值相同。

b. 如果工件轴向尺寸变化量较大，由于动作③的进给值较小，比较耗时，效率较低。

由于 G90 指令和 G94 指令只能加工仅由直线构成的形状，且在加工径向或轴向尺寸变化量较大的工件时的效率较低，而下面的 G71 指令就解决了这些缺点。

3.7.3 轴向粗车循环指令 G71

固定循环 G71 指令适合加工棒料，去除大量多余材料后，使工件达到图样的尺寸要求。

FANUC 0i - TC/TD 车床系列面板有两种粗车加工循环：类型 Ⅰ 和类型 Ⅱ。

（1）类型 Ⅰ

指令格式：
G00 X（U）α Z（W）β；
G71 U（Δd）R（e）；
G71 P（ns）Q（nf）U（Δu）W（Δw）F__ S__ T__；
  N ns G00/G01 X（U）__；⎫
  ……S__；   ⎪
  ……F__；   ⎬ 精加工路线程序段群
  ……；   ⎪
  ……；   ⎪
  N nf……；   ⎭

其中：

α，β：粗车循环起点的位置坐标，也是粗车循环终点的位置坐标。有人经常问这个点应该怎么去设定？我们先看一下它的动作，通过单段方式，降低 G00 速度倍率，仔细观察面板上的绝对坐标，可以看到刀具先快速定位到 X（U）α Z（W）β，然后以 G00 的速度退刀到 X（U）$\alpha + \Delta u$ Z（W）$\beta + \Delta w$。也就是说，<u>退刀的目的是为了留出精加工的余量</u>，然后从这个位置开始每次背吃刀量 Δd，第一次沿着平行于 Z 轴的方向切削时的 X 轴的坐标是 X（U）$\alpha + \Delta u \pm 2\Delta d$（外圆取负，内孔取正）。如果这个值比毛坯直径大/小（外圆/内孔）很多，第一刀甚至前几刀有可能是空走刀；如果这个值和毛坯的直径相当，当毛坯表面有黑皮且装夹有跳动时，刀具会刚刚加工到黑皮，此时刀片会剧烈磨损，导致寿命降低甚至崩刃；如果这个值比毛坯直径小/大（外圆/内孔）很多，第一刀的背吃刀量会明显大于 Δd，导致主轴负载过大，刀具也有可能会因此损坏，并且在循环结束后，刀具还要返回到原来的定位点；如果粗加工或精加工尺寸的最大直径值和毛坯直径尺寸相差不大，在粗加工或精加工结束后返回的过程中，刀具将会划伤已加工表面，甚至崩刃，导致工件报废。所以<u>这个定位点是很重要的！</u>根据经验，X 方向的坐标应该定位到和毛坯直径相当、略大或者略小的位置，但同时，在加工外圆时必须大于精加工路线程序段群指定的最大直径，或在加工内孔时必须小于精加工路线程序段群指定的最小直径；Z 轴则必须定位到工件外，且离加工工件 Z 轴坐标较近的位置上。

Δd：粗车时 X 方向单次的背吃刀量，半径指定，无符号，单位为 mm。模态值，直到指定其他值以前不改变。该值也可以由参数 No.5132 设定，参数设定的值由程序指令改变。

e：粗车时的退刀量，以 45°退刀，半径指定，无符号，单位为 mm。模态值，该值也可以由参数 No.5133 设定，参数设定的值由程序指令改变。如果背吃刀量小，可以选择 0.1~0.5mm，如果背吃刀量大，让刀量大，可以选择 0.2~0.5mm。

ns：描述精加工路线程序段群的第一个程序段的顺序号，必须指定。

nf：描述精加工路线程序段群的最后一个程序段的顺序号，必须指定。

Δu：X 方向的精加工余量，直径值，有符号，单位为 mm，缺省输入时，系统按 Δu=0 处理。当车削外圆时，Δu≥0；车削内孔时，Δu≤0。

Δw：Z 方向的精加工余量，有符号，单位为 mm，缺省输入时，系统按 Δw=0 处理。当精加工轨迹是从尾座向卡盘方向车削时，Δw≥0；反之，Δw≤0。

F：进给量，可以用分钟进给或转进给指定。

S：主轴的转速。

T：刀具号、刀偏号。

使用 G71 指令时，系统根据 G71 指令前的定位点，精加工路线 Nns~Nnf 之间的程序段群的形状轨迹，背吃刀量、进刀/退刀量等参数自动计算粗加工路线，沿着与 Z 轴平行的方向进行切削，适合加工棒料。该功能在切削工件时刀具轨迹如图 3-43 所示，刀具逐渐进给，使切削轨迹逐渐向零件最终形状靠近，并最终切削成工件的形状。

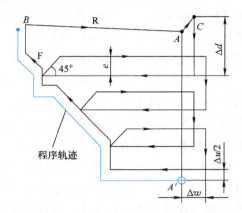

图 3-43　G71 指令外径粗车循环轨迹

说明：

1）Nns~Nnf 程序段可不必紧跟在 G71 程序段后编写，系统能自动搜索到 Nns 程序段并执行，但完成 G71 指令后，会接着执行紧跟 Nnf 程序段的下一段程序；但在同一个程序里 Nns、Nnf 程序段号不能重复，否则会搜索错误。

2）Δd、Δu 都用同一地址 U 指定，是根据该程序段有无指定 P、Q 来区别；循环动作由 P、Q 指定的 G71 指令进行。

3）在 G71 循环中，顺序号 Nns~Nnf 之间程序段中的程序段 F、S、T 功能都无效，全部忽略。G71 程序段或以前指令的 F、S、

T 有效。G71 指令中的 F、S、T 功能有效，顺序号 Nns~Nnf 间程序段中 F、S、T 对 G70 指令循环有效。

4）在带有 G96 恒线速度控制指令时，在 A 至 B 间移动指令中的 G96 指令或 G97 指令无效，包含在 G71 指令中 Nns~Nnf 程序段中的或 G71 以前程序段指令的 G97 指令有效。

5）在 A 至 A′间顺序号 Nns 的程序段中只能含有 G00 或 G01 指令，而且必须指定，也不能含有 Z 轴指令。因为在这段程序中的 01 组的模态信息会被保存并在每一次进刀时使用，G72 指令和 G73 指令的 Nns 程序段类似。在 A′至 B 间，X 轴、Z 轴必须都是单调增大或减小，即一直增大或一直减小，或保持不变；若 X 轴非单调变化，粗车最后一刀时可能会导致刀具破损，当 A 至 A′之间的刀具轨迹用 G00/G01 编程时，沿 A 至 A′的切削是在 G00/G01 方式完成的，通常选择 G00 指令，一是因为此时刀具的 Z 方向在工件外，是不会碰刀的，二是因为 G00 指令的效率高。但如果是采用顶尖装夹的工件，工件的长度又不统一，为了避免刀具损坏，可以用 G01 指令。

6）在 G71 指令执行过程中，可以停止自动运行并进行手动移动操作，但是，要重新执行 G71 指令循环时，必须以手动或手轮的方式使刀具返回到手动移动前的位置。如果没有返回到原来中断操作前的坐标位置上就继续执行，则手动操作的运动就会加在绝对值上，后面的运行轨迹将会发生偏移，有可能会发生碰撞！

7）在录入方式中不能执行 G71 指令，否则系统报警。

8）在顺序号 Nns~Nnf 的程序段中，不能有以下指令。

① 除 G04（暂停）外的其他 00 组 G 指令。

② 除 G00、G01、G02、G03 外的其他 01 组 G 指令。

③ 子程序调用指令（如 M98/M99）。

④ 06 组 G 代码。

（2）类型Ⅱ 类型Ⅱ不同于类型Ⅰ，沿 X 轴的外形轮廓不必单调递增或单调递减，并且可以最多有 10 个凹面（凹槽）。但要注意，沿 Z 轴的外形轮廓必须单调递增或递减。

指令格式：

G00 X(U)α Z(W)β；
G71 U（$\underline{\Delta d}$）R（e）；
G71 P（$\underline{ns}$）Q（$\underline{nf}$）U（$\underline{\Delta u}$）W（$\underline{\Delta w}$）F__ S__ T__；
N ns G00/G01 X(U)__ Z(W)__；
……S__；
……F__；
……；
……；
N nf……；

} 精加工路线程序段群

图 3-44 所示是类型Ⅱ粗车轨迹实例：

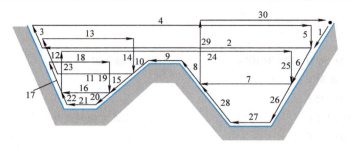

图 3-44 类型Ⅱ粗车轨迹实例

类型Ⅱ注意事项：

① Nns 程序段只能是 G00/G01 指令，如果是类型Ⅱ，必须指定 X(U)__ 和 Z(W)__ 两个轴，即使 Z 轴不移动时，也必须指定 W0。

② 对于类型Ⅱ，精车余量只能指定 X 方向，如果指定了 Z 方向上的精车余量，则会使整个加工轨迹发生偏移，如果指定，最好指定为 0。

③ 对于类型Ⅱ，当前槽切削完之后，要切削下个槽的时候，留下退刀量的距离让刀以 G01 指令的速度靠向工件（标号 25 和 26），如果退刀量为 0 或者剩余距离小于退刀量，系统以 G01 指令靠向工件。

④ 对于没有标明是类型Ⅰ还是类型Ⅱ的部分为两者公用。

⑤ 类型Ⅰ和类型Ⅱ精车轨迹 Nns～Nnf 程序段，Z 轴尺寸必须是单调变化，即一直增大或一直减小，类型Ⅰ中 X 轴尺寸也必须是单调变化，类型Ⅱ中则不需要。

【例 3-8】 图 3-45 所示为精加工尺寸，毛坯棒料尺寸为 $\phi105mm \times 110mm$，试编写其加工程序。

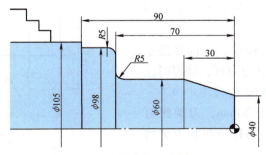

图 3-45 G71 指令加工实例（一）

程序如下：

```
O0017;
G40 G97 G99 S600 M03 T0101;              T0101 粗车刀
G00 X110. Z0 M08;
G01 X-2. F0.15;
G00 X106.0 Z1.5;                         刀具快速运动到循环起点
G71 U2.0 R0.5 F0.2;                      G71 指令背吃刀量 2.0mm, 退刀量 0.5mm
G71 P10 Q20 U0.8 W0.2;                   X方向精车余量 0.8mm, Z方向精车余量 0.2mm
N10 G00 G42 X39.;                        加右刀补, N10~N20 是精车程序
G01 X60.0 Z-30.0;
Z-65.0;
G02 X70.0 Z-70.0 R5.0;
G01 X88.0;
G03 X98.0 Z-75.0 R5.0;
G01 Z-90.0;
N20 G40 X106.0;                          取消刀补
G00 X150.0 Z200.0 M09;                   换刀点
T0202 M03 S900;                          换精车刀
G00 X106.0 Z1.5 M08;                     外圆精车循环点
G70 P10 Q20;                             精加工
G28 U0 W0 M05;                           X轴、Z轴回参考点
M30;
```

【例 3-9】 下面看一内孔的程序，如图 3-46 所示，内孔已经加工到 φ18mm，试编写其加工程序。

图样分析： 由于该孔较小，应选择最小加工孔径为 φ16mm 的机夹刀刀杆，装刀时注意，刀尖高度应略高于主轴旋转中心 0.1~0.3mm，伸出长度略大于 30mm，刀架螺钉应压在刀柄平面的中间，刀杆棱线和刀架棱线平行或略有夹角。

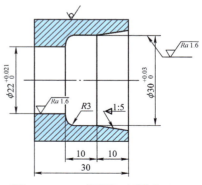

图 3-46　G71 指令加工实例（二）

程序如下：

```
O0018；
G99；
G97 M03 S500 T0101；              换上粗车刀
G00 X80. Z80. M08；               定位到中间点
X20. Z1. ；                        定位到G71指令的切削起点
G71 U2.0 R0.5 F0.25；             孔的背吃刀量小一点
G71 P5 Q9 U－1. W0.1；            内孔X方向的余量不能留的太小，否则容易出现振纹
N5 G00 X32.21；                   编到公差带的中间值
G01 X30.01 Z－10. F0.15 S700；    给定精加工的进给量、转速
Z－17. ；
G03 X24. Z－20. R3. ；
G01 X22.01；
Z－32. ；
N9 X21. ；
G00 X80. Z150. M09；              退刀到安全位置
T0202 M03；                       换上精车刀
G00 X20. Z1. M08；                定位到粗车的定位点
G70 P5 Q9；                       精车
……
```

3.7.4 径向粗车循环指令 G72

G72 指令适合加工盘类工件，即（直径变化量/轴向变化量）较大的工件。

指令说明：G72 指令适用于非成形毛坯（棒料）的成形粗车。G72 指令分为三个部分：

1）给定粗车时的背吃刀量、退刀量、切削速度、主轴转速及刀具指令说明的程序段。

2）给定定义精车轨迹的程序段区间、精车余量的程序段。

3）定义精车轨迹的若干连续的程序段，执行 G72 指令时，这些程序段仅用于计算粗车的轨迹，实际并未被执行。

指令格式：

G00 X（U）α Z（W）β；
G72 W（Δd） R（e） F＿＿ S＿＿ T＿＿；

G72 P(*ns*) Q(*nf*) U(Δ*u*) W(Δ*w*);
　　N *ns* G00/G01 Z(W)＿;
　　……S＿;
　　……F＿;　　　}精加工路线程序段群
　　……;
　　……;
　　N *nf*……;

其中：

Δ*d*：粗车时 Z 轴方向单次的背吃刀量，半径指定，无符号，单位为 mm。模态值，直到指定其他值以前不改变。该值也可以由参数 No.5132 设定，参数设定的值由程序指令改变。

e、*ns*、*nf*、Δ*u*、Δ*w*、F、S、T：和它们在 G71 指令中的意义相同。

M、S、T、F：可在第一个 G72 指令或第二个 G72 指令中，也可在 N*ns* ~ N*nf* 程序中指定。在 G72 指令循环中，N*ns* ~ N*nf* 间程序段号的 M、S、T、F 指令说明都无效，仅在有 G70 指令精车循环的程序段中才有效。

G72 指令执行过程除了切削是平行于 X 轴方向外，其他与 G71 指令完全相同，如图 3-47 所示。

【例 3-10】 如图 3-48 所示球面盖，毛坯为 φ115mm × 45mm 棒料，材质为 45 钢，图中未注倒角 C2mm，试编写其程序。

（1）图样分析　分析发现 R80mm 圆弧的高度需要计算。从圆心向弦的一端引一条

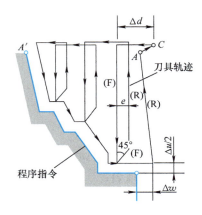

图 3-47　G72 指令循环轨迹

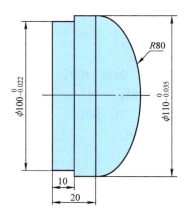

图 3-48　球面盖加工实例

辅助线，经过圆心作弦的垂线与圆弧相交，根据勾股定理，可以计算出弧高 $h = [80 - \sqrt{80^2 - (110/2)^2}]$ mm ＝（80 － $\sqrt{3375}$）mm ＝ 21.90525mm。

（2）确定加工路线　首先车出左端，在

$\phi110$mm 左边处倒角 $3\sim4$mm，然后垫铜皮装夹找正，总长留有 $0.5\sim1$mm 的余量，为了保证圆弧表面质量的一致性，采用恒线速度指令。

（3）选择刀具和工件坐标系原点　根据图样加工要求，两把刀具 T0101 和 T0202 均选用 95°外圆左偏刀，前者粗车，后者精车。以工件左端面的旋转中心为工件坐标系原点。

右端车削的参考程序如下：

```
O0022;
G99;
T0101 G97 M03 S600;
G00 X150. Z100.;
X119. Z43.;              定位到 G72 循环的起点，并且 X 坐标值必须大于毛坯直径
G72 W1.5 R0.5 F0.25;     给定切削参数
G72 P7 Q9 U0.6 W0.4;     给定加工余量参数
N7 G00 Z11.;             工件轮廓开始
G01 X110. F0.15;
Z20.;
N8 G02 X0 Z41.905 R80.;
N9 G00 Z42.5;            工件轮廓结束
G00 X160. Z160.;         退刀到安全位置
T0202 M03 S600;          换上精车刀
G50 S1800;               限定主轴最高速度 1800r/min
G96 S160;                恒定线速度 160m/min 切削
G00 X119. Z43.;          定位到粗车的定位点上
G70 P7 Q9;               精加工
G97 M03 S600;            取消恒线速度
M09;
M05;
G00 X160. Z200.;         退刀到安全位置
T0101;                   换上程序中的第一把刀具
M30;
```

3.7.5 仿形切削循环指令 G73

仿形切削循环指令也称为封闭切削循环。本功能可以车削固定的图形。这种切削循环，可以有效地切削铸造成形、锻造成形或已粗车成形的工件。

指令格式：
G00 X（U）α Z（W）β；
G73 U（Δi） W（Δk） R（d）；
G73 P（ns） Q（nf） U（Δu） W（Δw） F__ S__ T__；
   N ns G00/G01 X(U)__ Z(W)__；⎫
   …………F __；   ⎪ 精加
   …………S __；   ⎬ 工路线程
   …………；   ⎪ 序段群
   N nf………；   ⎭

其中：

α、β：如果是外圆，且轨迹单调变化，两轴定位点不必拘泥于类似 G71 指令的定位点那样，可以相对远离工件，因为第一刀在 X、Z 轴的切削量和毛坯余量、Δi、Δk、Δu、Δw、d 有关，和定位点关系不大；如果是外圆，轨迹类似葫芦样形状，且需要多次加工，Z 方向余量要留得小一些，以避免干涉；如果是内孔，更要小心指定。

G73 指令也可以实现 X 轴或 Z 轴的单向进刀，定位点和两轴同时进刀时的定位点可以略有不同。X 轴单向进刀时，Xα 可以设置的离毛坯直径远一些，Zβ 要离毛坯很近，可以设置为 Z1.0，Δk 设为 0，Δw 的绝对值可以设置的很小；Z 轴单向进刀时，与之相反。

Δi：X 轴方向粗车退刀的距离及方向，半径值指定，有符号，单位为 mm。

Δk：Z 轴方向粗车退刀的距离及方向，有符号，单位为 mm。

d：仿形切削粗车的次数，单位为次。所以粗车时的背吃刀量 $a_p = \Delta i/d$，这关系到刀具是否会崩刃，需要按实际情况来指定 Δi 和 d，避免背吃刀量过大或过小。

注：在广州数控 980TD/980TDa/980TDb/980TDc 系列面板上，粗车（$d-1$）次，精车 1 次。

注意：这个"R（d）"在 G71 指令和 G72 指令里作为退刀量，请区分！

ns：描述精加工形状程序段群的第一个程序段的顺序号。

nf：描述精加工形状程序段群的最后一个程序段的顺序号。

Δu：X 轴方向的精加工余量，单位为 mm，直径值，有符号。缺省输入时，系统按 $\Delta u = 0$ 处理。当车削外圆时，$\Delta u \geq 0$；车削内孔时，$\Delta u \leq 0$。

Δw：Z 轴方向的精加工余量，单位为 mm，有符号。缺省输入时，系统按 $\Delta w = 0$ 处理。当精加工轨迹是从尾座向卡盘方向车削时，$\Delta w \geq 0$；反之，$\Delta w \leq 0$。

Δu 和 Δi、Δw 和 Δk 符号相同。

F：切削量，单位为 mm/min 或 mm/r。

S：主轴的转速。

T：刀具号、刀偏号。

G73 为非模态指令。利用 G73 封闭循环指令，刀具可以按指定的 Nns～Nnf 程序段给出的同一轨迹进行重复切削。系统根据精车余量、退刀量、切削次数等数据自动计算粗车偏移量、粗车的单次进刀量和粗车轨迹，每次切削的轨迹都是精车轨迹的偏移，刀具向前移动一次，切削轨迹逐步靠近精车轨迹，最后一次切削轨迹为按精车余量偏移的精车轨迹。刀具轨迹如图 3-49 所示。其精加工路径为 $A \rightarrow A' \rightarrow B \rightarrow A$。G73 的循环起点和循环终点相同。

说明：

① Nns～Nnf 程序段可不必紧跟在 G73 指令程序段后编写，系统能自动搜索到 Nns 程序段并执行，但完成 G73 指令后，会接着执行紧跟 Nnf 程序段的下一段程序。

② 在 Nns～Nnf 程序段间任何一个程序段中的 F、S、T 功能均无效。仅在 G73 中指定的 F、S、T 功能有效。

③ Nns 程序段只能是 G00、G01 指令，但 X 轴、Z 轴可以两轴联动。

④ Δi、Δu 都用地址 U 指定，Δk、Δw 都用地址 W 指定，其区别是根据有无指定 P、Q 来判断。

⑤ 根据 Nns～Nnf 程序段来实现循环加工，编程时请注意 Δu、Δw、Δi、Δk 的符号。循环结束后，刀具返回 A 点。

⑥ 在 A 至 A' 的程序段只能含有 G00 指令或 G01 指令，而且必须指定。

⑦ 在 G73 指令执行过程中，可以停止自动运行并手动移动，但要再次执行 G73 循环时，必须返回到手动移动前的位置。如果不返回就继续执行，后面的运行轨迹将错位。

⑧ G73 中 Nns～Nnf 间的程序段不能使用的指令：

a. 除 G04（暂停）外的其他 00 组 G 指令。

b. 除 G00、G01、G02、G03 外的其他 01 组 G 指令。

c. 子程序调用指令（如 M98/M99）。

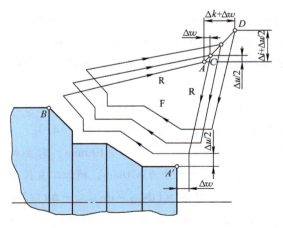

图 3-49　G73 指令刀具轨迹

d. 06 组 G 代码。

这个指令的注意事项较多，实际应用也不是非常广泛：

1）如果加工形状为葫芦样的工件，而 Z 轴又有一定余量需要 G73 指令加工，则在细腰的地方会产生刀具干涉。

2）如果加工台阶轴，而台阶处的直径变化量较大，此时 Z 轴又有一定余量需要加工，当分次切削，刀具加工到台阶处时，刀尖会没入工件，接触面积瞬间变大，会产生较大阻力，将会导致出现振纹或导致刀具崩刃。

3）如果是加工内孔，更要格外小心！因为 G73 指令的退刀量很大，从其定位点退刀到 X$\alpha + 2\Delta i + \Delta u$ Z$\beta + \Delta k + \Delta w$，当刀尖后退时，刀背有可能碰到工件内壁，尤其是孔径很小或孔径相对刀杆截面余量不大时！所以必须计算出第一次退刀后 X 方向的位置，并在自动运行前，偏移 Z 轴后进行程序演练，观察是否有摩擦或碰撞的可能。

关于 G73 指令的 Δi、Δk 和 d

这个指令相对来说是比较难于理解的，很多书上甚至把它的轨迹图都画错了，粗加工余量 Δi 和 Δk 在图上的标注也不正确，解释也有错误。

Δi：X 轴方向粗车退刀的距离及方向，半径指定，有符号，单位为 mm。退得远了，前几刀有可能就是车削空气。这里"退刀的距离"，就是 X 轴方向粗加工的总余量，即 $\Delta i = (\phi_{毛坯} - \phi_{工件} - \Delta u)/2$，半径值。由于铸造的原因，毛坯留给精加工的余量在不同直径处的分布不一定均匀，比如某铸造工件上有两处精加工外尺寸分别为 ϕ60mm 和 ϕ90mm，实测对应处毛坯外尺寸分别为 ϕ67mm 和 ϕ99mm，假设精加工余量编程为 U1.0，则两处尺寸粗加工余量分别为半径值 3mm 和 4mm，那么 Δi 的值可以在 3～4mm 之间选择：如果选择为 3mm，则在毛坯 ϕ99mm 处粗车的第一刀就比在此处粗车的其他几刀的背吃刀量大了 1mm；如果选择为 4mm，则在毛坯 ϕ67mm 处粗车的第一刀就比在此处粗车的其他几刀的背吃刀量小了 1mm，甚至有可能是空走刀；建议在这种情况下选择为较大的 3.5～4.0。

该指令也可以用来加工棒料，注意只是"可以"。比如毛坯外尺寸为 ϕ100mm，需要加工的图形外尺寸非单调变化，其最大外尺寸为 ϕ80mm，最小外尺寸为 ϕ70mm，精加工直径余量为 1mm，此时 Δi 应该依工件精加工的最小外尺寸计算，即 $\Delta i = (\phi_{毛坯} - \phi_{工件min} - \Delta u)/2 = $ **14.5mm**。如果是内轮廓，则 $\Delta i = (\phi_{毛坯} - \phi_{工件max} - \Delta u)/2$。当然，前几刀的部分轨迹肯定会有空走刀。

Δk：Z 轴方向粗车退刀的距离及方向，有符号，单位为 mm。"退刀的距离"，就是 Z 轴方向粗加工的总余量。其余解释和 Δi 类似。

d：粗车次数。

Δi 和 d 共同影响 X 轴粗车时的背吃刀量，为 $(\phi_{毛坯} - \phi_{工件} - \Delta u)/2d$。

对 G73 指令错误的编程如下，举两个例子：

【例 3-11】 某工件有一处精加工尺寸为 ϕ100mm，此处对应的毛坯尺寸为 ϕ113mm，毛坯表面有黑皮，装夹后跳动不大。假定精加工余量编程为 U1.0，假定背吃刀量 a_p = 2mm，试编写其程序。

程序如下：

……
G73 U4.0 W__ R3；
G73 P__ Q__ U1.0 W__ F__；
……

之所以这么编写，解释是：工件表面有一层黑皮，如果编写 X 轴粗车余量为 U6.0，第一刀就会刚好切削到那层黑皮，刀具磨损严重，所以编写为 U4.0，少了一层背吃刀量，那么第一刀时正好背吃刀量为 2mm，恰好切削掉了那层黑皮。

【例 3-12】 加工如图 3-50 所示工件，试编写其加工程序。

T0101；
G97 M03 S600；
G00 X220. Z160. M08；
G73 U14.0 W14.0 R3；

G73 P1 Q2 U4.0 W2.0 F0.2；
……

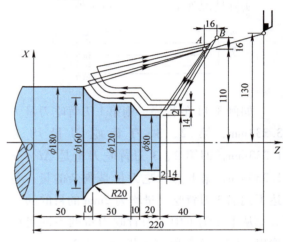

图 3-50 G73 指令加工实例

根据程序，X、Z 轴粗车 3 刀总背吃刀量均为 14mm，精车 1 刀背吃刀量均为 2mm，所以编程如上。但是根据图示，X 轴粗车 3 刀的总背吃刀量"14"和 Z 轴粗车 3 刀的总背吃刀量"14"的标注有误，第 1 刀到第 3 刀的轨迹之间有 2 个背吃刀量值，均应该标注为"9.333"才对！毛坯到第 3 刀轨迹之间的尺寸才是 14mm，毛坯尺寸并不在第 1 刀的轨迹上，而是在第 1 刀轨迹之外！！！

这样的图示很容易让人产生一种错觉，觉得第 1 刀是空走刀，从而产生如例 3-11 的错误：既然第 1 刀车削的是空气，倒不如把 X 轴粗车总退刀量减少一个背吃刀量，那第 1 刀不就能车到工件了，而且还能车削掉黑皮。这种说法简直荒谬！

实际情况如下所示，一目了然。

如例 3-11 的程序，则第 1 刀背吃刀量为 3.333mm，第 2、3 刀背吃刀量均为 1.333mm，即第 2、3 刀背吃刀量是 $\Delta i/d$ = 1.333mm，第 1 刀背吃刀量是剩余的量；是达不到前 3 刀背吃刀量均为 2mm 的目的的。

从上述例子中 3 刀背吃刀量的不同可以看出，G73 指令和 G71 指令、G72 指令的使用方法是不同的，它对背吃刀量的计算基准是不同后两者的：

G71 指令、G72 指令是依其定位点作为其背吃刀量的计算基准的：从其定位点退了两轴的精加工余量后，依其设置的背吃刀量逐刀进行加工，粗加工后，是留给 G70 指令的精加工背吃刀量 $\Delta u/2$。

G73 指令是依程序精加工轨迹作为其背吃刀量的计算基准的：精加工轨迹和粗车第 d 刀之间的距离是留给 G70 指令的精加工背吃刀量 $\Delta u/2$，粗车第 d 刀和粗车第（d-1）刀之间的距离（$\phi_{毛坯} - \phi_{工件} - \Delta u$）/2d 是第 d 刀的背吃刀量，粗车第（d-1）刀和粗车第（d-2）刀之间的距离（$\phi_{毛坯} - \phi_{工件} - \Delta u$）/2d 是第（d-1）刀的背吃刀量……最后的计算结果才是粗车第 1 刀的背吃刀量。所以要依据毛坯尺寸和精加工轨迹的实际尺寸之间的差值来计算 G73 指令的各个参数，否则粗车第 1 刀的背吃刀量会不同于其他几刀的背吃刀量（$\phi_{毛坯} - \phi_{工件} - \Delta u$）/2d。毛坯尺寸、精加工轨迹及 G73 各个参数确定后，粗车每一刀的背吃刀量就确定了，G73 指令前的定位点是依精加工轨迹形状给定的。

虽然在这里用较大篇幅讲解了 G73 指令的符号含义及动作，但工厂里很多时候并不那么用，举一个简单的例子。

【例 3-13】 如图 3-51 所示，假设粗车比精车尺寸直径大 2mm，轴向尺寸大 1mm，编程如下：

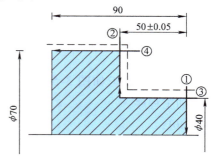

图 3-51 简单台阶加工实例

```
O2331;
G99;
T0101 M03 S700;
G00 X100. Z100. M08;
X45. Z0;                   定位到平端面的起点
G01 X-2. F0.2;             平端面,图3-51中①
G00 W1. X75.;              退刀
N10 Z-50.;                 定位到轴向坐标
N12 G01 X46. F0.2;         考虑到工件的跳动、该位置毛坯的余量,径向尺寸编写的大一点,
                           图3-51中②
G00 U2. Z1.;               退刀到端面外
X40.;                      进刀到所需加工的尺寸
N20 G01 Z-50.01;           沿轴向切削,多切了0.01mm,图3-51中③
N22 X48.;                  向+X轴切削,重叠了1mm,图3-51中③
G00 X70. W1.;
G01 Z-92.;                 图3-51中④
……
```

注意: 该程序中 N10 和 N20、N12 和 N22 对接刀的处理,如果材质是铸铁,由于刀片主切削刃与 X 轴有 2°~5° 的倾斜程度,所以 0.01~0.02mm 深的接刀痕不会很明显的,这样加工和 G73 指令的效率相比是较高的,以上走刀轨迹可以作为参考。对于内孔有台阶的铸件,加工轨迹应做类似处理:即先沿着 X 轴切削,和毛坯径向保持一定的安全距离,去除多处位置轴向的余量,然后再去除径向的余量。如果使用 G73 指令,则在加工台阶时接触面积突然增大,刀片损坏的可能性很大。

3.7.6 精车循环指令 G70

G70 指令用在 G71、G72、G73 指令粗车程序后,实现粗车后的精加工。

指令格式:

G70 P*ns* Q*nf*;

注意：

① 在 G71、G72、G73 指令程序段中规定的 F、S、T 功能无效，但在执行 G70 指令时程序段号 Nns～Nnf 之间指定的 F、S、T 有效。

② 当 G70 指令循环加工结束时，刀具返回到起点并读取下一个程序段。

③ G70～G73 指令中，Nns～Nnf 之间的程序段不能调用子程序。

④ 有些工件对不同尺寸处的表面质量的要求是不同的，粗车采用 G71、G72、G73 指令加工后，精车可以不使用 G70 指令，因为 G70 指令中的进给量不能改变，对此可以再编写一次走刀轨迹，对有不同表面质量要求的尺寸编写不同的进给量。

⑤ 有些工件并不是用了 G71、G72、G73 指令之后必须用 G70 精车指令，如果把两轴的余量设为 0 或很小的一个值，比如为 U0.01 或 W0.01，根据定位点和精加工轨迹间的距离，以及机床功率、工件材料及刀具等因素计算并安排好背吃刀量或切削次数，是可以计算出在工件各尺寸上 G71、G72、G73 指令最后一刀的背吃刀量的。此时，由于不同尺寸处背吃刀量的不同，对最终直径尺寸是有影响的。所以，可能需要对程序中的直径坐标做一下调整。

3.7.7 G71、G72 和 G73 指令的区别

1）同样是加工外圆，多数情况下，在前置刀架中，G71 指令使用右偏刀，刀柄沿工件径向装刀；G72 指令则使用左偏刀，刀柄沿工件轴向装刀。后置刀架，刀尖在下面时，同上；后置刀架，刀尖在上面时，G71 指令使用左偏刀，刀柄沿工件轴向装刀；G72 指令则使用右偏刀，刀柄沿工件径向装刀。

2）G71 指令的 Nns 程序段 X 轴产生移动，G72 指令的 Nns 程序段 Z 轴产生移动，G73 指令的 Nns 程序段 X、Z 两轴都可产生移动。

3）G71 指令第一段的格式为 "G71 UΔd Re；"。G72 第一段的格式为 "G72 WΔd Re；"。G71 第二段的精加工余量，U 一般取值 ±(0.5～1.0)mm，W 的值一般都取很小，为 0.1～0.3mm；G72 第二段的精加工余量，U 一般取值较小，W 可以取值较大，可以取 0.5～1.0mm。

4）G71 指令的轨迹是沿轴向切削，用右偏刀加工，背向力比较小，不易产生振纹；G72 指令的轨迹是沿径向切削，用左偏刀加工，背向力较大，容易产生振纹，特别是加工刚性较差的工件时。

5）一个工件上的同一段圆弧，如果可以分别用 G71 指令和 G72 指令来加工，在定位点坐标值相差不大的情况下，G71 指令和 G72 指令对该圆弧顺逆的描述相反，因为圆弧的顺逆是按照精加工轨迹的走刀方向来判断的。

6）G71 指令适合加工棒料，G72 指令适合加工盘类件。

7）G71 指令和 G72 指令的定位点可以不同。G71 指令的定位点的 X 轴坐标可以和毛坯直径相同、略大或略小；Z 轴坐标则必须定位在工件外。G72 指令的定位点的 X 轴坐标必须要比外圆直径略大，比内孔直径略小，要考虑到毛坯跳动的影响，以免打坏刀尖；Z 轴坐标可以和工件端面平齐、略大或略小。

8）Δw 的符号判断不同。G71、G73 指令描述的精加工轨迹，从尾座往卡盘方向车削，$\Delta w \geq 0$；反之，$\Delta w \leq 0$。而 G72 指令描述的精加工轨迹，从尾座往卡盘方向车削，$\Delta w \leq 0$；反之，$\Delta w \geq 0$。

9）G70、G71、G72、G73 指令一个共同的缺点是，进给量 F 不可以中途改变，整个循环只能用一个 F 值。

10）作为进给量的 F，可以在第一步的 G71、G72 或 G73 指令中指定，也可以在第二步中指定，如果第一步和第二步中都指定了，先指定的有效。如：

```
G 71~73 …… F __;
G 71~73 ……;
Nns …
……
……
Nnf …
```

```
G 71~73 ……;
G 71~73 …… F __;
Nns …
……
……
Nnf …
```

```
G 71~73 …… F __;
G 71~73 …… F __;
Nns …
……
……
Nnf …
```

3.7.8 端面切槽/钻孔循环指令 G74

指令格式：
G00 X（U）α Z（W）β；
G74 R（e）；
G74 X（U）__ Z（W）__ P（Δi）Q（Δk）R（Δd）F __;

其中：
R（e）：每次沿轴向（Z 方向）切削 Δk 后的退刀量，单位为 mm，无符号。

X：切削终点 X 方向的绝对坐标值，单位为 mm。

U：X方向上，切削终点与起点的绝对坐标的差值，单位为mm。

Z：切削终点Z方向的绝对坐标值，单位为mm。

W：Z方向上，切削终点与起点的绝对坐标的差值，单位为mm。

P（Δi）：X方向的每次循环的切削量，单位为μm，半径值；无符号。

Q（Δk）：Z方向的每次切削的进给量，单位为μm，无符号。

R（Δd）：切削到轴向（Z方向）切削终点后，沿X方向的退刀量，单位为mm，半径值；缺省X（U）和P（Δi）时，默认为0。

F：进给量，每分进给或每转进给指定。

决定刀具的运行轨迹：从起点轴向（Z方向）进给、回退、再进给……直至切削到与切削终点Z轴坐标相同的位置，然后径向（X方向）退刀、轴向回退至与起点Z轴坐标相同的位置，完成一次轴向切削循环；径向再次进刀后，进行下一次轴向切削循环；切削到切削终点后，返回起点（G74指令的起点和终点相同），完成循环加工。G74指令的径向进刀和轴向进刀方向由切削终点X（U）、Z（W）与起点的相对位置决定，此指令如果省略X（U）__坐标及P__参数，适合用钻头加工端面中心孔；如果不省略，则适合用端面槽刀加工端面槽，但加工时要注意槽所在位置的直径和刀具后角是否会发生干涉。轴向断续切削起到断屑、及时排屑的作用。走刀轨迹如图3-52所示。

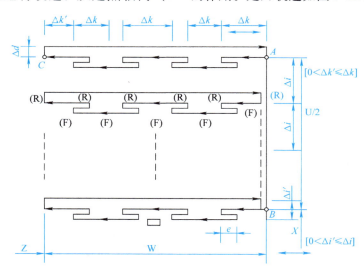

图3-52　G74指令走刀轨迹

说明：

① e 和 Δd 都用地址 R 指定，它们的区别是根据有无指定 P（Δi）和 Q（Δk）来判断，即如果无 P（Δi）和 Q（Δk）指令字，则为 e；否则，则为 Δd。

② 循环动作是由含 Z（W）和 Q（Δk）的 G74 指令程序段进行的，如果仅执行"G74 R（e）；"程序段，循环动作不进行。

③ 在 G74 指令执行过程中，可以停止自动运行并手动移动，但要再次执行 G74 指令循环时，必须返回到手动移动前的位置。如果不返回就继续执行，后面的运行轨迹将错位。

【例 3-14】 如图 3-53 所示，加工一端面中心孔，试编写其程序。

程序如下：

O0014；
G99 T0101；
G97 S400 M03；
G00 X60. Z40. M08；
X0 Z1.；
G74 R0.5；　　　　　调用端面啄式钻孔循环格式
G74 Z－24. Q3000 F0.1；钻孔到深度，每次钻深 4mm
G00 X100. Z100. M05；从孔口 X0 Z1. 退刀到 X100. Z100.
M09；
M30；

3.7.9　内径/外径切槽循环指令 G75

指令格式：

G00 X（U）αZ（W）β；
G75 R（e）；
G75 X（U）＿ Z（W）＿ P（Δi）Q（Δk）R（Δd）F＿；

其中：

R（e）：每次沿径向（X 方向）切削 Δi 后的退刀量，单位为 mm，无符号。

X：切削终点 X 方向的绝对坐标值，单位为 mm。

U：X 方向上，切削终点与起点的绝对坐标的差值，单位为 mm。

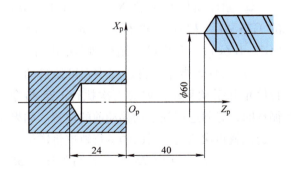

图 3-53　G74 指令加工实例

Z：切削终点 Z 方向的绝对坐标值，单位为 mm。

W：Z 方向上，切削终点与起点的绝对坐标的差值，单位为 mm。

P（Δi）：X 方向的每次循环的切削量，单位为 μm，无符号，半径值。

Q（Δk）：Z 方向的每次切削的进刀量，单位为 μm，无符号。

R（Δd）：切削到径向（X 方向）切削终点时，沿 Z 方向的退刀量，单位为 mm，省略 Z（W）和 Q（Δk）时，则为 0。

F：进给量，每分进给或每转进给指定。

执行该指令时，系统根据程序段所确定的切削终点以及 e、Δi、Δk 和 Δd 的值来决定刀具的运行轨迹：从起点径向（X 方向）进给、回退、再进给……直至切削到与切削终点 X 轴坐标相同的位置，然后轴向（Z 方向）退刀、径向回退至与起点 X 轴坐标相同的位置，完成一次径向切削循环；轴向再次进刀后，进行下一次径向切削循环；切削到切削终点后，返回起点（G75 指令的起点和终点相同），完成循环加工。G75 指令的轴向进刀和径向进刀方向由切削终点 X（U）、Z（W）与起点的相对位置决定，此指令用于加工径向环形槽或圆柱面，径向断续切削起到断屑、及时排屑的作用。走刀轨迹如图 3-54 所示。

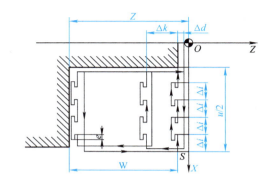

图 3-54　G75 指令走刀轨迹

说明：

① e 和 Δd 都用地址 R 指定，它们的区别是根据有无指定 P（Δi）和 Q（Δk）来判断，即如果无 P（Δi）和 Q（Δk）指令字，则为 e；否则，则为 Δd。

② 循环动作是由含 X（U）和 P（Δi）的 G75 指令程序段进行的，如果仅执行"G75 R（e）;"程序段，循环动作不进行。

③ 在 G75 指令执行过程中，可使自动运行停止并手动移动，但要再次执行 G75 指令循环时，必须返回到手动移动前的位置。如果不返回就再次执行，后面的运行轨迹将错位。

【例 3-15】　用 G75 指令编写如图 3-55 所示工件的程序，材质为 45 钢，槽上方的尺寸已经加工到 $\phi 40mm$。

程序如下：
O0015；
G99；
G97 T0101 S600 M03；
N30 G00 X46. Z4. M08；
N40 Z－24.；   注意切削刃宽度
G75 R0.2；
N50 G75 X30. Z－35. P1000 Q3500 F0.12； 给定加工参数
M05；
M09；
G00 X100. Z120.；
M30；

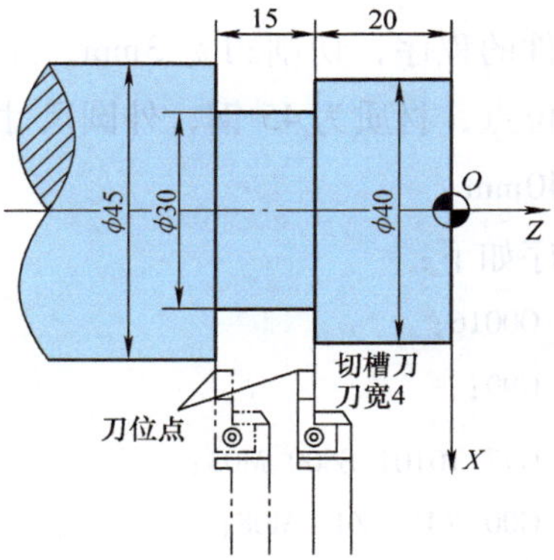

之所以这么编写，编写者的观点如下：注意 N30 这段程序，由于槽口左右两侧的直径不相同，X 轴的定位点要比左侧 ϕ45mm 略大，而不是比右侧 ϕ40mm 略大，以免在刀具移动时发生碰撞。

但这样编写有空走刀，且槽底不平整，可修改如下：
……
N30 G00 X41. Z4. M08；
N40 Z－24.1；   注意切削刃宽度，槽壁留点余量
G75 R0.2；
N50 G75 X30.2 Z－34.9 P1000 Q3500 F0.12； 给定加工参数，槽壁留点余量
G00 Z－22.8；   从 X41. Z－24.1 快移到 Z－22.8
G01 X38.6 Z－24. F0.1；   槽口右侧倒角
X30. F0.15；
Z－34.85 F0.2；   精车槽底
G00 X46.；

图 3-55　G75 指令加工实例（一）

Z-36.2；

G01 X43.6 Z-35. F0.1；

X30. F0.15；

G04 X0.1；

G00 X50. M09；

M05；

G00 X100. Z120.；

M30；

【例3-16】 用G75指令编写如图3-56所示工件的程序，切削刃宽3mm，左侧刀尖点为刀位点，材质为45钢，外圆尺寸已经加工到 $\phi40$mm。

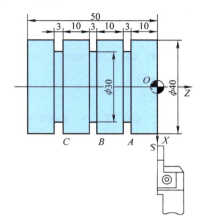

图3-56　G75指令加工实例（二）

程序如下：

O0016；

G99；

G97 T0101 S600 M03；

G00 X41. Z4. M08；　　　两轴均定位到工件外

Z-13.；　　　　　　　　再移动Z轴

G75 R0.2 F0.12；　　　　给定切槽循环的退刀量，进给量

N50 G75 X30. Z-39. P1000 Q13000；给定切槽循环的背吃刀量，Z方向进刀量

G00 X100. Z120. M05；

M09；

M30；

注意：上两个例题中的N50程序段的Q3500和Q13000，第一例的切削刃宽是4mm，我们编的是Q3500，刀具切削到槽底返回到原定位点的X轴坐标后沿Z轴移动3.5mm，小于切削刃宽，切削出的是大于切削刃宽的一个槽；第二例的切削刃宽等于槽宽，是3mm，我们编的是Q13000，刀具切削到槽底返回到原定位点的X轴坐标后沿Z轴移动13mm，等于两个槽之间的距离，切削出的是等于切削刃宽的多个槽。

【例 3-17】 图 3-57 是一个双边轮的图样，毛坯为 φ112mm×48mm，材料为 45 钢，试编制只加工其 V 形槽的程序。

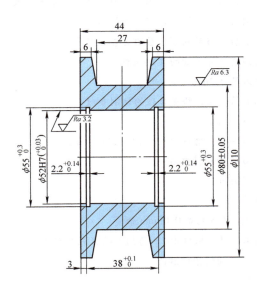

图 3-57 G75 指令加工实例（三）

图样分析：先在卡爪上车出一个牙子。在卡爪深处夹持与工件直径接近或略小、外圆经车削过的一段圆钢。由于卡爪很硬，建议选用三要素如下：主轴转速为 60～100r/min，进给速度为 0.04～0.08mm/r，背吃刀量为 0.2～0.3mm。应选用 P 类牌号的刀片，可先选用 WNMG080408 型号的刀片，后选用 CCMT09T304 型号的刀片，或只选用刀尖圆弧半径小的后者，车出深 3～4mm、高 2～3mm 的牙子，车削时加注充足的切削液。车好爪子后，采用一夹一顶方式装夹，用伞形顶尖（大头顶尖）。

该零件上的槽，选用 MGMN400-M 型号的切槽刀片，宽为 4mm。装夹时注意刀尖高度和刀尖与 Z 轴的平行度，否则将影响刀具的使用寿命，槽底左右两侧还会出现大小头；由于车削位置距离卡爪很近，注意把刀柄靠外（即靠近卡盘方向）装夹一些，否则可能产生 -Z 软/硬超程报警。该槽单边深度为 15mm，如果用 G75 指令单刀直入一次性切到槽底，排屑和散热都是问题，因此分为 2 层切削。把分层切削分界点的位置定在槽口、槽底直径之和的中间值 φ95mm，也便于计算车削左右两侧槽壁对应的 Z 轴坐标值。从图样可以看出槽口、槽底单侧的 Z 方向之差为 2.5mm，分 2 层切削后的两侧槽壁余量更小于切槽刀切削刃宽度，精车两侧槽壁时可一刀车去。用 G75 指令车削时，两侧槽壁分别留 0.15mm 的余量，槽底留 0.2mm 的直径余量。由于机夹切槽刀片两侧刀尖有圆弧，也为了避免由于刀具磨损导致槽口、槽底轴向尺寸偏小，G75 指令循环后的精车程序中把槽口、槽底两侧尺寸各向外扩了 0.1mm，也可根据刀具磨损情况作适当修改。

程序如下：

```
O0056;
N2  G99 M03 S600 T0303;                  直径较大，主轴转速不宜过高
N4  G00 X110.6 Z-11.4 M08;                快速移动到需要加工的位置上方
N6  G75 R0.2 F0.12;                       切槽循环，每次退刀量0.2mm，每转进给量不宜过大
N8  G75 X95. Z-36.6 P600 Q3150;           分层切削第一层，给定合理的切削参数
N10 G00 Z-12.65 M03 S650;                 切完一层后，移动到下一层的Z轴坐标上
N12 X95.6;                                移动到距离工件很近的X轴坐标上
N14 G75 R0.2 F0.12;                       每次退刀量0.2mm
N16 G75 X80.2 Z-35.35 P650 Q3300;         分层切削第二层，给定合理的切削参数
N18 M03 S750 T0303;                       转速适当提高
N20 G00 X110.6;                           移动到工件外，槽口45°倒角始点的X轴坐标上
N22 Z-9.1;                                随后移动Z轴到槽口右侧
N24 G01 X108.8 Z-10. F0.15;               槽口右侧倒角
N26 X80. Z-12.4;                          右侧槽壁
N28 X80. Z-35.3 F0.2;                     精车槽底，Z方向留0.05mm余量
N30 G00 X110.6;                           移动到工件外，槽口45°倒角始点的X轴坐标上
N32 Z-38.9;                               随后移动Z轴到槽口右侧
N34 G01 X108.8 Z-38. F0.15;               槽口左侧倒角
N36 X79.976 Z-35.598;                     左侧槽壁
N38 G04 X0.1;                             暂停1圈多，以保证槽底痕迹不是螺旋线
N40 G00 X120. M09;                        脱离工件后，关闭切削液
N42 M05;
N44 X260. Z3.;
N46 M30;
```

说明：

① N4、N8，分层切削第1层的Z方向坐标差值是25.2mm，每次切到槽径向尺寸 ϕ95mm 后退回到X110.6，然后轴向移动Q3150，移动9次切完。N10、N16，分层切削第2层的Z方向坐标差值是22.7mm，每次切到 ϕ80.2mm 后退回到X95.6，后轴向移动Q3300，移动8次切完。切槽定位点X110.6、X95.6，离工件很近，第一刀就能切到工件。

② N6、N14，R0.2 退刀量值定义合理，

如果定义的退刀量过小，如 R0.05，则相邻两刀间切出的切屑连接，起不到断屑的效果。

③ N8，每次背吃刀量 P600，从 X110.6 切到 X95.，正好 13 刀；N16，每次背吃刀量 P650，从 X95.6 切到 X80.2，第 12 刀略浅。该槽共切削 13 刀 ×9 + 12 刀 ×8 = 213 刀。根据实践，在切削液足量加注的情况下，切出的切屑以长紧卷屑、发条状卷屑及宝塔状卷屑为主，在切削液的冲刷下，缠绕的可能性较小，长紧卷屑长度在 300mm 左右，方便清理。

注意：一些面板 G75 指令 P 的含义为直径量，请区别。

④ N18、N20 没有合并在一起编写是为了安全；也是为了在加工这个工件时，检测上一个加工过的工件后对尺寸做一下微调；也方便为已加工过但槽底直径尺寸偏大的工件单独做返修。执行 N18 时，原本是 T0303，现在又执行一次，机床经过判断不换刀，但该过程略显停顿。

⑤ N22 ~ N36 中的 Z 轴坐标值，均向两侧扩了 0.1mm。N26、N28 中的 X 轴坐标值可以根据大小头情况作一下变动。

⑥ 细心的读者一定发现了，N4 ~ N34 中的凡是关于槽轴向的中心对称的槽壁两侧的 Z 轴坐标值，其值的和均为（槽对称中心 Z 轴坐标值 ×2 ± 切槽刀宽），前置刀架左侧刀尖点用"−"，右侧刀尖点用"+"。

⑦ N36、N38，如果不设置暂停，刀具在槽底左侧接刀处留下的痕迹是螺旋线。750r/min，0.1s 的时间主轴转了 1.25 圈。由于有暂停，刀具实际切削到的直径位置会有变化，N36 的坐标仅供参考，一般在 X79.976 ~ X80.024 之间，和槽底余量、槽底左右两侧的大小头、刀具的磨损等有关，Z 轴坐标值亦随之改变。

注意：根据图样，在两侧槽壁上，直径的轴向的变化量 = 12:1，否则斜率错误。

3.8 螺纹切削加工指令的使用方法详解

螺纹是人类最早发明的简单机械结构之一。在古代，人们利用螺纹固定战袍的铠甲、提升物体、压榨油料和制酒等。18 世纪末，英国工程师亨利·莫斯利（Henry Maudslag）发明了螺纹丝杠车床。第一次工业革命之后，英国人发明了车床、板牙和丝锥，为螺纹件的大批生产奠定了技术基础。1841 年，英国人惠特沃斯（Joseph Whiteworth）提出了世界上第一份螺纹国家标准（BS84，惠氏螺纹，B.S.W. 和 B.S.F.），从而奠定了螺纹标准的技术体系。1905 年，英国人泰勒（William Taylor）发明了螺纹量规设计原理（泰勒原则）。从此，英国成为世界上第一个全面掌握螺纹加工和检测技术的国家，英制螺纹标准是世界上现行螺纹标准的祖先，英制螺纹标准最早得到了世界范围的认可。英制螺纹随着英国的崛起而得到广泛推广。

世界上最有影响的紧固螺纹有三种，它们分别是：英国的惠氏螺纹、美国的赛氏螺纹、法国的米制螺纹。最有影响的管螺纹有两种：英国的惠氏管螺纹、美国的布氏管螺纹。这五种影响最广的螺纹均于 19 世纪问世，它们奠定了螺纹标准化的技术体系，其他绝大多数螺纹均采用或借鉴了它们的结构标准。

美国的国家螺纹（N）标准是在英制惠氏螺纹基础上发展起来的。这是世界上第一份得到国际组织认可的国际标准。美国的管螺纹标准是由美国人独立研制出来的，它与英制管螺纹共同构成了当今世界管螺纹标准领域的两大支柱。

米制普通螺纹（M）来源于美制国家螺纹（N），在欧洲大陆得到了广泛使用，并纳入了 ISO 标准。当米制单位制（米制是其中长度单位）被确定为国际法定计量单位后，又进一步提升了米制普通螺纹在国际贸易中的地位。

3.8.1 螺纹种类和各项参数

螺纹是指在圆柱或圆锥表面上，具有相同牙型、沿螺旋线连续凸起的牙体在螺纹轴线平面内的螺纹轮廓形状，称为牙型。

1. 螺纹种类

常见螺纹种类及用途见表 3-3。

表 3-3 常见螺纹种类及用途

种类	代号	特点	用途
联接和紧固用普通螺纹	M	牙型：三角形；牙型角：60°	一般连接用粗牙螺纹，细牙用于细小、薄壁或粗牙对强度有较大削弱的零件，也常用于受冲击和变载荷的连接中，另外也用于精密微调机构中
55°非密封管螺纹	G	牙型：三角形；牙型角：55°；公称直径近似为管子内径	用于水、燃气管道、润滑和电线管路系统

（续）

种类		代号	特点	用途
55°密封管螺纹	圆锥内螺纹	Rc	牙型：三角形；牙型角：55°；公称直径近似为管子内径，锥度1:16	锥/锥配合（Rc、R_1及R_2）用于中压、高温、高压系统；柱/锥配合（Rp），用于低压，且需用填料密封
	圆柱内螺纹	Rp		
	与圆柱内螺纹相配合的圆锥外螺纹	R_1		
	与圆锥内螺纹相配合的圆锥外螺纹	R_2		
传动螺纹	梯形螺纹	Tr	牙型为等腰梯形，牙型角为30°，强度高，对中性好，易加工	传动螺纹的主要形式，应用较广。常用于丝杠、刀架丝杠等
	锯齿形螺纹	B	牙型为锯齿形，常用牙型角为33°，其工作的牙型斜角为30°，非工作的牙型斜角为3°	用于单向受力的传动螺纹
	矩形螺纹		牙型为正方形，牙厚为螺距的一半，传动效率高	用于动力的传递和传导螺旋

1）联接和紧固用普通螺纹：牙型为三角形，用于连接或紧固零件。普通螺纹按螺距分为粗牙和细牙螺纹两种，粗牙螺纹的连接强度较高，细牙螺纹的牙型与粗牙相似，它螺距小，升角小，自锁性较好，强度高，但牙细不耐磨，容易滑扣。细牙螺纹常用于细小零件、薄壁管件或受冲击、振动和变载荷的连接中，也可用作微调机构的调整螺纹。

2）传动螺纹：牙型有梯形、矩形、锯齿形等。

3）密封螺纹：用于密封连接，主要是管螺纹、锥螺纹和锥管螺纹。

螺纹的旋向分为左旋和右旋两种，沿着旋进方向观察时，顺时针旋转时旋入的螺纹为右旋螺纹，右旋螺纹为常用螺纹；逆时针旋转时旋入的螺纹为左旋螺纹。螺线分为单线和多线螺纹：只有一个起始点的螺纹称为单线螺纹，具有两个或两个以上起点的螺纹称为多线螺纹；联接多采用单线螺纹，传动时要求进升快或效率高，多采用多线，但一般不超过4线。

2. 螺纹强度

在拧螺栓的时候，经常会看到螺栓上有"8.8""12.9"等字样，这些是什么意思呢？

高强螺栓材质，钢结构联接用螺栓性能等级分 3.6、4.6、4.8、5.6、6.8、8.8、9.8、10.9、12.9 等 10 余个等级，其中 8.8 级及以上螺栓材质为低碳合金钢或中碳钢并经热处理（淬火、回火），通称为高强度螺栓，其余通称为普通螺栓。螺栓性能等级标号有两部分数字组成，分别表示螺栓材料的公称抗拉强度值和屈强比值。

例如，性能等级 4.6 级的螺栓，其含义是：

1）螺栓材质公称抗拉强度达 400MPa。

2）螺栓材质的屈强比值为 0.6。

3）螺栓材质的公称屈服强度达 400MPa×0.6＝240MPa。

性能等级 10.9 级高强度螺栓，其材料经过热处理后，能达到：

1）螺栓材质公称抗拉强度达 1000MPa。

2）螺栓材质的屈强比值为 0.9。

3）螺栓材质的公称屈服强度达 1000×0.9＝900MPa 级。

螺栓性能等级的含义是国际通用的标准，相同性能等级的螺栓，不管其材料和产地的区别，其性能是相同的，设计上只选用性能等级即可。

强度等级所谓 8.8 级和 10.9 级是指螺栓的抗剪切应力等级为 8.8GPa 和 10.9GPa；8.8 级公称抗拉强度 800MPa，公称屈服强度 640MPa。

一般的螺栓是用"X.Y"表示强度的，X×100＝此螺栓的抗拉强度，X×100×（Y/10）＝此螺栓的屈服强度（因为按标识规定：屈服强度/抗拉强度＝Y/10）。

表 3-4 是不同抗拉强度等级螺栓的扭矩值，可供参考。

表 3-4 螺栓扭矩值表

螺栓规格	强度等级											
	4.6		5.6		6.9		8.8		10.9		12.9	
	/(N·m)	/(bf·ft)	/(N·m)	/(bf·ft)	/(N·m)	/(bf·ft)	/(N·m)	/(bf·ft)	/(N·m)	/(bf·ft)	/(N·m)	/(bf·ft)
M2	0.12	0.09	0.16	0.12	0.3	0.22	0.35	0.26	0.49	0.36	0.61	0.45
M2.5	0.24	0.18	0.31	0.23	0.59	0.44	0.7	0.52	0.97	0.72	1.21	0.86
M3	0.35	0.26	0.49	0.36	0.97	0.72	1.22	0.91	1.71	1.26	1.96	1.45
M4	1.0	0.7	1.3	1.0	2.4	1.8	2.8	2.1	3.9	2.9	4.9	3.6
M5	1.8	1.3	2.5	1.8	4.7	3.5	5.6	4.1	7.8	5.8	9.8	7.3
M6	2.8	2.1	3.9	2.9	7.8	5.8	9.8	7.2	13.7	10.1	16.2	12.1
（M7）	4.9	3.6	6.9	5.1	12.8	9.4	15.7	11.6	22.6	16.7	26.5	19.5
M8	7.8	5.8	9.8	7.2	19.6	14.5	24.5	18.1	34.3	25.3	39.2	28.9

(续)

螺栓规格	强度等级											
	4.6		5.6		6.9		8.8		10.9		12.9	
	/(N·m)	/(bf·ft)	/(N·m)	/(bf·ft)	/(N·m)	/(bf·ft)	/(N·m)	/(bf·ft)	/(N·m)	/(bf·ft)	/(N·m)	/(bf·ft)
M10	14.7	10.8	19.6	14.5	39.2	28.9	44.1	32.5	63.8	47.1	78.5	57.9
M12	24.5	18.1	33.4	24.6	58.0	42.8	78.5	57.9	113.0	83.3	137.0	101.0
(M14)	39.2	28.9	54.0	39.8	108.0	79.7	128.0	94.4	181.0	133.5	216.0	159.3
M16	61.0	45.0	82.0	60.6	167.0	123.2	196.0	144.6	267.0	196.9	320.0	236.0
(M18)	84.0	62.0	114.0	84.1	231.0	170.4	260.0	191.8	366.0	269.9	439.0	323.8
M20	121.0	89.2	163.0	120.2	324.0	239.0	373.0	275.1	525.0	387.2	628.0	463.2
(M22)	164.0	121.0	221.0	163.0	432.0	318.6	500.0	368.8	711.0	524.4	853.0	629.1
M24	208.0	153.4	282.0	208.0	559.0	412.3	638.0	470.6	903.0	666.0	1079.0	795.8
(M27)	314.0	231.6	422.0	311.3	824.0	607.7	961.0	708.8	1354.0	998.7	1638.0	1208.1
M30	422.0	311.3	569.0	419.7	1109.0	818.0	1315.0	969.9	1844.0	1360.1	2217.0	1635.2
(M33)	579.0	427.0	785.0	579.0	1511.0	1114.5	1795.0	1323.9	2531.0	1866.8	3021.0	2228.0

注：1N·m（牛·米）=0.73756bf·ft（磅力·英尺）。

通过上表可以看出，相同抗拉强度等级的螺栓施加的扭矩与公称直径的 3 次方成正比例关系。表 3-5 是螺栓施力操作要领。

表 3-5　M5～M24 螺栓施力操作要领

螺纹公称直径	施力操作要领	螺纹公称直径	施力操作要领
M5	只加腕力	M12	加上半身力
M6	只加腕力	M16	加全身力
M8	加腕力、肘力	M20	压上全身重量
M10	加全身臂力	M24	压上全身重量

使用扭力扳手，可以把螺栓拧得更紧，更标准！ 必要时还可以使用螺纹胶涂抹在螺纹上，防止螺纹在振动环境下松开。

1）同一零件用多个螺母或螺栓紧固时，应根据被联接件的形状、螺栓的分布情况，按一定顺序分次逐步交替拧紧（一般分 2～3 次拧紧）。如有定位销，应从靠近定位销的螺钉或螺栓开始拧紧，以免零件或螺栓产生松紧不一致，甚至变形。

2）在拧紧方形或圆形布置的成组螺母

或螺栓时,必须对称(对角线)交替进行拧紧。

3)在拧紧长方形和一条直线上布置的成组螺母或螺栓时,应从中间开始,逐渐向两边对称扩展交替进行拧紧。

4)对于内六角螺栓,松开和拧紧之前,要先清理干净孔里的杂物,将扳手放到底,然后再用力松开或拧紧。

5)松开生锈锁紧的螺栓时,手掌不要放在内六角扳手的拐角处,以免松开瞬间,拐角产生的强烈的弹性变形伤到手掌!

松开螺母时的顺序,同拧紧时的顺序。

3. 螺纹几何参数

(1)米制普通螺纹的基本牙型 米制普通螺纹的基本牙型如图3-58所示,求 H 和 P 之间的数学关系。

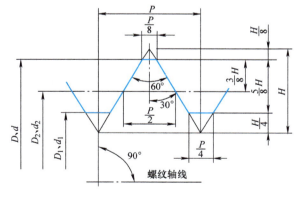

图 3-58 米制普通螺纹的基本牙型

要求出 H 和 P 之间的数学关系,就要用到三角函数。

任意角度的三角函数:

如图 3-59 所示,设 $\angle AOB = \alpha$,

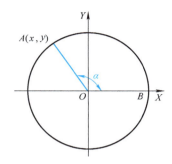

图 3-59 任意角度的三角函数

圆的半径为 R,则有:

正弦函数 $\sin\alpha = Y/R$;

余弦函数 $\cos\alpha = X/R$;

正切函数 $\tan\alpha = Y/X$ ($X \neq 0$);

其中,$R = \sqrt{X^2 + Y^2}$

所以得出:

$$H = \frac{P}{2} \times \cot\frac{\alpha}{2} = \frac{P}{2} \times \cot\frac{60°}{2}, 或 = \frac{P}{2}/\tan\frac{\alpha}{2} = \frac{\sqrt{3}}{2}P = 0.866025404P$$

$$\frac{H}{4} = 0.216506351P$$

$$\frac{5}{8}H = 0.541265877P$$

$$\frac{H}{8} = 0.108253175P$$

$$\frac{3}{8}H = 0.324759526P$$

（2）设计牙型 外螺纹的设计牙型如图 3-60 所示。对力学性能强度等级大于或等于 8.8 级的外螺纹，其牙底圆弧半径 R 不能小于 0.125P。对力学性能强度等级小于 8.8 级的外螺纹件，其牙底形状应尽可能地与力学性能强度等级大于或等于 8.8 级的螺纹牙底形状一致。内螺纹的设计牙型与基本牙型相同。

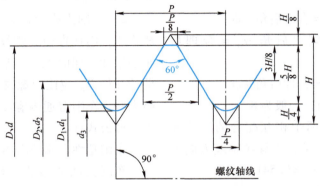

图 3-60 外螺纹的设计牙型

螺纹主要几何参数及计算公式如下。

1）大径：与外螺纹牙顶或内螺纹牙底相切的假想圆柱或圆锥的直径。代号为 d（外螺纹）和 D（内螺纹），螺纹的公称直径即大径。

2）小径：与外螺纹牙底或内螺纹牙顶相切的假想圆柱或圆锥的直径。代号为 d_1（外螺纹）和 D_1（内螺纹），$d_1 = d - 1.0825P$，$D_1 = D - 1.0825P$。

3）中径：中径圆柱或中径圆锥的直径。该圆柱（或圆锥）母线通过圆柱（或圆锥）螺纹上牙厚与牙槽宽相等的地方。代号为 d_2（外螺纹）和 D_2（内螺纹），$d_2 = d - 0.6495P$，$D_2 = D - 0.6495P$。

4）螺距：相邻两牙体上的对应牙侧与中径线相交两点间的轴向距离，用 P 表示。

5）导程：最相邻的两同名牙侧与中径线相交两点间的轴向距离，用 P_h 表示。$P_h = nP$，n 为螺纹线数。

6）牙型角：在螺纹牙型上，两相邻牙侧间的夹角，用 α 表示。

7）升角：在中径圆柱或中径圆锥上螺旋线的切线与垂直于螺纹轴线平面间的夹角，螺纹中径升角的计算公式：$\tan\phi = P_h/(\pi d_2)$。

螺纹车刀两侧刃后角的计算：车螺纹时，车刀相对于工件所做的螺旋运动，将会影响车刀切削时两侧刃的实际后角，其变化值取决于切削刃各点螺旋线的升角，但在计算时只考虑螺纹中径升角，车刀两侧刃后角应按照下列计算结果刃磨。

右旋螺纹：左侧刃后角 α_{1f} = 合理后角 + ϕ

右侧刃后角 α_{2f} = 合理后角 − ϕ

左旋螺纹：左侧刃后角 α_{1f} = 合理后角 − ϕ

右侧刃后角 α_{2f} = 合理后角 + ϕ

其中，合理后角，一般为 8°。

8）工作高度：两个相互配合的螺纹牙型上相互重合部分在垂直于螺纹轴线方向上的距离。牙型高度：$h_1 = 0.5413P$。

4. 车削螺纹时的注意事项

车削螺纹时还要考虑螺纹加工牙型的膨胀量。

1）车削外螺纹时，由于车刀车削时的挤压作用，外螺纹大径一般应比加工的基本尺寸略小，经验公式为

大径 $d = M - (0.1 \sim 0.13)P$，以保证车削后螺纹牙顶处留有 $0.125P$ 的宽度。

小径 $d_3 = M - 1.299P$，一般取 $d_3 = M - 1.3P$。

2）车削内螺纹时，因车刀车削时的挤压作用，内孔直径（螺纹小径）会缩小，在车削塑性金属时尤为明显，所以车削内螺纹前的孔径 $D_孔$ 应比内螺纹小径 D_1 的基本尺寸略大些。车削普通内螺纹前的孔径可以用一下近似公式计算

车削塑性金属的内螺纹时，$D_孔 \approx M - P$。

车削脆性金属的内螺纹时，$D_孔 \approx M - 1.05P$。

3）车削多线螺纹时，每次定位点的 Z 轴坐标值改变一个螺距。

4）常用螺纹切削的进给次数与背吃刀量，见表 3-6。

表 3-6 常用螺纹切削的进给次数与背吃刀量 （单位：mm）

	螺距		1.0	1.5	2.0	2.5	3.0	3.5	4.0
	牙高（半径量）		0.649	0.974	1.299	1.624	1.949	2.273	2.598
米制螺纹	切削次数及背吃刀量（直径量）	1 次	0.7	0.8	0.9	1.0	1.2	1.5	1.5
		2 次	0.4	0.6	0.6	0.7	0.7	0.7	0.8
		3 次	0.2	0.4	0.6	0.6	0.6	0.6	0.6
		4 次		0.16	0.4	0.4	0.4	0.6	0.6
		5 次			0.1	0.4	0.4	0.4	0.4
		6 次				0.15	0.4	0.4	0.4
		7 次					0.2	0.2	0.4
		8 次						0.15	0.3
		9 次							0.2

5. 螺纹检测方法

对于一般标准的螺纹，都采用螺纹塞规或螺纹环规来检测。在检测外螺纹时，如果通端环规能旋进去几圈，而止端环规旋不进去，则说明所加工的螺纹符合要求；反之就不合格。在检测内螺纹时，采用螺纹塞规，用相同的方法检测。除用螺纹环规和塞规外，还可以用螺纹千分尺测量螺纹中径。

6. 螺纹标注方法

1）单线普通螺纹的标注格式为：

|螺纹特征代号| |公称直径| × |螺距| －
|公差带代号| － |旋合长度代号| － |旋向代号|

对于粗牙普通螺纹，不标注螺距，如"M16"表示为粗牙普通螺纹，螺距可以从表3-7查出。细牙螺纹必须标注螺距，如"M30×1.5"表示为普通细牙螺纹，螺距为1.5mm。

公差带代号按照中径、顶径的顺序标注，表示螺纹连接时的松紧程度，用数字字母表示，数字代表精度等级，数字越小、精度越高，制造越难。字母代表尺寸与标准尺寸偏离的程度。一般外螺纹（杆）要比内螺纹（孔）要小一些。外螺纹用小写字母表示，只有e、f、g、h四个字母，离h越近，间隙越小。内螺纹用大写表示，只有G、H两个字母。如果中径和顶径的公差代号相同，标一个就可以了。

旋合长度分为短、中、长三种，代号分别用S、N、L表示。一般中等旋合长度不用标注。

旋向代号右旋螺纹不标注旋向，左旋标注LH。

注意：公差带代号由数字加字母表示（内螺纹用大写英文字母，外螺纹用小写英文字母），如7H、6g等，应特别指出，7H、6g等代表螺纹公差，而H7、g6等代表圆柱体公差代号。

例如：M30×1.5－6g，M是螺纹特征代号，30是公称直径，1.5是螺距，6是公差等级，g是外螺纹公差带代号，属于间隙配合。M16－5g6g，表示粗牙普通螺纹，公称直径16，右旋，螺纹公差带中径5g，大径6g，中等旋合长度。M16×1－6G－LH，表示细牙普通螺纹，公称直径16，螺距1，螺纹公差带中径、大径均为6G，中等旋合长度。

2）多线普通螺纹的标注格式为：

|螺纹特征代号| |公称直径| ×
|Ph 导程 P 螺距| － |公差带代号| －
|旋合长度代号| － |旋向代号|

对于多线螺纹用 Ph 导程 P（螺距）的标注方式表示，如 M20×Ph6P2。

螺纹的线数一般不用标注，隐含在导程和螺距之中，如果要表示的话，可在后面增加括号说明（例如：双线为 two starts；三线为

three starts；四线为 four starts），标注的线数必须使用英文。上面的例子可以改为：M20× Ph6P2（three starts）－7H－L－LH。普通米制螺纹直径与螺距系列、基本尺寸见表3-7。

表 3-7 普通米制螺纹直径与螺距系列、基本尺寸　　　　（单位：mm）

公称直径 D, d		螺距 P	
第一系列	第二系列	粗牙	细牙
2		0.4	0.25
2.5		0.45	0.35
3		0.5	0.35
	3.5	(0.6)	
4		0.7	0.5
	4.5	(0.75)	0.5
5		0.8	
6		1	0.75, (0.5)
8		1.25	1, 0.75, (0.5)
10		1.5	1.25, 1, 0.75, (0.5)
12		1.75	(1.5), 1.25, 1, (0.75), (0.5)
	14	2	1.5, 1.25, 1, (0.75), (0.5)
16		2	1.5, 1, (0.75), (0.5)
	18	2.5	2, 1.5, 1, (0.75), (0.5)
20		2.5	2, 1.5, 1, (0.75), (0.5)
	22	2.5	
24		3	2, 1.5, 1, (0.75)
	27	3	
30		3.5	(3), 2, 1.5, 1, (0.75)
	33	3.5	(3), 2, 1.5, (1), (0.75)
36		4	3, 2, 1.5, (1)
	39	4	
42		4.5	(4), 3, 2, 1.5, (1)
	45	4.5	
48		5	

(续)

公称直径 D, d		螺距 P	
第一系列	第二系列	粗牙	细牙
	52	5	4, 3, 2, 1.5, (1)
56		5.5	
	60	5.5	
64		6	
	68	6	

注：1. 优先选用第一系列，括号内尺寸尽可能不用，第三系列未列入。
    2. M14×1.25 仅用于火花塞。

7. 螺纹车刀装刀、对刀的注意事项

1）外螺纹车刀刀尖高度比主轴的旋转中心略高 0.1~0.2mm，可以用高度尺测量。如果是机夹刀杆，垫上 1~2 层易拉罐饮料的铝箔即可。内螺纹车刀刀尖高度一般应与主轴旋转中心等高。

2）如用机夹车刀，装夹时应把刀柄内侧面和刀架内侧面贴紧，或使刀柄外侧的棱线和刀架的棱线保持平行；如用焊接刀片，应把角度样板放在与车过的外圆的中心等高的侧母线上，调整刀柄，使刀尖角度被 X 轴平分。

3）对 Z 轴时，把刀尖靠近已经车削过的右端面，当把端面看成一条线时，刀尖在这条线上即可，然后根据右端面和 Z 方向原点的距离输入补偿值；对 X 轴时，使刀尖轻轻接触已经加工且测量过的内/外表面，退 Z 轴输入补偿后，可以再微调一下补偿值，一般直径量为 $\pm 0.1~0.2$mm，随后用螺纹塞规/螺纹环规进行检查，若不合格，微调、车削，直至合格。只要工件移的 Z、EXT 坐标系的 Z、所用坐标系的 Z、程序中的 Z 值不发生改变，主轴转速不改变，就不会乱牙。

3.8.2 单步螺纹切削指令 G32

G32 指令可车削直螺纹、锥螺纹和端面螺纹（蜗形螺纹）。G32 进刀方式为直进式，适合加工有退刀槽的螺纹，退刀槽宽度一般为 $(1.0~1.5)P_h$。

指令格式：

G32 X（U）__ Z（W）__ F __；

其中：X（U）__ Z（W）__ 为螺纹终点坐标，F __ 为螺纹导程 P_h，对于锥螺纹，锥体斜角 $\alpha \leq 45°$ 时，螺纹导程指的是 Z 轴方向的值；锥体斜角 $\alpha \geq 45°$ 时，以 X 轴方向的值指定，如图3-61所示。

1. 直螺纹切削

【例3-18】 如图 3-62 所示，螺纹大径已车至 ϕ29.8mm；4mm×2mm 的槽已加工，此螺纹加工查表知切削 5 次（0.9；0.6；0.6；0.4；0.1），至小径 $d_3 = 30$mm $- 1.3 \times 2$mm $= 27.4$mm。

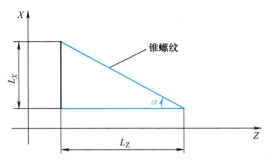

图3-61 锥螺纹的导程

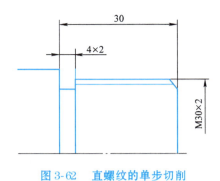

图3-62 直螺纹的单步切削

程序如下:

O0036;

G99;   选择每转进给

T0303 M03 S800;   换上螺纹刀，主轴正转800r/min

G00 X32.0 Z5.0 M08;   螺纹进刀至切削起点

X29.1;   定位

G32 Z-28.0 F2.0;   切螺纹

G00 X32.0;   退刀

Z5.0;   返回

X28.5;   定位

G32 Z-28.0 F2.0;   切螺纹

G00 X32.0;   退刀

Z5.0;   返回

X27.9;   定位

G32 Z-28.0 F2.0;   切螺纹

G00 X32.0;   退刀

Z5.0;   返回

X27.5;   定位

G32 Z-28.0 F2.0;   切螺纹

G00 X32.0;   退刀

```
Z5.0;                       返回
X27.4;                      切至尺寸
G32 Z-28.0 F2.0;            切螺纹
G00 X32.0;                  退刀
X100.0 Z200.0 M09;          退刀到安全位置
M05;
M30;
```

2. 锥螺纹切削

【例 3-19】 如图 3-63 所示，Z 方向导程为 1.5mm，$\delta_1 = 2$mm，$\delta_2 = 1.5$mm，X 方向背吃刀量为 1mm，切削 3 次，试编其加工程序。

程序如下：

```
……
T0303 M03 S700;
G00 X50. Z72. M08;
X12.8;
G32 X41.8 Z28.5 F1.5;
G00 X50.;
Z72.;
X12.2;
G32 X41.2 Z28.5 F1.5;
G00 X50.;
Z72.;
X12.;
G32 X41. Z28.5 F1.5;
G00 X50.;
Z72.;
……
```

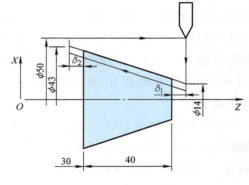

图 3-63 锥螺纹的单步切削

注意：观察图样标注，在 $(40 + \delta_1 + \delta_2)$ 即 43.5mm 的距离上，锥螺纹对应的直径的差为 (43mm - 14mm) 29mm。按照这种比例关系，程序中的每一刀，都是沿与此锥度相平行的轨迹去切削的。

从以上实例中可以看到，用 G32 单步螺纹指令的缺点，加工螺纹的程序往往很多，出错的机会也较多，实际应用很少。其他限制参看下文 G92 指令的相关介绍。

3.8.3 变螺距螺纹切削指令 G34

指令格式：

G00 X（U）<u>α</u>Z（W）<u>β</u>；

G34 X（U）__ Z（W）__ F__ K__；

其中：F 为长轴方向在起点的螺距；K 为主轴每转螺距的增量或减量。K 值的有效范围为 ±0.0001 ~ ±500.0000，单位为 mm/r，或 ±0.000001 ~ ±9.999999，单位为 in/r，当 K 值超过范围、因 K 值的增加或减小使螺距超过允许值或者螺距出现负值时，产生 PS014 报警。

【例 3-20】 如图 3-64 所示，一螺纹起点的螺距为 6.0mm，螺距增量值为 0.3mm/r，则编程为" G34 Z −32. F6.0 K0.3；"。

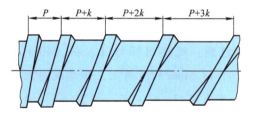

图 3-64 可变导程螺纹加工

螺纹加工常用循环方式完成，以降低出错概率，节省编程时间。在数控车床上用车削的方法可加工直螺纹、锥螺纹和端面螺纹。车螺纹的进刀方式常用的有直进式和斜进式。直进法一般用于螺距小于 3mm 的螺纹加工，斜进法是刀具单侧刃加工，减轻负载，一般用于螺距或导程大于 3mm 的螺纹加工。螺纹加工遵循后一刀的背吃刀量不能超过前一刀的背吃刀量的原则，其分配方式有常量式和递减式。加工螺纹之前，要把外螺纹大径或内螺纹小径精车到尺寸。加工多线螺纹时，常用的方法是加工完一条螺纹后，轴向移动一个螺距后，再车削另外一条螺纹，加工好第二条后，再加工其他的螺纹。但是要注意升速进刀段 δ_1 和降速退刀段 δ_2。在这两段螺纹导程小于实际的螺纹导程。下面就详细介绍螺纹切削的两个循环指令 G92 和 G76。

3.8.4 螺纹切削循环指令 G92

指令格式：

G00 X（U）<u>α</u>Z（W）<u>β</u>；

G92 X（U）__ Z（W）__ R__ F__；

螺纹切削循环 G92 前面的定位点 X（U）<u>α</u>Z（W）<u>β</u>，X 方向的定位点要比外螺纹的最大直径略大，或要比内螺纹的最小直径略小；Z 方向的定位点要考虑到升速进刀段 δ_1。

X：切削终点 X 轴绝对坐标值，单位为 mm。

U：X 方向上，切削终点相对于起点的绝对坐标的差值，单位为 mm。

Z：切削终点 Z 轴绝对坐标值，单位为 mm。

W：Z 方向上，切削终点相对于起点的绝对坐标的差值，单位为 mm。

R：螺纹切削起点与螺纹切削终点的半径之差，R 值为 0 或省略输入时，加工直螺纹，但当 R 值与 U 值符号不一致时，要求 |R|≤|U/2|，单位为 mm，模态指定。

X、U、Z、W、R 取值范围是：-9999.999～+9999.999，单位为 mm。

F：米制螺纹导程 P_h，取值范围是 0.001～500.00，单位为 mm，模态指定。

G92 为模态指令，执行该指令时，刀具从当前位置（起点位置）按图 3-65a（直螺纹指令加工轨迹）、图 3-65b（锥螺纹指令加工轨迹）中 1→2→3→4 的轨迹进行螺纹循环加工，循环完毕刀具回起点位置。用此指令可以切削直螺纹、锥螺纹及多线螺纹。在增量编程中地址 U 后面的数值的符号取决于轨迹 1 的 X 方向，地址 W 后面的数值的符号取决于轨迹 2 的 Z 方向。图 3-65a、b 中虚线（R）表示快速移动，实线（F）表示切削进给。

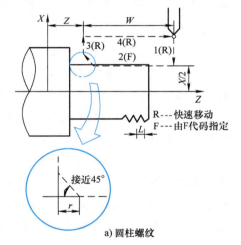
a) 圆柱螺纹

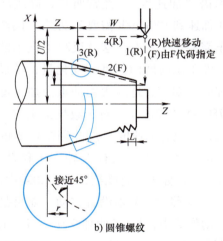
b) 圆锥螺纹

图 3-65　螺纹循环加工

在螺纹加工结束前有螺纹退尾过程：在距离螺纹切削终点固定长度（称为螺纹的退尾长度）处，在 Z 轴继续进行螺纹插补的同时，X 轴沿退刀方向指数式加速退出，Z 轴到达切削终点后，X 轴再以快速移动速度退刀（循环过程 3）。

G92 指令可以分多次进刀完成一个螺纹的加工，但不能实现 2 个连续螺纹的加工，也不能加工端面螺纹。G92 指令螺纹螺距的定义与 G32 指令一致。G92 螺纹切削循环指令把 G32 指令的"切入—螺纹切削—退刀—返回"四个动作作为一个循环，用一个程序段来指令，如图 3-66 所示。

凡是对汽车有一定了解的朋友都知道这

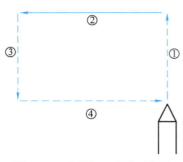

图 3-66 螺纹加工动作示意图

样一个术语"加速度"。经常听说,高级轿车从静止加速到 100km/h 需要 7s 左右,国产普通轿车需要 12s 左右,这就反映了汽车的加速度,即单位时间内速度的变化量;学过高中物理的都知道,地球表面的重力加速度约是 $9.780 \sim 9.832 m/s^2$。对于数控机床的运动轴来说,它也有加速度。我们看图 3-66 的示意图,动作①③中,只有 X 轴产生移动,Z 轴没有移动;如果是直螺纹,动作②④中,只有 Z 轴产生移动,X 轴没有移动;如果是锥螺纹,动作②中,X、Z 两轴联动。当从①到②的转变过程中,Z 轴速度从 0 变化到 (nP_h) mm/min(n 为主轴转速),需要一定的时间,也会移动一段距离,这段距离叫升速进刀段,通常用 δ_1 表示,一般取值 $(1.5 \sim 2.0)$ P_h。由于处于加速阶段,在这段距离内的螺纹是不完全螺距的螺纹,所以应避免在这段距离内切入工件。同样,当从②到③转变的过程中,Z 轴速度从 (nP_h) mm/min 变化到 0,就像汽车减速一样,需要一定的时间,也会移动一段距离,这段距离叫降速退刀段,通常用 δ_2 表示,一般取值 $(0.5 \sim 1.0)$ P_h。由于处于降速阶段,在这段距离内的螺纹是不完全螺距的螺纹,为了保证螺纹的有效长度,应避免在这段距离内切出工件。

有些人经常会问,动作②是 G01 指令吗?没错,是的。那可不可以用 G01 指令来代替 G92 指令来进行螺纹切削呢?

不能!为了弄清这个问题,有必要了解螺纹车削的过程。操作过普通车床车过螺纹的工人都知道,如果加工的螺纹的导程被普车丝杠梯形螺纹的螺距 6mm 除得的值不是整数,要开倒顺车以保证刀具在多次车削时仍能从同一个角度切入工件,否则的话就会导致乱牙。数控机床靠什么呢?它的利器就是主轴编码器,主轴在旋转时,编码器发出脉冲,数控机床在进行螺纹切削时是从检测主轴上的位置编码器的一转信号后开始的,无论进行几次螺纹切削工作,圆周上切削始点都是相同的,每次都从一转信号切入,所以即使是多次车削,也不会产生乱牙。为了能安全可靠地车削螺纹,受系统变量的控制,在动作②中有三个限制:

1)主轴倍率无效。倍率被限制在 100%,在 TC 面板上由梯形图处理;TD 面板上，参数 No. 3708#6 = 0。目的是为了防止乱牙。如果主轴倍率可以调节，车螺纹时的分进给就会随着主轴倍率的变化产生相应的倍率变化，也就是说轴的移动速度就会产生相应的倍率变化，就不能保证从相同的角度位置切入工件，一定会乱牙！虽然转进给不变。

2）进给倍率无效。倍率被限制在 100%，由参数 No. 3004 控制。目的是为了保证加工出稳定的螺距。比如车削 P_h = 2.0mm 的螺纹，倍率要是可调，被调节到了 120%，车削出的就是 P_h = 2.4mm 的螺纹了。

3）进给保持无效。由参数 No. 3004 控制。螺纹切削中，不能停止进给，一旦停止进给，背吃刀量便急剧增加，刀具有可能因此损坏，切出的也就不是螺纹了，因此进给保持在螺纹切削中无效。

以上三点是由内部的系统变量来控制实现的，但我们在 G92 这个指令表面上看不到这些的。这就是 G92 指令中动作②和 G01 的不同之处。

还有一点，主轴转速不应过高，尤其是切削大导程螺纹，过高的转速会使进给速度太快，当每分进给量超过参数里设置的相应轴的最大进给速度时，会产生主轴运控报警信息。一些资料推荐的最高转速为：主轴转速（r/min）≤（1200/P_h − 80），可以作为参考，一般比上述值略高一些。

国内某些品牌的一些型号的面板中，主轴倍率是有效的。在操作时请注意，如果在 n 次车削过程中都是以一个相同的主轴倍率加工，则车出的螺纹不会乱牙；但如果其中任何一刀的主轴倍率发生了改变，则一定会乱牙！请务必注意！

从图 3-67 所示 G92 指令进刀示意图可以看出，该指令属于直进法切削，一刀比一刀车浅，但最后一次的进刀量不要小于 0.1mm。有些人会问，如果是外圆，背吃刀量 5mm 都没有问题。螺纹的牙高很小，车削螺纹时的背吃刀量一般都在 4mm 以内，为什么还要车那么多刀呢？主要原因是车削螺纹时的每转进给量（导程）大，面积很小的刀尖上要承受很大的剪切力。

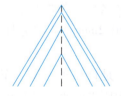

图 3-67　G92 进刀示意图

下面重点来讲一下这里的 C 锥度值的计算方法（图 3-68）。

$$锥度\ C = \frac{\phi D - \phi d}{L}$$

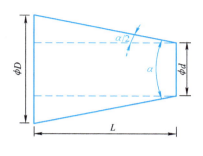

图3-68 锥度示意图

锥度 C 的含义就是直径的变化量/轴向的变化量。而 G92 指令中的 R 锥度值的含义是，螺纹切削起点与螺纹切削终点的半径的差，而非被加工螺纹体大小头的半径差。

通过上图也能看出锥度 C 和锥角 α 的关系：$\tan(\alpha/2) = C/2$。

车削好了一个内锥，锥度为 1:10，现在要加工一个外锥，锥度和内锥的相同，也是 1:10，加工好之后，与之配合，发现塞不进去，大端露出 2mm，应该怎样才能正好放进去？

很明显，是直径车大了，车小一点就可以了。两头比原来的直径值同时车小 2mm × 1/10 = 0.2mm，就可以了。

英制管螺纹的锥度是 1:16，由反三角函数可以求出锥角为 3°34′47.36″，半锥角为 1°47′23.68″。

【例 3-21】 有一段锥螺纹 $\phi D = 45$mm，$\phi d = 42.5$mm，锥度 $C = 1:16$，很容易求出 $L = 40$mm，试编写相应的程序。

程序如下：
……
T0303 M03 S700;
G00 X50. Z6. M08;
G92 X44. Z-42. R-1.25 F2.0;
X43.4;
X42.9;
X42.6;
X42.4;
…………

当加工过之后发现，前面的牙顶宽，后面的牙顶窄。配合并分析之后，发现是前面的牙车浅了，所以牙顶就显得宽了。为什么会车浅了呢？是因为 R 锥度值算错了！当 Z 为 0 的时候，小端直径值是 42.5mm，当考虑到升速进刀段 δ_1 为 Z6 的时候，小端延伸后的直径肯定小于 42.5mm，此时的直径值应该按照该锥度的延长线来算，为 42.5mm − 6mm × 1/16 = 42.125mm，同样当 Z 在后面延长了 2mm，大端直径值为 45.125mm，所以 R 值应该为（42.125mm − 45.125mm）/2 = −1.5mm。当然了，由于 Z 方向延长了 2mm，延长后的点的直径值会因此变大 0.125mm，所以编程时 X42.4 应该改为 X42.525，或者把这把刀的 X 方向偏置值调大 0.125mm。

当采用上述方法算出 R 锥度值时，别人

早就编好程序,甚至把螺纹都车出来了,那么,他们又是怎么算的呢?让我们再看一遍锥度的定义:锥度 $C = \dfrac{\phi D - \phi d}{L}$,那么,直径的差 $(\phi D - \phi d) = CL$,锥度值 R 是螺纹切削起点与终点的半径的差,锥度 C 没有正负符号,锥度值 R 有正负符号,所以 $|R| = CL/2$,这里的 L =(螺纹有效长度+升速进刀段 δ_1 +降速退刀段 δ_2),即 $L = Z_{起点} - Z_{终点}$,这样就不需要算出考虑到升速进刀段 δ_1 和降速退刀段 δ_2 时对应的直径值了。

有人要问,我们在 G92 指令中编写的 X 轴的坐标值是每一刀螺纹切削终点的直径值,那么每一次切削时螺纹切削起点的直径值是多少呢?为 G92 每一次切削终点的 X 直径值加上 2 倍的 R 值。在外圆刀切削锥面时同时要注意,**如果在锥面的前端有倒角,要注意倒角之后的点的直径值并不是倒角前的直径值,千万不要弄错了**。例如上例中,小头端的倒角为 C2mm,则倒角后的直径是 $\phi42.625$mm,而不是 $\phi42.5$mm。

如图 3-69 所示,图样标注左端尺寸为 $\phi160$mm,轴向长度为 55mm,锥角为 11.4°,右端倒角 C2mm,车削时要求出右端倒角 C2mm 后的点的直径值。

根据题意,可以求出直径值为:

[160 − 2×(55 − 2)×tan(11.4°/2)]mm = 149.4198mm

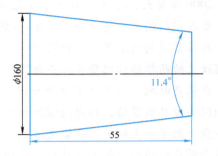

图 3-69　锥度倒角计算示例

车削螺纹时,从 Z 轴正方向向负方向看,主轴逆时针旋转时,前置刀架刀尖在上,后置刀架刀尖在下,从尾座向卡盘方向车削,车削出来的是正旋/右旋螺纹;从卡盘向尾座方向车削,车削出来的是反旋/左旋螺纹;后置刀架刀尖在上,从 Z 轴正方向向负方向看,主轴顺时针旋转时,从尾座向卡盘方向车削,车削出来的是反旋/左旋螺纹;从卡盘向尾座方向车削,车削出来的是正旋/右旋螺纹。当然了,选择刀具时也要注意刀尖是在刀杆的左侧还是右侧,避免左右错误产生碰撞。

前置刀架刀尖在上,后置刀架刀尖在下,车削内孔左旋螺纹时:后置刀架刀尖在上,车削内孔右旋螺纹时要注意,起点在工件内,终点也在工件内,因此退刀时要注意,先退 Z 轴到工件外,再两轴联动,以免发生碰撞!

2008年夏天，笔者在浙江省宁波市北仑区一家塑胶阀门厂工作时，遇到这么一个问题。塑胶阀门的上下片分别有 4 牙/in 的英制单线右旋梯形螺纹，内外螺纹连接组成一个阀门，在注塑时阀门上下片上分别有一个固定的凸起，在配合时要求当阀门拧紧的时候，内外螺纹上的凸起的标记要在一条直线上。为此，我们在车削内螺纹时在卡盘上做了一个标记，在装夹时把凸起对准了这个标记；或者是用做了标记的卡盘抵住了这个固定的凸起，用相同的刀具偏置值，相同的螺纹加工起点，这样加工了一批产品。在加工外螺纹时，也在卡盘上做了一个标记，在装夹时把凸起对准了这个标记；或者是用做了标记的卡盘抵住了这个固定的凸起，加工首件后，要拧紧配合，从外螺纹向内螺纹看，目测发现外螺纹相对于内螺纹上的凸起拧过了约 60°，不合格。那么该怎么样修改程序，才能在螺纹配合拧紧时使凸起在一条直线上？

同事们有的说，把螺纹车的长或者短一点。这样当然貌似可以，内螺纹的有效长度是固定的，短一点或许可以，长一点还会拧过 60°。但是，有时客观条件也不一定允许把螺纹车的长或者短一点，内外螺纹后面还有一个台阶。有的说，把阀门上的凸起对准卡盘上的其他位置，从尾座往卡盘看，逆时针旋转 60°，答案是可以的，但还要重新做标记，相对来说比较麻烦。其实最简单也是最省事的办法是：调整 G92 切削循环前的定位点的 Z 轴的坐标值。主轴是正转的，车削的是右旋螺纹，此时，如果把定位点的 Z 轴的坐标往正方向调整，那么和原来比较起来，刀具将会多移动一段距离（或者说推迟一段时间）后才能接触工件，主轴将会多转过一定的角度，因此当刀具切入工件时，从尾座向卡盘看，工件上的切入点将会顺时针转过一定的角度，这样目的就达到了，所以应该把原来的 Z 轴的定位点向正方向调整 60° 所对应的螺距，即 $\frac{60}{360} \times \frac{25.4}{4} = 1.058 \text{mm}$，很快就改好程序了。然后再车一个工件就好了，凸起就会对齐了，如果还对不齐，略微调整一下。

注意：

倒角和退刀槽：倒角值和退刀槽深略大于牙高即可；G92 指令加工螺纹可以不需要退刀槽。

虽然 G96 恒线速度控制有效指令对螺纹加工是有效的，但在转速改变的情况下，会产生乱牙，请不要使用！

突然停电、系统复位、急停或驱动报警时，螺纹切削立即停止，螺纹及刀具可能损坏。

【例 3-22】 如图 3-70 所示，要加工的工件名称为球头螺杆，材质为 40Cr 钢，毛坯尺寸为 φ40mm×100mm，未注倒角 C0.5mm。刀具偏置值里刀尖方位号为 3，刀尖圆弧半径值输入实际值，以切断刀靠近卡盘一侧的刀尖点为刀位点。

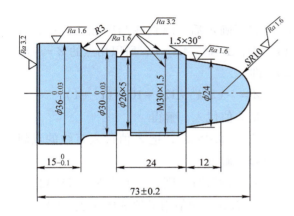

图 3-70　球头螺杆

1. 工件结构与精度分析

（1）结构分析　在数控车削加工中，该轴类工件轮廓的结构形状不复杂，工件的尺寸精度要求较高。

（2）精度分析　在数控车削加工中，工件重要的径向加工部位有 SR10mm、φ26mm、φ30$_{-0.03}^{0}$mm、φ36$_{-0.03}^{0}$mm。工件重要的轴向加工部位有 SR10mm、φ30mm、φ36mm、φ26mm、R3mm，外圆的轴向长度 φ15$_{-0.1}^{0}$mm、24mm、12mm 和工件总长度（73±0.2）mm。

由上述尺寸可以确定工件的轴向尺寸应该以工件右端为基准。

2. 加工步骤

1）找正并夹紧工件，使工件伸出卡爪 80mm 或略长。

2）粗车外圆及球、圆弧留有精车余量为 0.5mm。

3）精车外圆 φ30mm、φ36mm、半球 SR10mm、圆弧 R3mm 及 M30 螺纹大径至图样要求，并保证各个长度尺寸、表面粗糙度值。

4）切 φ26mm×5mm 的槽，保证槽宽及槽深。

5）车 M30×1.5 螺纹，用螺纹环规检测精度。

6）切断保证工件总长略大于 73mm。

7）调头装夹，夹持（包裹铜皮）外圆 φ30mm 部分，找正并夹紧。

8）齐端面保证总长（73±0.2）mm，并倒角 C0.5mm，保证表面粗糙度值。

9）检件合格后卸件。

3. 节点计算

如图 3-71 所示，计算各节点的坐标。

1. X0 Z0 2. ? 3. X24 Z-22 4. X27 Z-22
5. X29.8 Z-24.6 6. X29.8 Z-41 7. X26Z-41
8. X26 Z-46 9. X30 Z-46 10. X30 Z-55
11. X36 Z-58 12. X36 Z-72.5 13. X35 Z-73

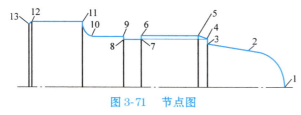

图 3-71 节点图

这里的难点是求出经过点（12.0，-22.0）的直线与圆 $X^2+(Z+10)^2=10^2$ 的切点"2"在 $+X$、Z 轴上的坐标值，设该直线的斜率为 k。根据直线的点斜式方程、圆的方程，二者联立求解

$$\begin{cases} X^2+(Z+10)^2=10^2 \\ X-12=k(Z+22) \end{cases}$$

解得 $(k^2+1)Z^2+(44k^2+24k+20)Z+(484k^2+528k+144)=0$ （1）

因直线与圆相切，所以 $\Delta=b^2-4ac=0$，即

$(44k^2+24k+20)^2-4\times(k^2+1)\times(484k^2+528k+144)=0$

化简得：$11k^2+72k+11=0$

因切点在 $+X$ 轴，解得 $k=(5\sqrt{47}-36)/11$

（注：若切点在 $-X$ 轴，则 $k=(-5\sqrt{47}-36)/11$）

斜率确定后，因直线与圆相切，在方程（1）中，$\Delta=b^2-4ac=0$，所以切点的 $Z=-b/2a$，即

$Z=-(22k^2+12k+10)/(k^2+1)$

把 k 值代入，解得

$Z=-8.45362$，把 Z 值代入直线的点斜式方程，解得

$X=9.87971$，则直径值为 X19.75942。

4. 刀具及切削用量的选择（表 3-8）

表 3-8 刀具及切削用量的选择

刀具号	刀具规格	加工内容	转速/(r/min)	进给量/(mm/r)
T01	90°外圆车刀	粗车轮廓	1000	0.25
T02	90°外圆车刀	精车轮廓	1600	0.12
T03	4mm 切断刀	切槽切断	400	0.08
T04	螺纹刀	车螺纹	800	1.5

5. 加工程序

```
O0024;
G99;                         使用转进给指令
G97 T0101 M03 S1000;         使用1号刀具1号偏置值，主轴正转1000r/min
G00 X80. Z80. M08;           到达离工件一定距离的点，开切削液
```

X44. Z0;	
G01 X – 2. F0. 2;	平端面，超过中心线1mm，避免凸点
N6 G00 X40. Z1. ;	到达G71指令的定位点，开始G71指令循环
G71 U2. 5 R0. 5 F0. 25;	给定G71指令循环的背吃刀量，退刀量，进给量
G71 P10 Q20 U0. 5 W0. 2;	给定循环开始、终止的程序段号，加工余量
N10 G00 X0;	N ns 程序段用G00指令以提高效率
G01 Z0 F0. 12 S1600;	给定G70指令循环的进给量、转速
G03 X19. 759 Z – 8. 454 R10. ;	切削R10mm逆圆弧
G01 X24. Z – 22. ;	切削锥度
X26. 8;	
X29. 8 A150. ;	倒角，150°为倒角起始点指向终止点的连线，与平面第一轴Z轴正方向的夹角
Z – 46. ;	
X29. 985;	编程编到 $\phi 30_{-0.03}^{0}$ mm公差带的中间值
Z – 55. ;	
G02 X35. 985 Z – 58. R3. ;	编程编到 $\phi 36_{-0.03}^{0}$ mm公差带的中间值
G01 Z – 78. ;	给4mm切槽刀留出切削的位置
N20 U2. ;	
G00 X100. Z200. M09;	退刀到一个安全的换刀点，关切削液
T0202 M03 S1000;	换精车刀，给一个转速就行，在到达定位点后执行G70指令时，转速会自动提高到 N ns ~ N nf 程序段中设定的转速，如果N ns ~ N nf 程序段中未指定精车转速，应在这里指定
M08;	
G00 G42 X40. Z1. ;	定位到G71指令原来的定位点
G70 P10 Q20;	G70指令精车循环
N28 G00 G40 X50. Z200. M09;	退刀，取消刀尖圆弧半径补偿
T0303 M03 S450;	切槽转速不能过高，通常为300~500r/min
M08;	
N30 G00 X32. Z2. ;	两轴联动到接近工件的位置，提高效率
N32 Z – 45. ;	再快速移动Z轴，到槽的位置上方

G01 X26.2 F0.08;	X方向留一点余量,以精车槽底
G00 X31.;	
W-2.;	
G01 X29. W1. F0.08;	倒角C0.5mm,去除毛刺
X26. F0.08;	切到槽底,至X26
W1.;	精车槽底
X32. F0.15;	退刀到槽外
M09;	
G00 X100. Z150.;	退刀到安全点
T0404 M03 S800;	换螺纹刀,建议在每次交换刀具后编上M03
M08;	
N40 G00 X32. Z2.;	
Z-18.;	定位到螺纹切削起点
G92 X29.1 Z-43. F1.5;	螺纹切削循环,背吃刀量0.35mm
X28.6;	背吃刀量0.25mm
X28.2;	背吃刀量0.2mm
X28.05;	车到螺纹牙底,背吃刀量0.075mm
G00 X50. Z150. M09;	退刀到安全点
T0303 M3 S400;	再次换上切断刀
M08;	
N50 G00 X42. Z2.;	先定位到工件外
Z-77.3;	然后移动Z轴,效率较高且安全
G01 X5. F0.08;	留一点量,用手掰断,避免切断时损坏刀尖
G00 X45. M09;	先退X轴,关闭切削液
M05;	主轴停止
Z100.;	再退Z轴
M00;	程序准确停止,掉头包裹铜皮找正并夹紧工件
T0105 M03 S800;	换1号刀,调用另外一个补偿番号
G00 X60. Z50. M08;	调整好切削液喷嘴
X38. Z-1.5;	定位到倒角点的延长线上

背吃刀量在递减(X28.6, X28.2, X28.05)

```
G01 X35. Z0 F0.1;         延长线倒角 C0.5mm
X -2. F0.15;              平端面
G00 Z2. M09;              刀具刚脱离工件，就可以关闭切削液
M05;                      然后主轴停止
X160. Z240.;              退刀到安全点
M30;                      程序结束并复位
```

例题中编写的是左右两端共用一个程序，批量加工时分开编写，加工效率更高。

注意看粗体倾斜的 *N30*、*N40*、*N50* 程序段，以前有个学生把 *N30* 和 N32 两个程序段合二为一，变成了"N30 G00 Z-45.;"，我问他："你这样编对吗?"他不光不承认错误，还理直气壮地说："你看，在"N28 G00 G40 X50. Z200. M09;"这段程序中，刀具 T0101 已经移动到"X50."了，后面的外切槽刀 T0202 在换刀之后的位置也必然是"X50."，大于工件直径，那么外切槽刀直接快速定位到槽的上方就行了，所以我才没有移动 X 轴，而是直接编的移动 Z 轴。"

我们来分析一下，看看他的说法为什么不对？他混淆了概念，想当然地认为对于 T0101 来说的"X50."，对于 T0202 来说也是"X50."。事实上，两把刀 X 方向的刀位点的位置不可能安装的一致，如果外切槽刀装的比外圆精车刀偏向于 X 轴的负方向了，则可能会导致碰撞！所以当外圆精车刀加工过之后，换上外切槽刀后，X 轴应先定位到略大于已经加工过的直径尺寸的位置，Z 轴联动定位到工件右端面略偏外的坐标值上，这样，即使外切槽刀交换后在 手动 方式下移动了位置，也能保证安全地加工！

在这里我们重申一个理念，安全才是最重要的！只有在保证安全的情况下才能去考虑提高效率。编程不光要考虑到自动方式运行时的安全，还要考虑到手动操作后对安全的影响，并尽可能地减少操作失误和指令遗漏。所以在每次刀具交换之后加上"M03 S__;"也是必要的，并非画蛇添足。

上面这个例子是粗精车用两把车刀时的编程方法，如果刀架上已装满其他刀具，只能用一把刀具来进行外圆粗精车，可以这么编程：

```
……
N6 G00 X40. Z1.;
G71 U2.5 R1.;
G71 P10 Q20 U0.5 W0.2 F0.25;
N10 G00 X0;
……
```

```
N20 G00 X40.;
G00 X200. Z200. M09;           退刀到安全点,以方便测量工件尺寸
M05;
M00;                           待主轴停止后测量工件尺寸,把差值填入1号偏置值里,按
                               [+输入]软键,别忘了G71粗加工给精加工留的余量
T0101 M03 S800;                重新读取修改之后的新的偏置值
G00 X40. Z1. M08;              定位到原G71的定位点,否则轨迹会出错
G70 P10 Q20;
……
```

这里有两个关键的地方:其一,要了解机床系统读取刀具偏置值不是一个持续的过程,而是一个瞬间!当操作者更改了刀具偏置值后,机床是读取不到新修改后的偏置值的,所以必须要重新读取;其二,G70指令和G71指令的定位点是同一个点,如果不是,精车轨迹就会偏移。

当然,利用粗车加工后的尺寸来预估并调整精车时的尺寸,是不对的。比如,我们在程序中设定的留给外圆的精加工余量是直径量0.5mm,加工后测量发现余量为0.6mm,但精车后,加工的尺寸有可能正好落在公差范围内,且可能性较大。如果此时因为粗车刀加工的尺寸大了0.1mm,而把精车刀的刀具偏置值调小了0.1mm,加工后的工件报废的可能性很大!这是因为两种切削条件下所用的切削三要素是不同的,具体调整多少要依靠经验来判断并调整。

如果在加工第一个工件后测量后,发现尺寸正常,那么还要删除N20和G70之间的程序吗?或者在N20和G70之间的每段程序前加上跳段符号"/"吗?是可以加,如果需要跳跃的程序段太多了,加起来那就太麻烦了。最简单的方法就是使用"GOTO n"语句。

```
……
/GOTO 26;
G00 X200. Z200. M09;
M05;
M00;
T0101 M03 S800;
G00 X40. Z1. M08;
N26 G70 P10 Q20;
……
```

对程序的修改只是加了一段程序,"/GOTO 26;",精车程序段前加了所指定的程序段号,"N26 G70 P10 Q20;",在GOTO语句

的前面加了跳段符号的好处是显而易见的：我们只需通过面板上的一个按键或开关就可以控制程序，当"skip"跳段指示灯亮的时候，此行程序段被跳跃不执行，程序会向下顺序执行；当灯灭的时候，中间的程序段被跳跃。但需要注意，<u>当机床断电复电之后，跳段指示灯的初始状态是灭的</u>，以避免加工失误！

跳段和其他指令合用，有时可以起到事半功倍的效果：有一批工件，总数为100件，其中有50件要求在距孔口10mm处切槽，另50件没有这道内槽，其余尺寸完全一样。这样的两个工件编一个程序就可以了。

```
O0025；
…………；
…………；
/M30；
…………；
…………；
M30；
```

两段 M30 之间的程序段就是来加工内槽的。当"skip"跳段指示灯亮时，加工的工件有内槽；当灯灭的时候，加工的工件无槽。当然，也可以用"/GOTO <u>n</u>"语句来实现。

加工完了上面的螺杆，下面这个工件就好编程了。

【例3-23】 如图3-72所示，毛坯为$\phi 55$mm×103mm，45钢，未注倒角$C1.5$mm。

图样分析：先加工左端，越过$\phi 50$mm尺寸，调头装夹时有利于接刀。

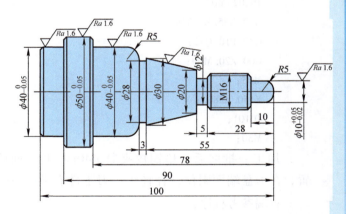

图3-72　G71指令加工实例

左端参考程序：

```
O0020;
G99;
T0101 M03 S800 G97;              外圆粗车右偏刀
G00 X100. Z80. M08;
X60. Z0;
G01 X-2. F0.2;                    平端面
G00 X55. Z1.;
G71 U2.5 R0.5;
G71 P10 Q12 U0.8 W0.1 F0.3;
N10 G00 X35.;                     延长线45°倒角，X轴变化量为Z轴的±2倍
G01 X39.98 Z-1.5 F0.15 S1200;
Z-10.;
X49.98 K-1.5;
N12 Z-24.;                        轴向超越φ50mm尺寸2mm
G00 X150. Z100. M09;
T0202 M03;                        外圆精车右偏刀
G00 X55. Z1. M08;
G70 P10 Q12;
G00 Z20. M09;
M05;
X150. Z280.;
T0101;
M30;
```

加工一批之后，垫铜皮夹紧 φ40mm 位置，在卡盘端面限位，轻轻车一刀工件右端面后，依此时测量的轴向长度确定外圆刀的另一个偏置值。

右端参考程序：

```
O0022;
G99;
T0113 M03 S800 G97;              外圆粗车右偏刀，调用另一个偏置番号
G00 X100. Z80. M08;
```

X60. Z1. ;
G01　X－2. F0. 2；
G00　X60. Z2. ；
Z0；
G01　X－2. F0. 2；　　　　　　　　平端面
G00　X55. Z1. ；
G71　U2. 5　R0. 5；
G71　P14　Q16　U0. 8　W0. 1　F0. 25；
N14　G00　X0；
G01　Z0　F0. 15　S1200；
G03　X10. 03　Z－5. R5. ；
G01　Z－10. ；
X15. 8　K－1. 5；
Z－33. ；
X20. ；
X30. Z－55. ；
W－3. ；
X39. 98　R－5. ；
Z－78. ；
N16　X52. K－2. 5；
G00　X150. Z100. M09；
T0214　M03；　　　　　　　　外圆精车右偏刀，调用另一个偏置号
G00　X55. Z1. M08；
G70　P14　Q16；
G00　X150. Z100. M09；
T0303　M03　S400；　　　　　　外切槽刀，刃宽3mm，刀尖左侧为刀位点
G00　X42. Z2. M08；
Z－58. ；
G01　X32. F0. 5；
X28. F0. 08；
G00　X32. ；

```
Z-33.;
X22.;
G01 X12.2 F0.08;
G00 X22.;
X17.8 W4.;
G01 X13.8 W-2. F0.08;         倒角C1mm
X12.;
Z-32.95;
G00 X80. W1. M09;
Z150.;
T0404 M03 S700;
G00 X20. Z4. M08;
Z-6.;
G92 X14.9 Z-30. F2.0;
X14.1;
X13.6;
X13.4;
G00 Z20. M09;
M05;
X150. Z280.;
T0113;
M30;
```

3.8.5 螺纹切削多重循环指令 G76

指令格式：
G00 X(U) $\underline{\alpha}$ Z(W) $\underline{\beta}$；
G76 P$\underline{(m)(r)(\alpha)}$ Q$\underline{(\Delta d_{min})}$ R$\underline{(d)}$；
G76 X(U) __ Z(W) __ R$\underline{(i)}$ P$\underline{(k)}$ Q$\underline{(\Delta d)}$ F__；
其中：螺纹切削循环 G76 前面的定位点 X(U) $\underline{\alpha}$ Z(W) $\underline{\beta}$，X 方向的定位点要比外螺纹的最大外径略大，或比内螺纹的最小孔径略小；Z 方向的定位点要考虑到升速进刀段 δ_1。

X：螺纹终点的 X 轴绝对坐标值，单位为 mm。

U：X 轴方向上，螺纹终点相对加工起点绝对坐标的差值，单位为 mm。

Z：螺纹终点的 Z 轴绝对坐标值，单位为 mm。

W：Z 轴方向上，螺纹终点相对加工起点绝对坐标的差值，单位为 mm。

P$(m)(r)(\alpha)$：

m：螺纹精加工重复次数（1~99），模态。该值可用 5142 号参数设定，由程序指令改变。

r：螺纹倒角量，即螺纹退尾宽度，模态。单位 $0.1 \times P_h$，其范围是 $0 \sim 9.9P_h$，以 $0.1P_h$ 为一档，可以用 00~99 两位数值指定，一般取 05~20。该值可用 5130 号参数设定，由程序指令改变。

α：刀尖的角度（螺纹牙型角）。单位为（°），可以选择 80°、60°、55°、30°、29° 及 0° 中的一种，由两位数指定。实际螺纹的角度由刀具角度决定，因此 α 应与刀具角度相同。该值模态，可用参数 5143 号设定，用程序指令改变。

Q(Δd_{min})：最小切入量。单位为 μm，无符号，半径值，其范围是 00~99999。当一次切入量 $(\sqrt{n} - \sqrt{n-1}) \times \Delta d$ 比 Δd_{min} 还小时，则用 Δd_{min} 作为一次切入量。设置 Δd_{min} 是为了避免由于螺纹粗车切削量递减造成粗车切削量过小、粗车次数过多。该值可用 5140 号参数设定，由程序指令改变。

R(d)：精加工余量。单位为 μm，半径值，其范围是 0~99.999。该值可用 5141 号参数设定，由程序指令改变。

R(i)：螺纹加工刀具起点与螺纹终点的之差，即锥度。单位为 mm，半径值指定，其范围是 $-9999999 \sim 9999999$。当 $i = 0$ 或缺省输入时，将进行直螺纹切削。

P(k)：螺纹牙高（X 轴方向的距离用半径值指令），单位为 μm，无符号。其范围 1~9999999，若缺省输入，系统将报警。

Q(Δd)：第一次背吃刀量，单位为 μm，半径值，无符号。其范围是 1~9999999。若缺省输入，系统将报警。

F：螺纹导程 P_h，单位为 mm，其范围是 0.001~500。

G76 指令根据地址参数所给的数据：终点坐标、牙型角、锥度值、导程、牙高、第一次背吃刀量、最小背吃刀量等信息自动计算每次切削点的坐标，控制刀具进行多次螺纹切削循环直至到达编程尺寸。G76 指令可加工带螺纹退尾的直螺纹和锥螺纹，可实现单侧切削刃螺纹切削，背吃刀量逐渐减少，有利于保护刀具、提高螺纹精度。G76 指令不能加工端面螺纹。G76 指令运行轨迹如图 3-73 所示。刀具切入方式的详细情况如图 3-74 所示。

循环过程：（图 3-73）

① 从起点快速移动到 B_1，螺纹背吃刀量为 Δd。如果 $\alpha = 0$，仅移动 X 轴；如果 $\alpha \neq 0$，

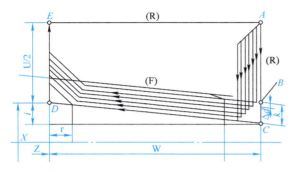

图 3-73 G76 指令运行轨迹

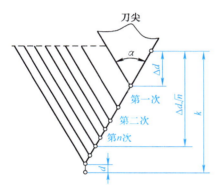

图 3-74 刀具切入方式

X 轴和 Z 轴同时移动,移动方向与 $A \rightarrow D$ 的方向相同。

② 沿平行于 $C \rightarrow D$ 的方向螺纹切削到与 $D \rightarrow E$ 相交处($r \neq 0$ 时有退尾过程)。

③ X 轴快速移动到 E 点。

④ Z 轴快速移动到 A 点,单次粗车循环完成。

⑤ 再次快速移动进刀到 B_n(n 为粗车次数),背吃刀量取($\sqrt{n} \times \Delta d$)、($\sqrt{n-1} \times \Delta d +$ $\Delta d_{\min}$)中的较大值,如果背吃刀量小于($k-d$),转②执行;如果背吃刀量大于或等于($k-d$),按背吃刀量($k-d$)进刀到 B_f 点,转⑥执行最后一次螺纹粗车。

⑥ 沿平行于 $C \rightarrow D$ 的方向螺纹切削到与 $D \rightarrow E$ 相交处($r \neq 0$ 时有退尾过程)。

⑦ X 轴快速移动到 E 点。

⑧ Z 轴快速移动到 A 点,螺纹粗车循环完成,开始螺纹精车。

⑨ 快速移动到 B_e 点(螺纹背吃刀量为 k、进给量为 d)后,进行螺纹精车,最后返回 A 点,完成一次螺纹精车循环。

⑩ 如果精车循环次数小于 m,转⑨进行下一次精车循环,螺纹背吃刀量仍为 k,进给量为 0;如果精车循环次数等于 m,G76 复合螺纹加工循环结束。

注意:

① 系统执行含有 X(U)、Z(W)指令字的 G76 指令才进行复合螺纹加工循环,仅有"G76 P$(m)(r)(\alpha)$ Q$(\underline{\Delta d_{\min}})$ R$(\underline{d})$;"程序段不能完成复合螺纹加工循环。

② 循环加工中,刀具为单侧刃加工,刀尖的负载可以减轻。另外,第一次背吃刀量为 Δd,第 n 次为 $\Delta d \sqrt{n}$,每次切削量是一定的。

③ 在 G76 指令执行过程中,可使自动运行停止并手动移动,但要再次执行 G76 循

环时，必须返回到手动移动前的位置。如果不返回就再次执行，后面的运行轨迹将错位。

④ m、r、α 同用地址 P 一次指定，如：P010260 等效于 P10260；P000260 等效于 P260；当 m = 0 时，系统自动将精加工次数（参数 No.057）设为 1 次，如果 P 输入负值，也按正值处理，如 P - 010260 等效于 P010260。

⑤ 系统复位、急停或驱动报警时，螺纹切削立即停止，螺纹及刀具可能损坏。

【例 3-24】 加工如图 3-75 所示工件，用 G76 指令编写程序。

O0084；

G97 M03 S700 T0303；

G00 X65. Z105. M08；　　　　　定位

G76 P011060 Q300 R100；

G76 X59.402 Z30. R -7.5 P1299 Q600 F2.0；

G00 Z200. M09；

M30；

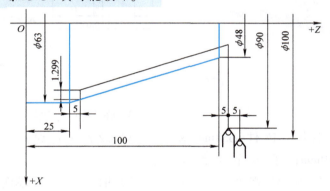

图 3-75　G76 指令切削螺纹实例

G76 指令和 G92 指令的区别：

G92 指令：直进刀方式加工螺纹，中径误差较大，但牙型精度较高，一般多用于小螺距高精度螺纹的加工，$P_h \leq 3mm$ 时使用。

G76 指令：斜进刀方式加工螺纹，牙型精度较差，但工艺性比较合理，此方法一般用于大螺距低精度螺纹的加工，$P_h > 3mm$ 时使用。

3.9 车孔综合实例

【例 3-25】 如图 3-76 所示的内孔件，分析并编写其加工程序。

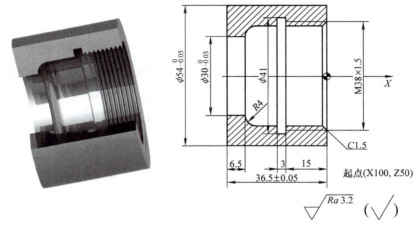

图 3-76 内孔件练习

1. 零件图样

材料：黄铜；毛坯：铸件 φ58mm × 630mm；内孔：φ30mm；单边余量约为 2mm，螺纹为米制圆柱螺纹，螺距为 1.5mm。

2. 刀具及装夹方式：

采用液压卡盘，后置 8 刀位转塔刀架数控车床加工。1 号刀：外圆刀；2 号刀：内孔刀；3 号刀：内切槽刀（切削刃宽为槽宽 3mm）；4 号刀：内螺纹刀；5 号刀：外切断刀，切削刃宽 3mm，采用自定心卡盘工件，每次伸出卡盘长 45mm。

3. 确定加工路线

1）设置工件原点，定在工件右端面中心。

2）取 1 号刀，车端面，粗精车外圆，退回换刀点。

3）取 2 号刀，粗精车内轮廓，退回换刀点。

4）取 3 号刀，切内槽，退回换刀点。

5）取 4 号刀，车内螺纹，退回换刀点。

6）取 5 号刀，切断工件，保证总长。

4. 程序编写

O0030;	
G99;	选择每转进给
N1;	每把刀具交换之前有个单独的程序段号，醒目且容易查找
T0101;	只是读到外圆右偏刀的刀偏，因为工件接触了刀具
G00 X64. Z2.;	刀具脱离工件，为下一步做准备
G97 M03 S800;	主轴此时正转
G00 Z0 M08;	定位到切削点
G04 X0.5;	延时0.5s，保证下一步切削时主轴转速达到稳定
G01 X22. F0.15;	平端面
G00 X54.8 Z1.;	切削外圆，给精加工留0.8mm的余量
G01 Z−41. F0.25;	切削，长度比（工件长度+切断刀刃宽）略长一点
G00 X56. Z1.;	回退
X49.98;	定位到延长线倒角的起点
G01 X53.98 Z−1. F0.1;	倒角，以较小的进给量，编到公差带的中间值
Z−40. F0.2;	切削外圆
G00 X80. Z120. M09;	退刀
N2;	
M03 S500 T0202;	内孔转速适当降低
G00 X26. Z1. M08;	定位到内孔粗精加工的起点
G71 U1.5 R0.5 F0.2;	给定背吃刀量1.5mm，退刀量0.5mm
G71 P10 Q20 U−1. W0.1;	给定起始终止的程序段号，两轴余量及方向
N10 G00 X41.42;	定位到延长线倒角的起点
G01 X36.42 Z−1.5 F0.12;	倒角，38mm−1.5mm×1.05=36.42mm，黄铜材料取系数1.05
Z−26.;	
G03 X29.99 Z−30. R4.;	编到孔公差带的中间值
N20 G01 Z−40.;	
G70 P10 Q20;	用一把刀进行粗精加工
G00 X60. Z150. M09;	退刀到安全点
N3;	
M03 S400 T0303;	换上内切槽刀，较低转速

```
G00 X34. Z2. M08;              首先定位到孔口
Z-18.;                         然后到槽的上方
G01 X41. F0.1;                 切槽，进给较小
G04 X0.2;                      暂停0.2s，主轴转了1.2圈
X34. F0.5;                     以较大的进给退出
G00 Z150. M09;                 直接只退Z轴到安全点
N4;
T0404 S500 M03;                换上内螺纹刀
G00 X34. Z4. M08;              螺纹切削定位点
G92 X37.1 Z-16.5 F1.5;         螺纹切削循环，第1刀背吃刀量0.35mm
X37.6;                         第2刀背吃刀量0.25mm
X37.9;                         第3刀背吃刀量0.15mm
X38.;                          第4刀背吃刀量0.05mm。内螺纹，可以车4刀
G00 X100. Z150. M09;           退刀到安全点
N5;
T0505 M03 S400;                换上外切断刀
G00 X56. Z1. M08;              经过工件外的中间点
Z-39.5;                        再到达槽的位置，确保安全
G01 X50. F0.1;                 先直着切一刀
G00 X56.;                      退刀
Z-37.5;                        到达倒角位置
G01 X52. Z-39.5 F0.08;         倒角
X28. F0.1;                     切断，工件有可能掉入排屑器链板上
G00 X56. M09;                  沿X轴退刀，关闭切削液，避免开防护门时甩水
M05;                           刀具刚脱离工件就停主轴
X80. Z120.;                    退刀途中主轴停止转动，就可以踩下脚踏开关卸件
T0101;                         换上程序中的第一把刀具
N50 G00 X55. Z0.5;             定位到比毛坯直径略小，零点外0.5mm的位置
M30;                           程序结束，松卡盘缓慢拖动工件至刀片处
```

如果考虑工件在夹紧时的位移，避免损坏刀片，而不用刀片限位，可以不编写

"N50　G00　X55.　Z 0.5;"程序段，可以用钢直尺或截断的卷尺段测量工件右端面伸出卡盘的长度，使每次伸出的长度一致，都为45mm。同时对程序开头略做修改即可。

这个程序很好地诠释了在使用液压卡盘、后置转塔刀架的数控车床上，用长棒料加工成短工件的编程技巧，首尾呼应，效率很高（注意：内孔刀的副偏角在装刀时不要调得太小，否则当孔较深时，在孔深处快到尽头时容易出现振纹；同时，内孔刀刀尖高度可以比主轴旋转中心略高，一般高 0.1 ~ 0.3mm 即可）。

比如有一棒料为 $\phi45mm \times 1000mm$，材料为 45 钢，需要加工成外圆 $\phi44mm$、内孔 $\phi20mm$、厚 15mm 的工件，需要用到钻头、外圆刀、内孔刀及切断刀。为了提高效率，采用尾座固定的方式，钻一次孔刚好够 3 个工件的长度，钻削后退回套筒拔掉钻头加工即可。但钻削两次加工 6 个工件后，发现钻头钻偏，内孔刀无法把钻削痕迹加工掉，导致工件报废，只能把钻削的一段车掉，重新钻削。经分析，主要原因如下：

1）端面不平整，有凸点、凹点或斜面，导致钻削时受力不均，钻头被引偏。

2）每次装夹后，工件有跳动。

3）钻头太长，刚性差；钻头直径相对精加工孔径的比例较大，建议选择 $\phi18mm$ 左右的钻头；钻头的两条切削刃长度、角度不对称，横刃过长。

4）校验尾座轴线是否和主轴轴线同轴。

效率和安全应兼顾

很多时候，加工同样一个工件，即使程序中的切削三要素完全相同，快速移动速度相同，各定位点也相同，但有时一点微小的差别也会影响到加工效率。我们看看下面两种结尾的不同：

①
```
……
G00 X__ Z__;          加工完成后，退刀到安全点
M09;
M05;
M30;
```

```
      ……
    ┌ G00 X__ Z__ M05;        刀具刚脱离工件就停主轴
    │ M09;                     随后关闭切削液
  ② │ G00 X__ Z__;             退刀到安全点
    │ T__;                     换上程序中的第一把刀，如T0101或T0100
    └ M30;
```

采用第二种结尾对程序效率的影响是显而易见的，尤其是在采用液压卡盘、后置转塔刀架的数控车床上：因为从输出 M05 指令到主轴完全停止需要一定的时间，在这段时间里已开始退刀，退刀完成或未完成时主轴已经停止，就可以踩下脚踏开关卸下工件了，当完成换刀时，有可能下一个工件已经装夹好了；因为把换刀和拆卸、装夹工件的时间合在一起了。但安全始终是第一位的，请小心操作！请确保换刀点的安全！

3.10 细长轴的车削

细长轴是指加工工件长度与直径的比值大于 25（即 $L/D > 25$）的轴类工件，例如车床上的丝杠、光杠等，由于细长轴的刚性很差，车削加工时在切削力、重力、离心力、切削热、振动和顶尖顶紧力的共同影响和作用下，细长轴很容易弯曲甚至失稳，极易产生变形，出现直线度、圆柱度等加工误差；由于走完一刀耗时较长，刀具的磨损量较大，也致使工件的几何公差和表面质量等难以达到图样上的技术要求，使切削加工变得困难。提高细长轴的加工精度，就要控制工件的受力和热变形问题。L/D 值越大，车削加工就越困难。

解决办法：

（1）机床调整　机床主轴中心线和尾座中心线同轴，并与 Z 轴平行，且与车床大导轨面平行，允差应小于 0.02mm。

（2）选择合适的装夹方法

1）采用双顶尖装夹，工件定位准确，容易保证同轴度。但用该方法装夹细长轴，其刚性较差，细长轴弯曲变形较大，而且还容易产生振动。因此只适宜于长径比不大、加工余量较小、同轴度要求较高及多台阶轴类零件的加工。

2）一夹一顶的装夹法　采用一夹一顶的装夹方式。在该装夹方式中，如果顶尖顶得太紧，除了可能将细长轴顶弯外，还能阻碍车削时细长轴的受热伸长，导致细长轴受到轴向挤压而产生弯曲变形。另外卡爪夹紧面与顶尖孔可能不同轴，装夹后会产生过定位，也能导致细长轴产生弯曲变形。因此采用一夹一顶装夹方式时，顶尖应采用弹性活顶尖，使细长轴受热后可以自由伸长，减少其受热弯曲变形；同时可在卡爪与细长轴之间垫入一个开口钢丝圈，使钢圈嵌入卡爪的凹槽内，以减少卡爪与细长轴的轴向接触长度，消除安装时的过定位，减少弯曲变形。工件中心孔内可加入润滑脂，以利于润滑，避免长时间加工时，顶尖产生过多热量。

(3) 双刀切削法 采用双刀车削细长轴需改装车床中滑板，增加后刀架，采用前后两把车刀同时进行车削。两把车刀，径向相对，前车刀正装，后车刀反装。两把车刀车削时产生的背向力相互抵消。工件受力变形和振动小，加工精度高，适用于批量生产。

(4) 采用跟刀架和中心架 采用一夹一顶的装夹方式车削细长轴，为了减少背向力对细长轴弯曲变形的影响，传统上采用跟刀架和中心架，相当于在细长轴上增加了一个支承，增加了细长轴的刚度，可有效地减少背向力对细长轴的影响。跟刀架为车床的通用备件，它用来在刀具切削点附近支承工件并与刀架溜板一起做纵向移动。跟刀架与工件接触处的支承块一般用耐磨的球墨铸铁或青铜制成，支承爪的圆弧应在粗车后与外圆研配，以免擦伤工件，采用跟刀架能抵消加工时背向分力和工件自重的影响，从而减少切削振动和工件变形，但必须注意仔细调整，使跟刀架的中心与机床顶尖中心保持一致。支承爪上要加点润滑油。

(5) 采用反向切削法车削细长轴 反向切削法是指在细长轴车削过程中，车刀由主轴卡盘开始向尾座方向进给。这样在加工过程中产生的进给力（轴向力）使细长轴受拉，消除了进给力引起的弯曲变形。同时，采用弹性的尾座顶尖，可以有效地补偿刀具至尾座一段的工件的受压变形和热伸长量，避免工件的压弯变形。

(6) 选择合理的刀具角度 为了减小车削细长轴产生的弯曲变形，要求车削时产生的切削力越小越好，而在刀具的几何角度中，前角、主偏角和刃倾角对切削力的影响最大。细长轴车刀必须保证如下要求：切削力小，减小背向力，切削温度低，切削刃锋利，排屑流畅，刀具寿命长。从切削钢材时，可以得知：当前角 γ_o 增加 10°，背向力 F_p（径向力 F_y）可以减少 30%；主偏角 κ_r 增大 10°，背向力 F_p 可以减少 10% 以上；刃倾角 λ_s 取负值时，背向力 F_p 也有所减少。

1) 前角（γ_o） 其大小直接着影响切削力、切削温度和切削功率。增大前角，可以使被切削金属层的塑性变形程度减小,切削力明显减小。增大前角还可以降低切削力,所以在细长轴车削中,在保证车刀有足够强度前提下,尽量使刀具的前角增大,前角一般取 $\gamma_o = 15° \sim 30°$,车刀的前面应磨有断屑槽,槽宽 $B = 3.5 \sim 4mm$,配磨 $b_{\gamma 1} = 0.1 \sim 0.15mm$,$\gamma_{o1} = -25°$ 的负倒棱,使背向分力减少,出屑流畅,卷屑性好,切削温度低,因此能减轻和防止细长轴弯曲变形和振动。

2) 主偏角(κ_r)。车刀主偏角 κ_r 是影响背向力的主要因素,其大小影响着3个切削分力的大小和比例关系。随着主偏角的增大,背向力明显减小,在不影响刀具强度的情况下应尽量增大主偏角,一般选择 $75° \sim 90°$。主偏角 $\kappa_r = 90°$(装刀时装成 $85° \sim 88°$),配磨副偏角 $\kappa_r' = 8° \sim 10°$,刀尖圆弧半径 $\gamma_\varepsilon = 0.15 \sim 0.3mm$,有利于减少背向力。

3) 刃倾角(λ_s)。刃倾角影响着车削过程中切屑的流向、刀尖强度及3个切削分力的比例关系。随着刃倾角的增大,背向力明显减小,但进给力和背向力却有所增大。刃倾角在 $-10° \sim +10°$ 范围内,3个切削分力的比例关系比较合理。在车削细长轴时,常采用正刃倾角 $+3° \sim +10°$,能够减小背向力和振动,还可以使切屑流向待加工表面。

4) 副后角 α_r' 控制在 $4° \sim 6°$ 之间,起防振作用。

另外,刀具安装可以略高于车床主轴中心。

(7) 合理地控制切削用量 切削用量选择的是否合理,对切削过程中产生的切削力的大小、切削热的多少的影响是不同的。因此对车削细长轴时引起的变形也是不同的。粗车和半粗车细长轴切削用量的选择原则是:尽可能减少背向分力,减少切削热。车削细长轴时,一般在长径比值大及材料韧性大时,选用较小的切削用量,即多走刀、背吃刀量小,以减少振动,增加刚性。

1) 背吃刀量(a_p)。在工艺系统刚性确定的前提下,随着背吃刀量的增大,车削时产生的切削力、切削热随之增大,引起细长轴的受力、受热变形也增大。因此在车削细长轴时,应尽量减少背吃刀量。

2) 进给量(f)。进给量增大会使切削厚度增加,切削力增大。但切削力不是按正比增大,因此细长轴的受力变形系数有所下降。如果从提高切削效率的角度来看,增大进给量比增大背吃刀量有利。

3) 切削速度(v_c)。提高切削速度有利于降低切削力。这是因为,随着切削速度的增大,切削温度提高,刀具与工件之间的摩擦力减小,细长轴的受力变形减小。但切削速度过高容易使细长轴在离心力作用下出现弯曲,破坏切削过程的平稳性,所以切削速度应控制在一定范围。对长径比值较大的工件,切削速度要适当降低。

用硬质合金车刀粗车时，可以按表3-9选择切削用量。

表3-9 选择切削用量

工件直径/mm	20	25	30	35	40
工件长度/mm	1000~2000	1000~2500	1000~3000	1000~3500	1000~4000
进给量/(mm/r)	0.3~0.5	0.35~0.4	0.4~0.45	0.3~0.4	0.3~0.4
背吃刀量/mm	1.5~3	1.5~3	2~3	2~3	2.5~3
切削速度/(m/min)	40~80	40~80	50~100	50~100	50~100

精车时，用硬质合金车刀车削 $\phi 20 \sim \phi 40\text{mm}$，长 1000~1500mm 细长轴时，可选用 $f_r = 0.15 \sim 0.25\text{mm/r}$，$a_p = 0.2 \sim 0.5\text{mm}$，$v_c = 50 \sim 80\text{m/min}$。

（8）车削细长轴容易产生的缺陷及处理方法　在车削细长轴加工过程中，由于工件刚性差，在切削力和切削热的作用下，很容易产生如径向圆跳动、弯曲变形等问题及振动波纹、锥度、竹节形、腰鼓形及大小头等加工缺陷，严重影响工件的加工精度及表面质量。因此，在加工前，对机床的调整、跟刀架、中心架的合理应用及刀具及切削用量的选择等都提出了较严格的要求，以消除加工缺陷的产生。

1）径向圆跳动。径向圆跳动的产生主要是机床主轴间隙过大造成，需要对机床主轴进行调整。

2）弯曲变形。当细长轴工件已经热处理过且加工余量足够，装夹方法也合理，而在车削过程中产生弯曲变形的主要原因是由于切削力过大导致，而在切削过程中产生的切削热会引起工件受热变形伸长，导致细长轴受到轴向挤压而产生弯曲变形。

消除方法：

① 采用弹性活动顶尖，使细长轴受热后可以自由伸长，减少其受热弯曲变形。

② 采用双刀切削法抵消车削时产生的背向力。

③ 采用跟刀架或中心架作为辅助支承，以增强细长轴的刚性，能够有效减少径向切削力对细长轴的影响。

④ 采用反向切削法车削，消除因进给力引起的弯曲变形，同时采用弹性活动顶尖，补偿工件的受压变形和热伸长量，避免工件压弯变形。

⑤ 选择合理的刀具角度，精车时尽量减少背吃刀量，适当增大进给量，选择合适的切削速度。

3）振动波纹。振动波纹是在切削过程中，工件有规律地振动，其原因主要是跟刀架爪的圆弧面与工件圆弧面接触不良，或跟刀架爪的压力过大或过小。其次是顶尖轴承松动或圆柱度超差，在开始吃刀时就产生振动及椭圆。

消除方法：

① 加工前应将跟刀架爪的圆弧面研磨，在走刀过程中要随时检查上爪的压力变化情况，及时调整。如已产生振动，可以重新轻走一刀，去掉波纹，再进行加工，也可以将机床转速降低一些，将有波纹的这一段车去，再重新走刀。

② 当发现是顶尖问题造成的振动时，应及时更换精度高的活动顶尖。

4）锥度。细长轴加工时产生锥度的主要原因是尾座顶尖与主轴中心不同轴、车床导轨与主轴中心线不平行、刀具在车削过程中磨损及工件刚性不够，出现让刀。

消除方法：

① 在车削前，校正尾座顶尖与车床主轴的同轴度。

校正尾座顶尖轴心线偏差的方法

a. 如果是旧尾座，长期使用中的磨损会使尾座前后同时降低，可以在尾座下方缝隙的前后左右加薄垫片同时垫高。

b. 装夹好工件后，在切削三要素一致的情况下，以较小的背吃刀量车一段较长长度的外圆后测量。如果尾座方向一头的直径大于卡盘方向一头的直径，则操作者面向卡盘站在尾座后方时，先松开尾座的锁紧把手，松开尾座左侧的顶紧螺钉，旋紧尾座右侧的顶紧螺钉，使尾座向左侧移动。把磁性表座吸附在导轨面上或拖板上，指示表触头垂直指向尾座套筒轴线水平线的侧素线上，调整量为 Δ =（车削的外圆两端锥度的半径差×指示表触头位置到靠近卡盘的车削位置的长度/车削的这段外圆长度）。如果尾座方向一头的直径小于卡盘方向一头的直径，调整方法相反。打表看数时必须在尾座、套筒受力一致的情况下进行，建议和正常加工一致的情况下观察指示表的读数变化，即在尾座锁紧、顶尖顶紧及套筒锁紧的情况下，对指示表压缩一定的量并清零，当松开尾座锁紧把手时读数必然有所变化，在该读数的基础上调整 Δ，锁紧尾座后要记得重新顶一下工件，轻轻顶一下就行，不需要很大的力，观察指示表读数是否与零线相差 Δ，如果不是，再微调一下。调整的方向要记住，面对卡盘，尾大向左。

也可以采用垫纸条或塑料条的方法。如在车削后发现尾座一头比卡盘一头大了 φ0.10～φ0.12mm，根据上述公式计算出需要偏移的量，比如为 0.07～0.09mm，则选用厚薄相当、宽窄约 30mm×120mm 的纸条，则操作者面向卡盘站在尾座后方时，把纸条贴在尾座套筒轴线水平线右侧内壁的侧素线上，然后与顶尖锥柄装配。如果尾座方向一头的直径小于卡盘方向一头的直径，调整方法相反。

注意： 每次安装顶尖时，都要注意配合的莫氏锥套内外表面是否无污物附着，尾座的锁紧力、顶尖把手每次顶紧的力度及套筒把手每次锁紧的力度要尽量一致，顶尖每次都从相同方位装入套筒内。

② 调整车床主轴与床身导轨的平行度。

③ 选择合适的刀具材质和合理的刀具几何角度。

④ 合理使用辅助支承，增加工件的装夹刚性。

5）竹节形。竹节形的产生原因，一是由于车床 X 轴和 Z 轴丝杠间隙过大造成，当车刀从跟刀架支承基准处接刀开始切削时，产生让刀，使车出的一段直径增大，继续走刀车削，当跟刀架爪接触到工件直径大的一段时，使工件的旋转中心压向车刀一边，车出来的工件直径减小。继续走刀，使工件有规律地离开和靠近车刀，形成竹节形。二是由于跟刀架外侧支承爪调整过紧造成，开始车削时，由于靠近尾座顶尖，工件刚性较大，不易变形。随着车刀向前移动，工件刚性逐渐下降，跟刀架爪支撑力将工件压向车刀，车出工件直径减小。当跟刀架爪走到减小的直径这一段时，工件向外压向支承爪，结果是车出的工件直径增大。如此循环，也会形成竹节形。

消除方法：

① 调整机床 X 轴和 Z 轴丝杠间隙，或修改反向间隙补偿值。

② 首次接刀时，在接刀基面多背吃刀量 0.05~0.1mm，以消除走刀时的让刀现象。

③ 适当调整跟刀架爪与工件接触处的压力，使爪面既与工件接触实，又松紧适当。

④ 选择适当的切削用量，减少工件变形的抵抗力。

⑤ 注意顶尖和顶尖孔的精度，使顶尖对工件的支持力松紧适当。

6）腰鼓形。腰鼓形的产生主要是因为工件表面和跟刀架爪接触不良或接触面积过小或爪与工件的接触面磨损过快，工件表面与跟刀架爪之间的间隙越来越大造成的。刚开始吃刀时，跟刀架爪还没有磨损，在工件靠近尾座被顶尖支持住，刚性较大，不易变形。车了一段时间之后，跟刀架爪逐渐磨损，与工件间形成间隙，工件被车刀的背向力压向跟刀架爪，使背吃刀量逐渐变小，导致车出的直径尺寸逐渐变大。切削过程中跟刀架爪磨损不断增大，使工件直径也在逐渐变大。当车过工件的中间位置向卡盘接近的过程中，工件的刚性又逐渐变大,在车削过程中背吃刀量不断增大,所以车出的工件直径尺寸也逐渐变小,直到车到接近卡盘,刚性又恢复到刚吃刀时的状态,致使工件被车成"腰鼓形"。

消除方法:

① 调整工件与跟刀架爪的接触压力,使其松紧适当。

② 选择耐磨性较好的材料制作跟刀架卡爪。

③ 选择合适的切削用量,减小吃刀抵抗力,以减小工件变形。

④ 车削时采用较高的切削速度,小的背吃刀量和进给量,改善切削系统,增加工艺系统刚性。

另外,顶尖顶紧的力度、套筒的锁紧力度、顶尖一头产生的热量、中心孔钻得是否歪斜等,都会影响到最终尺寸。总之,多多摸索,才能更好地完成细长轴的切削。

3.11 子程序及其用法

(1) 子程序的定义　在编制程序中,有时会遇到一组程序段在一个程序中多次出现,或者在多个程序中都要使用到。这个典型的加工程序可以编成固定形式的程序,并单独命名,这组单独命名的程序段就被称为子程序。

(2) 使用子程序的目的和作用　使用子程序可以减少不必要的编程重复,从而达到简化编程、节省内存的目的。在主程序中可以调用子程序,一个子程序也可以调用下一级的子程序,子程序执行完毕返回主程序,继续执行后面的程序段。子程序的编写与一般程序基本相同,只是程序结束用 M99 来执行,它表示子程序结束并返回到主程序中。其作用相当于一个固定循环。

(3) 子程序的调用与返回　在主程序中,调用子程序的指令是一个程序段,一般单独程序段编写,其格式随具体的数控系统而定。

在 FANUC 0i – TC 面板中,子程序的调用格式为:

M98 P□□□□○○○○;

在 FANUC 0i – TD 面板中,子程序的调用格式为:

M98 P□□□□○○○○;

或 M98 P○○○○ L□□□□□□□□;

其中,□□□□,为子程序重复调用的次数,在 FANUC 0i – TC 面板中,最多可以重复调用 9999 次;在 FANUC 0i – TD 面板中,前一种格式可以重复调用 9999 次,后一种格式可以调用 99999999 次，如果省略，则表示调用 1 次。当调用次数未输入时，子程序名的前导 0 可省略；当输入调用次数时，子程序名必须为 4 位数；○○○○，指定调用的子程序名。

例如，M98 P1234 表示调用程序名为 O1234 的子程序 1 次；M98 P151234 表示调用程序名为 O1234 的子程序 15 次；M98 P100007 表示调用程序名 O0007 的子程序 10 次；M98 P12 表示调用程序名为 O0012 的子程序 1 次；M98 P4567 L6，表示调用程序名为 O4567 的子程序 6 次；M98 P7 L3，表示调用程序名为 O0007 的子程序 3 次。

M99 通常用在子程序末尾，它表示子程序结束，并返回主程序。除此之外，它还有另外的用法。

1) M99 用在主程序末尾或 MDI 方式中的程序的末尾，表示无限循环，执行了 M99 之后光标返回程序开头。可以这样使用："/M99;"或"G04 X __; /M99;"，用跳段来控制 M99 是否执行。有些工人用 "G04 X __; /M99;" 编程来结束主程序，他装卸工件的时间比较短，编写的暂停时间相对较长，当暂停没有结束时已经换上了新的工件，但不建议这么编程，以免出现危险。还有，主程序末尾使用 M99 时，和使用 M30 结尾不同，不给工件计数器计数。

2) 特殊用法。如果用 P 指定一个顺序号，当子程序结束时，子程序不是返回到调用该子程序的那个程序段后的一个程序段，而是返回到有 P 指定其顺序号的那个程序段。但是，要注意如果主程序不是在存储器方式工作，则 P 被忽略。用这种方法比起正常返回到子程序方法要耗费长得多的时间。

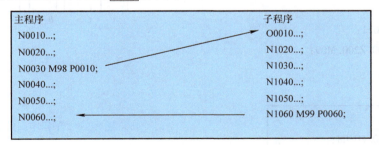

M98、M99 也可以编在含有移动的指令后面。此时，M98、M99 在产生移动后执行，即为后作用 M 功能，例如：

  G00 X100. M98 P1234;

  G00 X100. M99;

（4）子程序的嵌套　为了进一步简化编程，可以让子程序调用另一个子程序，称为子程序的嵌套。上一级子程序与下一级子程序的关系，与主程序和第一层子程序的关系相同。子程序的嵌套层数由具体的数控系统决定。FANUC 0i – TC 系统中，可以支持 4 层嵌套，0i – TD 系统中，可以支持 10 层嵌套。用一次调出指令，可以连续重复调出子程序，最多可以重复 9999 次。下图就是子程序嵌套及执行顺序。

主程序、子程序嵌套子程序：

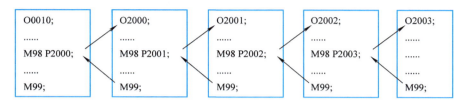

【例 3-26】 如图 3-77 所示，该工件除了可以用 G75 指令加工外，还可以使用子程序加工，以切槽刀左侧刀尖点为刀位点。

程序如下：

O0030；
G99；
T0101 M03 S450；
G00 X42. Z4. M08；
Z – 13. ；
G98 P30031；
G00 X100. Z200. M09；
M05；
M30；

O0031；
G01 X30. F0.08；
G00 X42. ；
W – 13. ；   增量指定
M99；

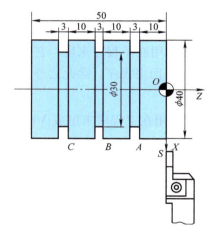

图 3-77　子程序调用实例

这个程序很简单，这样就编好了。但是，如果在最左侧槽的 Z 方向左侧小于 13mm 的地方的外圆直径不是 φ40mm，而是更大的一个值，则刀具就会在加工完第三个槽后产生轴向移动从而发生碰撞，刀具损坏。修改起来也很简单：

O0030;
G99;
T0101 M03 S450;
G00 X42. Z4. M08;
Z0;
G98 P30031;
G00 X100. Z200. M09;
M05;
M30;

```
O0031;
G00 W-13.;    增量指定
G01 X30. F0.08;
G00 X42.;
M99;
```

注意：在调用子程序前要把切槽刀定位点的 Z 轴坐标移动到第一个槽向外一个槽间距的位置上，子程序的第一个动作就是 Z 轴的移动，移动距离为一个槽间距，这样在子程序的结束就是 X 轴的退刀动作，Z 轴就不会产生移动了。如果槽很深，较宽，还可以用子程序嵌套。

3.12 刀尖半径补偿指令（G41、G42）的用法

3.12.1 刀尖半径补偿的概念

编制数控车床加工程序时，将车刀刀尖看作一个点。但在实际切削加工中，为了提高刀尖强度，延长刀具寿命，降低表面质量，对于焊接车刀，根据工件材料、粗精加工，通常是把车刀刀尖磨成半径不大的圆弧过渡刃，刀尖圆弧半径值 r_ε（R）一般为 0.2~0.5mm 之间；对于机夹可转位刀片，圆弧半径值已标准化，为 0.2mm、0.4mm、0.5mm 及 0.8mm。

数控机床总是按"假想刀尖"点来对刀，使刀尖位置与程序中的起刀点重合。在图 3-78 中，在位置 A 的刀尖实际上并不存在。但把实际的刀尖圆弧半径中心设在起始位置要比把假想刀尖设在起始位置困难得多，因而需要假想刀尖。当使用假想刀尖时，编程中不需要考虑刀尖圆弧

半径。

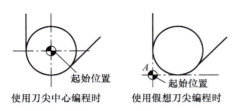

图 3-78　刀尖半径中心和假想刀尖

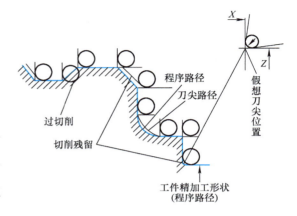

图 3-79　由刀尖圆弧产生的过切和欠切现象

如图 3-79 所示,以刀尖方位号 T=3 为例,编程时以假想刀尖点来编程,数控系统控制假想刀尖点的运动轨迹。在切削内孔、外圆及端面时,刀尖圆弧不影响其尺寸、形状;但在切削锥面、圆弧时,实际参与切削的切削刃是圆弧上的各个切点,则会造成过切或欠切现象,这势必会产生加工表面的形状误差,为了补偿由于刀尖圆弧半径引起的工件的形状误差,引入了刀尖半径补偿功能。

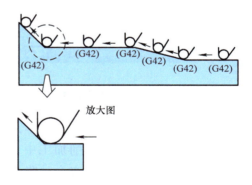

图 3-80　加入刀尖半径补偿后的切削

综上所述,在加工含有锥面和圆弧等不平行/垂直于 X、Z 轴的工件时,由于刀尖的圆弧半径的存在,只用偏置很难对精密零件进行所必需的补偿。刀尖半径补偿功能自动补偿这种误差,如图 3-80 所示。

3.12.2 刀尖半径补偿指令 G41、G42

指令格式：

$$(G18)\begin{cases}G00\\G01\end{cases}\begin{cases}G41\\G42\end{cases} X\_\_ Z\_\_ (F\_\_);$$

G41、G42 指令均为模态指令。

在前置刀架的数控车床上，很多人容易混淆对左右补偿的判断。为了更深刻地理解这两个指令的含义，下面举个例子来说明一下。

> 小李和小张面对面站着，小李面北背南，小张面南背北，小王自西向东从他们两个人中间走了过去，分别问他俩，小王是朝哪边走的？小李说，向右边走的；小张说，向左边走的。但是对于他们两个人来说，小王都是朝东走的。其实，这里的"左边"

和"右边"类似于从上而下或从下而上看过去时，来判断刀具在工件的哪一侧一样；这里的"东"类似于我们所用的指令。判断左边或右边会因我们观察的角度不同而相反，但所用的指令都是相同的——即在小李和小张看来，小王都是朝东走的，这一点是不变的，可以对比着 G02 和 G03 指令来理解 G41 和 G42 指令。

按照 ISO 国际标准组织规定：依右手直角坐标系，从垂直于刀具补偿平面的第三轴的正方向向负方向看，假设工件是静止的，沿着刀具的运动方向看，刀具在工件的左侧，叫左补偿，用 G41 指令；刀具在工件的右侧，叫右补偿，用 G42 指令。

所以，<u>在判断左右补偿之前，请先依右手直角坐标系确认观察的方向</u>！其方法如图3-81所示。

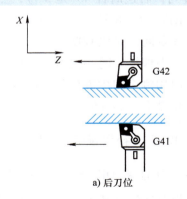
a) 后刀位

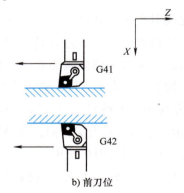
b) 前刀位

图 3-81　刀尖半径左补偿和右补偿

3.12.3 刀尖半径补偿的过程

刀尖半径补偿的过程分为三步。第一步：刀补的建立，刀尖中心从与编程轨迹重合过渡到与编程轨迹偏离一个偏置量的过程；第二步，刀补进行，执行有 G41、G42 指令的程序段后，刀具中心始终与编程轨迹相距一个偏移量；第三步，刀补的取消，刀具离开工件，刀具中心轨迹要过渡到与编程轨迹重合的过程。图 3-82 所示为刀补的建立与取消过程。

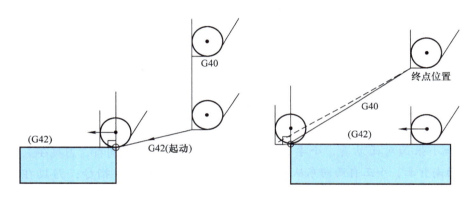

图 3-82 刀尖半径补偿建立与取消的过程

3.12.4 假想刀尖位置方向

要想完成刀尖半径补偿，除了要知道补偿的左右、补偿值，还要知道刀具在切削时所处的位置，即从刀尖圆弧圆心观察的假想刀尖方位。按假想刀尖的方位，确定补偿量。假想刀尖方位有 10 种位置可以选择，如图 3-83 所示。箭头表示刀尖方向，如果按刀尖圆弧中心编程，则选用 0 或 9。

仔细对比之后，你会发现，这两幅图中的刀尖方位号是镜像的，或者说是对称的，对称轴就是导轨。后置刀架的 1 号刀尖方位号在第三象限，然后 2～4 号逆时针相差 90°依次排列，后逆时针 45°是 5 号，然后逆时针 90°依次是 6～8 号方位，0 和 9 在圆心上。

毫无疑问，对比 G02、G03 指令和 G41、G42 指令去理解，同一把刀具，后置刀架刀尖在下时用哪个刀尖方位号，前置刀架刀尖在上也用哪个刀尖方位号。

3.12.5 补偿量的确定

按下功能键 OFS/SET，按［形状］软键，出现刀具补正界面，如图 3-84 所示。对应每一个偏置番号，都有一组偏置量 X、Z、

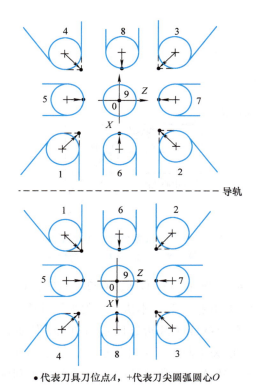

● 代表刀具刀位点 A，+ 代表刀尖圆弧圆心 O

图 3-83　假想刀尖的位置方向

刀尖圆弧半径补偿量 R 和刀尖方位号 T，对 R 和 T 输入数值即可。通常，外圆右偏刀 T = 3，内孔刀 T = 2。图中"G"是 geometry（形状）的缩写、"W"是 wear（磨损）的缩写。

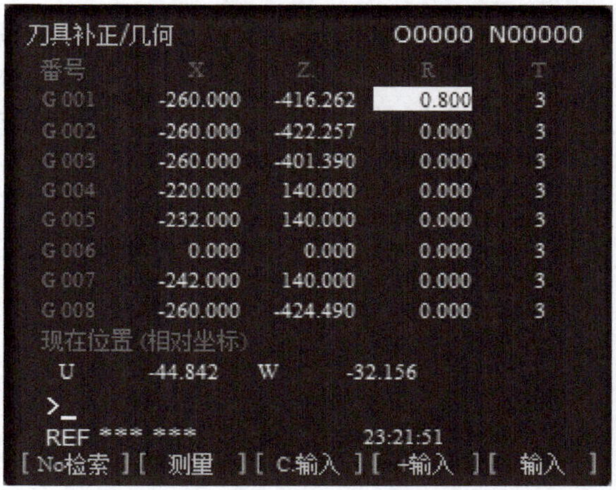

3.12.6　使用刀尖半径补偿指令的注意事项

1）初始状态时，数控系统处于刀尖半

图 3-84　刀尖半径补偿输入界面

径补偿取消状态，在执行 G41 或 G42 指令后，机床开始建立刀尖半径补偿偏置方式。在补偿开始时，数控系统预读两个程序段，执行第一个程序段时，第二个程序段进入刀尖半径补偿缓冲存储器中。在单程序段运行时，读入两个程序段，执行第一个程序段终点后机床停止。在连续执行时，预先读入两个程序段，因此在数控系统中有正在执行的程序段和其后的两个程序段。

2）在使用 G41、G42 指令有效的情况下，两个或多个没有运动指令的程序段连续编程时的刀具运动情况：

① M05；　　　　　　　　　M代码输出
② S600；　　　　　　　　 S代码输出
③ G04 X2.5；　　　　　　 暂停
④ G01 U0；或 G01 W0；　　移动距离为0
⑤ G99；　　　　　　　　　只有G代码
⑥ G10 P1 X6. Z8. R0.6 Q0.5；　用程序修改偏置位置

如果连续指定了上面程序段中的两个或多个，刀尖中心到达前面的程序段的终点处垂直于前一个程序段程序编写轨迹的位置。然而，如果无运动指令是上面的④，只允许一个程序段，如图3-85所示。

（G42方式）
N6 W100.；
N7 S700；
N8 M03；
N9 U-100. W100.；

3）G40、G41、G42指令只能在G00、G01指令下建立或取消刀尖半径补偿，不能在G02、G03指令下建立或取消，否则会产生PS34报警信息。

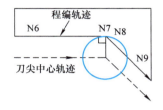

图3-85　两个或多个没有运动指令的程序段连续编程时的刀具运动情况

4）当执行G71、G72、G73、G74、G75、G76指令时，不执行刀尖半径补偿。

5）G90和G94指令下的刀尖半径补偿如下：

① 关于假想刀尖号的运动。对于循环中的每个轨迹，通常刀尖中心轨迹平行于程编轨迹，如图3-86所示。

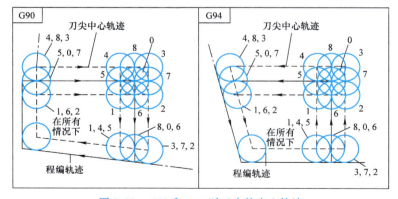

图3-86　G90和G94时刀尖的中心轨迹

② 偏置的方向。偏置方向表示如图 3-87 所示，而与 G41/G42 指令无关，都按假想刀尖方位 0 号进行切削。

6）螺纹切削不用刀尖半径补偿。

7）倒角时的刀尖半径补偿，补偿后的轨迹如图 3-88 所示。

8）倒圆时的刀尖半径补偿，补偿后的轨迹如图 3-89 所示。

9）不要在 G41 方式下再次指定 G41，如果规定了，补偿不正确；同样，不要在 G42 方式下再次指定 G42。在 G41 或 G42 方式，那些没有指令 G41 或 G42 的程序段仍然处于 G41 或 G42 方式。

10）刀尖圆弧半径 R 值一般为正值，如果指定了负值，运动轨迹会出错，相当于 G41 和 G42 置换了。

11）在 G28 指令之前，和程序结束之前，必须指定 G40 取消偏置模式。如果结束在偏置方式时，刀具不能定位在终点，而是停在离终点始终一个矢量长度的位置。

12）在主程序和子程序中使用刀尖半径补偿。在调用子程序前取消刀尖半径补偿，应该在子程序中建立并取消刀尖半径补偿。

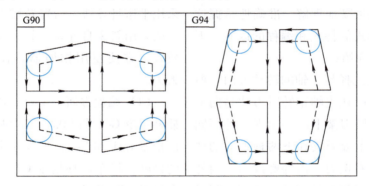

图 3-87　G90 和 G94 时刀尖的偏置方向

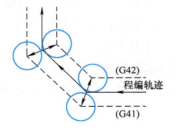

图 3-88　倒角时的补偿轨迹

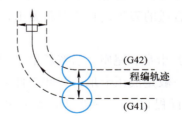

图 3-89　倒圆时的补偿轨迹

13）按 RESET 复位键或执行了 M30 后，机床将会进入刀尖半径取消模式。

14）在 MDI 录入方式下，不能建立刀尖半径补偿，也不能取消。

3.13 前置刀架与后置刀架的区别

我们知道数控车床的刀架有两种安置方式，即前置刀架与后置刀架，刀架位于主轴与操作人员之间的属于前置刀架，主轴位于刀架和操作人员之间的属于后置刀架。由于各类技术院校使用的教材版本不同、各类工厂使用的数控车床型号不同，一部分学生和工人在学习、实践及操作过程中很容易出现混淆，往往不能透彻地理解、准确地掌握这两种刀架布置形式的特点和编程的区别。下面是一些分析和介绍：

（1）刀具的选择与主轴的转动方向　前置刀架的数控车床在主轴正转时刀片是向上的，但在后置转塔刀架上时会出现两种不同情况：即刀尖在上或刀尖在下两种不同的情况，这会影响左右偏刀、内外螺纹刀、内外切槽刀及端面槽刀等刀具的选择使用，同时也要注意刀尖是在左侧还是右侧，避免碰撞，请选择合适的刀具，并依刀具做出正确的主轴旋向。

（2）卡盘和尾座　后置转塔刀架的数控车卡盘一般是液压卡爪，装卸工件方便，但卡爪的行程很小，一般只有 5~10mm。因此，如果两个或多个工件夹持处的直径变化太大，就要经常拆装卡爪螺栓，这一点给单件生产带来不便。另外，后置刀架的尾座不像普通车床的尾座，没有手摇进给，不能用来钻孔，只能作为顶尖用，钻孔需要将钻头装在刀架上。

（3）车床导轨　前置刀架数控车床一般采用平床身导轨。后置转塔刀架的数控车床一般采用斜床身导轨，斜床身比平床身刚性较好，方便使用排屑器，容易排屑，节省人力。

（4）编程方面　主要"影响"顺逆圆弧插补指令 G02 和 G03、刀尖圆弧半径左右补偿指令 G41 和 G42，另外还影响刀尖方位号的判断，粗车循环指令 G71~G73 中精加工余量 U、W 的符号判断。说是"影响"，其实并不影响，请做出正确的判断！

综上所述，前置刀架和后置刀架各有优缺。后置刀架的数控车床由于装夹工件方便，排屑容易等优势，主要用于工件的批量加工，虽然价格较高，但在工厂企业里应用越来越普遍。

3.14 麻花钻的刃磨方法

经常听到有人说，"我自己磨的钻头不好用，钻十几个孔就钻不动了，还得再磨，耽误时间。师傅磨的好用，能用一个班。他磨钻头的时候，我就在旁边跟着看，他在砂轮上蹭几下就磨好了，我也看会了，可是一到我手上就走样了，唉，我太难了"。无独有偶，这也是很多初学者的心声，他们学会了编程、学会了磨车刀，但是磨不好钻头。看别人磨和自己实际动手操作完全是两回事。

刃磨高速钢材料的钻头，一般选用白色的氧化铝（Al_2O_3）砂轮。刃磨方法如下：

1）先看砂轮是否平整。如果不平整，刃磨出来的切削刃就不直，需用金刚石笔修平。

两脚分开，扎好马步，砂轮在身体的前偏左/右侧，戴好护目镜，不要戴手套。旁边放一点水，以备冷却。一般用左手小指支撑在砂轮防护罩上，左手食指、拇指在前，右手食指、中指及拇指在后，灵活控制好钻头。

2）看当前钻头的顶角是否合理。钻头出厂时的顶角为 118°±2°。钻削硬材料，顶角可以取 130° 左右，后角较小；钻削软材料，顶角可以取 90° 左右，后角较大。

3）初始磨削位置的三个水平。

① 尽量位于砂轮旋转中心的水平线上。

② 钻头尾部和头部保持水平，或尾部略低于头部，但绝不能高于头部。理想的情况是，砂轮旋转中心、磨削位置和钻头尾部这三者在刚开始磨削时成一条直线，或钻头尾部略低于前两者连线的延长线。

③ 切削刃是水平的，但这一点较难判断。一是因为切削刃很短，不像整个钻头那样能较容易地判断是头部高，还是尾部高；二是从斜上方观察，不容易判断。这个需要多摸索多锻炼。

有人问，③是先磨切削刃还是先磨切削刃的后面？建议是先磨切削刃：一是水平容易控制，二是便于散热，不容易烧刀。

4）偏摆钻头的半顶角。刃磨时，可以想象把砂轮上的磨削点沿其切线的方向延展开，就像是竖在面前的一个垂直于水平面的表面 α。在砂轮旋转中心的水平面内偏摆钻头，使钻头轴线和 α 表面在左侧所成的线面角为半个顶角。

5）起动砂轮，使钻头靠近砂轮，保证切削刃和砂轮的距离在 0.5mm 左右，在这个距离内，能很容易地看出切削刃和砂轮表面是否平行。如果当前顶角不合适，可偏摆调整一下。

6）刃磨。把两侧切削刃按加工要求先大致快速修磨一下，之后再精修。粗磨和精磨都要按照以下三点进行：

① 降低钻头尾部。从切削刃向后刃磨，砂轮上磨削点不变，钻头头部自然上翘，钻头尾部相对于初始位置也要适当降低。

② 手指搓动钻头，使其绕其轴线旋转。转动角度一定不要过大，转动过大会磨削到另一侧的切削刃。

③ 钻头尾部向左侧偏摆，所成角度在变小；磨到最后时，所成角度在水平面内的投影小于半顶角5°～8°。

上述三点要同步匀速进行，整个后面才会自然过渡，浑然一体。身体、手臂、手指等协调好，控制好各个角度，才能刃磨出顶角、后角、螺旋角和横刃斜角都理想的钻头。

刃磨切削刃时，要仔细看火花。如果切削刃上没有出现火花，说明没有磨到切削刃上。只有切削刃上出现了火花，切削刃才被磨削到。精磨时，切削刃和砂轮表面平行且距离0.5mm以内，平行向前推动，整个切削刃要同时出现火花，表示整个切削刃被同时磨削到。注意：是整个切削刃要同时出现火花。然后不要停留，随即向后刃磨。在钻头的刃磨过程中，任何一处磨削位置和砂轮的接触时间和接触深度都应该是一致的。如果切削刃和砂轮的接触时间长了，在钻削时切削刃就不会先接触工件，导致钻头钻不下去，很快发热烧坏。

横刃（由两个螺旋面相交时自然形成）斜角55°，横刃要求直：从头部向尾部看，是直的；从侧面看，也是直的，且垂直于轴线。

7）面向明亮处观察后旋转180°再观察，交替多次比对两个切削刃是否对称。如不对称，再修磨。

8）直径较大的钻头，横刃较长，钻削时的阻力也较大，可以在砂轮左/右侧从下向上沿钻头螺旋槽内侧轻轻修磨一下横刃，使横刃变短。

9）手心向上微握，钻头轴线垂直于手心，在手心沿顺时针方向轻轻转动一下钻头，试一下切削刃是否锋利，要有划手的感觉才可以。

3.15 修爪器的使用方法

1）先把卡盘压强调到0.7～1.0MPa，修改机床系统内/外卡盘的相关参数为内夹。这时，卡盘上的基爪会缩紧，不要夹持工件，并让刀具远离基爪。

在FANUC 0i–TD操作系统上更改内/外卡盘的步骤如下：在任意方式下，无需打开参数开关，按下 SYSTEM 软键→按屏幕右下方的右扩展键"▷"多次→PMCMNT→按右扩展键"▷"→K 参数→翻页至 K0019.7，按左右按键找到第 7 位，键入"0"或"1"→按下 INPUT 键，即可修改。

2）使用修爪器车削内夹式软爪前，应先将液压卡盘张开至最大，吹干净卡盘基爪上的齿槽和软爪上的齿槽，软爪和基爪上的编号要一一对应。根据工件被夹持处的直径尺寸调整软爪在卡盘基爪座上的位置：①要求软爪同心；②要求软爪中间的过孔方便刀具加工；③要求被加工处的直径和工件所需夹持处的直径接近，也可以在 MDI 方式下换刀并执行刀具偏置之后，在 手轮 方式下移动到合适的位置来观察屏幕上 X 轴的绝对坐标值（该刀具必须在此前已准确对刀）。调整好软爪在卡盘基爪座上的位置后，可以用内六角扳手先以较小的转矩拧紧 6 个螺栓，以 500~600r/min 左右的低速旋转一下，观察是否同心，如果同心，然后将软爪紧紧固定好。注意：T 形块尽量不超出卡盘的边缘很多，T 形块的圆形一头朝向卡盘圆心方向；可以用活扳手钳住软爪或锁住 C 轴（如果有这个功能）后，再用内六角扳手拧紧螺栓。

3）修爪器上有三个爪钉，先把其中的两个爪钉套入软爪上的螺栓孔内，然后向合适的方向旋转修爪器，使第三个爪钉也套入软爪上的螺栓孔内。注意：3 个爪钉的位置正确才能保证修爪器和卡盘同心。

4）向卡爪螺栓孔方向用力按住爪钉，反复开合卡爪，双手旋转调节修爪器，使卡爪处在一个合适的位置上，踩下脚踏开关，夹紧修爪器（作用是去除间隙）。注意：修爪时，夹持力的方向需和工件夹持的方向一致。

5）主轴转速 600~900r/min，选择合适柄径、型号、伸出长度（修爪器轴向长度 + 内孔长度）以及适宜的内孔刀加工软爪的夹持面至所需要的尺寸，使工件能放入且间隙不宜太大，注意倒角、避刀等细节。如果需要以端面定位，还要用内孔刀轻轻车一刀卡爪端面，端面上的内孔倒角要略大一些，以免夹紧后工件贴不到软爪端面上。加工出来内孔的夹持面的尺寸一定要合适，使工件要刚能放入且间隙不宜太大；如果工件不能放入，就松开了修爪器，再次夹紧时就会在工件表面留下夹痕；如果间隙太大，圆弧的吻合度不好，夹紧时不是圆弧面接触而是线接触，强力切削时工件有可能夹不住。

6）松开卡爪，移开修爪器。

7）按以上步骤操作，修正之后的软爪的跳动量控制在 0.005mm 左右。

8）如需反撑工件内孔，则需要在卡爪间夹持一段直径合适的外圆，然后根据形状、尺寸等信息车削卡爪，内孔能套进去且间隙较小就行了。

3.16 长棒料加工成多个小件的技巧

如图3-90所示,毛坯为φ18mm实心长棒料,材料为45钢,未注倒角为C0.3mm。

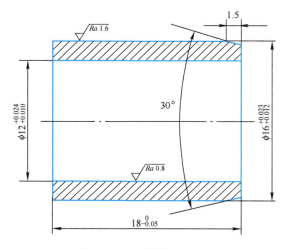

图3-90 长棒料加工实例

主程序如下:

O0020 (1 XU, MAIN, BANG LIAO);	1序,主程序,棒料
G54 G99 G97;	G54坐标系里一般设置为"X0 Z0"
N1 T__;	选择某一把刀具
N2 G0 X__ Z__;	到达特定位置,用来标记工件的伸出长度
N3 M00;	程序准确停止
N4 G00 X__ Z__;	退刀到安全位置
M08;	
M98 P21;	调用子程序 O0021
G55;	G55坐标系里可以设置为"X0 Z -20.7"
M98 P21;	
G56;	G56坐标系里可以设置为"X0 Z -41.4"

M98 P21;

M09;

M05;

G54 G00 X120. Z200. ;　　　　　　最好在程序结束之前再次读取到最初的坐标系，否则仍
　　　　　　　　　　　　　　　　是之前的 G56 模态指令，机床会移动到 G56 坐标系而非
　　　　　　　　　　　　　　　　G54 坐标系下的"X120. Z200."

T0101;

M30;

子程序如下：

O0021 (2 XU, SUB);　　　　　　2 序，子程序

T0101 M03 S900 (W0.8/W0.4, T3);　　WNMG080408/04 刀片，T3 为外圆刀杆

G00 X21. Z0.15;

G01 X-2. F0.18;　　　　　　粗车端面

G00 X15.528 Z0.5;

G01 X16.6 Z-1.5 F0.12;　　　　外圆留 0.6mm 余量；从 "X15.528 Z0.5" 到 "X16.6 Z-
　　　　　　　　　　　　　　　1.5"，符合图样标注的半锥角 15°

Z-20.7 F0.16;　　　　　　粗车外圆

G00 X60. Z120. ;

;

T0202 M3 S1100 (A3 CENTER DRILL);　A3 中心钻，转速一般大于 1000r/min

G00 X0 Z0.5;

G01 Z-4. F0.12;　　　　　　依中心钻磨损情况设定钻削深度，这里的 "Z-4." 仅
　　　　　　　　　　　　　　作为参考

G00 Z120. ;

;

T0404 M3 S750 (D11.2 DRILL);　　直径为 φ11.2mm 钻头，选择螺旋槽长度合适的，不易
　　　　　　　　　　　　　　　摆动

G00 X0 Z0.5;

G74 R0.25 F0.12;

G74 Z-22. Q1300;　　　　　　轴向钻孔循环，这里的深度 "Z-22." 仅作为参考

```
G00 Z80.;
;
T0303 M3 S1000（W0.4，T3）;         WNMG080404 精车刀片，外圆刀杆
G00 X17. Z0;
G01 X10.5 F0.12;                    车端面
G00 X14.81 Z2.;
G42 Z0.75;                          刀尖半径右补偿
G01 X16.015 Z-1.5 F0.12;            从"X14.81 Z0.75"到"X16.015 Z-1.5"，符合图样标
                                    注的半锥角15°
Z-20.6 F0.16;                       精加工切削长度比粗加工时略短0.1mm
G00 G40 U2. W1.;                    退刀，取消刀尖半径补偿
X60. Z100.;
;
T0606 M3 S1000（S08，CCMT060204）;   使用刀柄直径为ϕ8mm、最小加工内径为ϕ10mm的刀杆
G00 X13.8 Z2.;
G41 Z0.6;                           刀尖半径左补偿
G01 X12.02 Z-0.3 F0.1;              孔口倒角C0.3mm，去除毛刺
Z-20.4 F0.16;                       深度"Z-20.4"仅作为参考
G00 G40 U-0.3 W1.;                  退刀，取消刀尖半径补偿
Z100.;
;
T0505 M3 S650（MGMN200/MGGN200）;    MGMN200直刀片或MGGN200斜刀片
G00 X16.3 Z2.;                      定位到工件外
Z-20.3;                             到切断的位置上
G75 R0.25 F0.12;
G75 X10.5 P600;                     径向切槽循环，切断工件
G00 X100. Z100.;
M99;
```

注意：

1) 在子程序里不能编写 G54~G59 坐标系指令，要在主程序中编写。

2) 在子程序里不需要编写 M05、M09 指令，主程序中在调用完最后一个子程序之后再编写。

3) 切削三要素不要选择得太大，否则工件有可能夹不住，会发生转动、位移。可以用锋利的刀片，切削轻快，以减少沿轴向的切削力。卡盘压强可以调得大一些。

4) 工件伸出卡爪右端面的长度为（工件长度+切槽刀宽度+0.5~0.8mm）×数量+3~5mm（与卡爪的安全距离）。伸出长度以加工的第 1 个工件的内外表面不产生振纹为宜。

5) G54 坐标系里一般设置为 X0 Z0，或者说 G54 坐标系里的 X、Z 常为 0，G55 坐标系里可以设置为 X0 Z-（工件长度+切槽刀宽度+0.5~0.8mm），G56 坐标系里可以设置为 X0 Z-（工件长度+切槽刀宽度+0.5~0.8mm）×2，以此类推。按［+输入］键，把因该工件与之前不同工件伸出长短产生的 Z 轴的坐标差记录到 EXT 坐标系（坐标系偏移量）的 Z 坐标值里。

6) 如果是用钢直尺测量工件伸出卡爪右端面的长度，可以不编写 N1~N4 程序段。

如果将某一把刀具移动到特定位置，用来标记工件的伸出长度，则需要编写 N1~N4 程序段，但最好是不用刀片来标记，可以用刀杆上的某处。在执行主程序之前，主轴是停止状态，卡爪是松开状态，工件要在平时的加工位置往卡盘尾端方向缩进。执行了 M00 指令后，拉出工件，踩下脚踏开关，夹紧工件后加工。

不管采用哪种方法做标记，都要记得在卡爪夹紧之前使工件的轴线与主轴的轴线尽量平行。如果倾斜了，夹紧之后的实际位置会向卡盘尾端方向缩进，工件的右端面有可能车不出来。

把多余的毛坯收集起来，按照长度归类成组。伸出长度变小（工件长度+切槽刀宽度+0.5~0.8mm）的整数倍的同时，对应的程序也要从不同的坐标系 G55 或 G56 开始加工，在主程序中可以添加 GOTO 语句跳转。切记在加工完毛坯之后使程序恢复原样。

务必正确使用 G41/G42 指令和刀尖方位号，否则加工后的直径值会变化 4 倍的刀尖圆弧半径值！例如外圆车刀，刀尖方位号为 3，在从尾座向卡盘加工外圆时，应该用 G42 指令，如果使用 G41 指令，则加工出来的外圆会变小 4 倍的刀尖圆弧半径值！

第二道工序，车削左侧端面程序略。

3.17 端面异形槽的加工

如图 3-91 所示,材质为 6061 铝合金。在此,仅编写端面异形槽的程序。

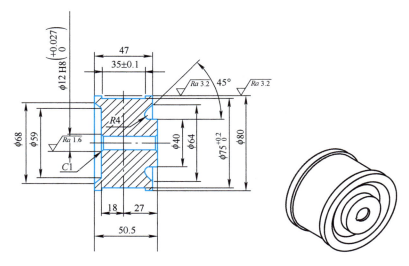

图 3-91 端面异形槽加工实例

1)端面圆弧槽车刀的对刀方法。精车一段外圆,假设测得其直径尺寸为 80.00mm,把 R2mm 的端面圆弧槽车刀对刀在这段外圆上,对应的刀具形状偏置番号里输入"X84.",按 [测量] 键。在工件的 Z0 表面上对刀,对应的刀具形状偏置番号里输入"Z2.",按 [测量] 键。这样对刀,刀尖圆弧的圆心就是刀位点。以下计算过程都是基于对刀尖圆弧中心轨迹的编程。

注意:以下计算过程中的 X 坐标均为半径值,编程中的 X 坐标均为直径值。

2)首先求出图样中 R4mm 的圆心坐标值。把原图中的端面槽放大,如图 3-92 所示。

倾斜角度为图样标注 45°的直线 l_1 经过点 (32, -3.5),根据直线的点斜式方程,得出 l_1 的方程为 $X - 32 = \tan 45°(Z + 3.5)$。与它平行且在圆心方向距离为 4mm 的直线

l_3 的方程为 $X - 32 = \tan 45°(Z + 3.5) - 4/\cos 45°$。

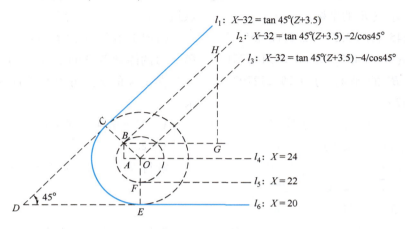

图 3-92 端面槽放大图

直线 l_6 的方程为 $X = 20$。与它平行且在圆心方向距离为 4mm 的直线 l_4 的方程为 $X = 24$。

直线 l_3 和直线 l_4 的交点就是圆心 O。把两条直线的方程联立求解：

$$\begin{cases} X - 32 = \tan 45°(Z + 3.5) - 4/\cos 45° \\ X = 24 \end{cases}$$

解得交点 O 的坐标为 $(24, -5.843145751)$。

3）计算粗加工时刀具轨迹的坐标。经过圆心 O 作 l_1 的垂线，交 l_1、l_2、l_2' 的交点分别为点 C、B、B'；经过圆心 O 作 l_6 的垂线，交 l_6、l_5、l_5' 的交点分别为 E、F、F'。

由于粗精加工间的余量太小，只有 0.2mm，所以图中并未描绘粗加工第 5 刀时的刀尖圆弧中心轨迹，但在上下文中用加了撇号的英文字母以示区别。

使用半径为 R2mm 的圆弧刀，则在精加工时与 l_1 平行且在圆心方向距离为刀尖圆弧半径 2mm 的直线 l_2 的方程为 $X - 32 = \tan 45°(Z + 3.5) - 2/\cos 45°$ → BF 优弧（圆心 O 的方程为 $(X - 24)^2 + (Z + 5.843145751)^2 = (4 - 2)^2$）→ 直线 l_5 的方程为 $X = 22$。

在粗加工时 X 轴半径方向留 0.2mm 余量，则在粗加工时与 l_1 平行且在圆心 O 方向距离为刀尖圆弧半径 2mm + X 轴余量 0.2mm = 2.2mm 的直线 l_2' 的方程为 $X - 32 = \tan 45°(Z + 3.5) - 2.2/\cos 45°$ → $B'F'$ 优弧（圆心 O 的方程为 $(X - 24)^2 + (Z + 5.843145751)^2 = (4 - 2.2)^2$）→ 直线 l_5' 的方程为 $X = 22 + 0.2$。

根据经过点 B' 的两条相互垂直的直线 l_2'

和经过点 O、倾斜角度为（$90°+45°$）的直线方程联立，求点 B' 的坐标。

$$\begin{cases} X-32=\tan45°(Z+3.5)-2.2/\cos45° \\ X-24=\tan(90°+45°)(Z+5.843145751) \end{cases}$$

解得点 B' 的坐标为（25.27279221，-7.115937957）。

还可以用下述方法求解：分别经过点 B'、O 作 X、Z 轴的平行线，交于点 A'。在 Rt$\triangle B'A'O$ 中，$\angle A'B'O=45°$，$\overline{OB}=(4-2-0.2)$ mm = 1.8mm，则 $\overline{AO}=\overline{OB}\cdot\sin45°=1.272792206$mm，$\overline{AB}=\overline{OB}\cdot\cos45°=1.272792206$mm，则 $X'_B=X_O+\overline{AB}=25.27279221$mm；$Z'_B=Z_O-\overline{AO}=-7.115937957$mm。

粗加工第 1 刀时，沿直线 $X=22.2$ 切削，终点 F' 坐标的 Z 值和圆心 O 的 Z 值相同。编程为 X44.4 Z2.5 → X44.4 Z-1. → X44.4 Z-5.843。

粗加工第 2 刀时，沿直线 $X=25$ 切削，和第 1 刀的距离为（25-22.2）mm = 2.8mm，小于刀片宽度 4mm，直线 $X=25$，小于 B' 的 X 坐标值 25.27279221，因此和圆$(X-24)^2+(Z+5.843145751)^2=(4-2.2)^2$ 相交。起点为 $Z=-1$，此时刀片最左端距离工件的被加工表面 0.5mm。圆和直线的方程联立求解：

$$\begin{cases} (X-24)^2+(Z+5.843145751)^2=(4-2.2)^2 \\ X=25 \end{cases}$$

取 Z 坐标较小的值，解得交点坐标为（25，-7.339808706）。编程为由"X50. Z-1"点到"X50. Z-7.34"点。

粗加工第 3 刀，沿直线 $X=28$ 切削，和第 2 刀的距离为 3mm，小于刀片宽度 4mm，其与直线 l'_2 的交点可由两条直线的方程联立求解：

$$\begin{cases} X-32=\tan45°(Z+3.5)-2.2/\cos45° \\ X=28 \end{cases}$$

解得交点坐标为（28，-4.388730163）。编程为由"X56. Z-1."点到"X56. Z-4.389"点。

粗加工第 4 刀，沿直线 $X=30$ 切削，和第 2 刀的距离为 2mm，小于刀片宽度 4mm，其和直线 l'_2 的交点，由两条直线的方程联立求解：

$$\begin{cases} X-32=\tan45°(Z+3.5)-2.2/\cos45° \\ X=30 \end{cases}$$

解得交点坐标为（30，-2.388730163）。编程为由"X60. Z-1."点到"X60. Z-2.389"点。

粗加工第 5 刀，沿直线 l'_2 切削，由两条直线的方程联立求解：

$$\begin{cases} X-32=\tan45°(Z+3.5)-2.2/\cos45° \\ Z=-1 \end{cases}$$

解得交点坐标为（31.38873016，-1）。编程为由"X62.777 Z-1."点到"X50.546 Z-7.116（B'）"点到"X44.4 Z-5.843（F'）"点到"X44.4 Z2.5"点。

还可以按下述方法求解：分别经过点 B' 作 Z 轴的平行线，经过点 H' ($Z=-1$) 作 X 轴的平行线，交于点 G'。在 Rt $\triangle H'G'B'$ 中，$\angle H'B'G' = 45°$，$\overline{B'G'} = (-1+7.115937957)$ mm $= 6.115937957$ mm，则 $\overline{G'H'} = \overline{B'G'} \cdot \tan 45° = 6.115937957$ mm，则 $X'_H = X'_B + \overline{G'H'} = 31.38873016$ mm。

4) 计算精加工时刀具轨迹的坐标。根据经过点 B 的两条相互垂直的直线 l_2 和经过点 O、倾斜角度为 ($90° + 45°$) 的直线的方程的联立，求点 B 的坐标。

$$\begin{cases} X - 32 = \tan 45°(Z+3.5) - 2/\cos 45° \\ X - 24 = \tan(90° + 45°)(Z+5.843145751) \end{cases}$$

解得点 B 的坐标为（25.41421356，-7.257359313）。

沿直线 l_2 切削，终点为 $Z=-1$，此时刀具最左端脱离工件的被加工表面 0.5mm，由两条直线的方程联立求解：

$$\begin{cases} X - 32 = \tan 45°(Z+3.5) - 2/\cos 45° \\ Z = -1 \end{cases}$$

解得交点 H 坐标为（31.67157288，-1）。

编程为由"X44. Z2.5"点到"X44. Z-5.843(F)"点到"X50.828 Z-7.257（B）"点到"X63.343 Z-1.（H）"点。

程序如下：

O0020;

G54 G99 G97 M8;

T0606 M3 S900 （MRMN400, DUAN MIAN DAO GAN）;　　刀宽4mm 圆弧刀片，端面槽刀杆

G00 X44.4;　　定位到端面槽粗加工第1刀的直径坐标上

Z2.5;　　再移动到接近工件的位置，此时刀片左端距离工件右端Z0表面0.5mm

G01 Z-1. F0.22;　　此时刀片左端距离工件 Z-3.5mm 表面 0.5mm

G74 R0.25 F0.12;　　轴向切槽循环

G74 Z-5.843 Q600;　　粗加工第1刀，间断切削，断屑安全

G00 X50.;　　定位到第2刀的起点外

G74 R0.25 F0.12;

G74 Z-7.34 Q600;　　粗加工第2刀

G00 X56.;　　定位到第3刀的起点外

```
G74 R0.25 F0.12;
G74 Z-4.389 Q600;                      粗加工第 3 刀
G00 X60.;                              定位到第 4 刀的起点外
G74 R0.25 F0.12;
G74 Z-2.389 Q600;                      粗加工第 4 刀
G00 X62.777;                           定位到第 5 刀的起点上
G01 X50.546 Z-7.116 F0.1;              沿直线加工到 B'点上
G03 X44.4 Z-5.843 R1.8;                沿圆弧加工到 F'点上
G01 Z2.5;                              沿直线加工到第 5 刀的终点上
X44.;                                  到精加工起点外
Z-5.843 F0.08;                         直线切削到 F 点
G02 X50.828 Z-7.257 R2.;               沿圆弧切削到 B 点上
G01 X63.343 Z-1.;                      沿直线 $l_2$ 切削到工件外
G00 Z10. M09;
M05;
X200. Z150.;
M30;
```

第 4 章　数控车床面板与操作

4.1　数控车床面板

4.1.1　数控车床面板组成

数控车床总面板由 CRT 显示屏、操作面板及控制面板三部分组成，如图 4-1 所示。

图 4-1　数控车床总面板

4.1.2 操作面板

操作面板主要用于控制程序的输入与编辑,同时显示机床的各种参数设置和工作状态,如图4-2所示。操作面板主要按钮的含义见表4-1。

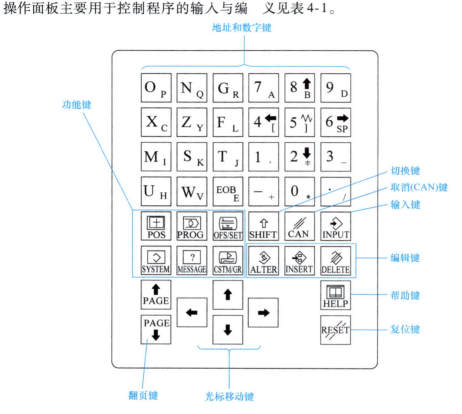

图4-2 操作面板

表4-1 操作面板主要按钮的含义

序号	名称	按钮符号	按钮功能
1	复位键	RESET	按下此键可使数控系统复位,消除报警信息

（续）

序号	名称	按钮符号	按钮功能
2	帮助键	HELP	按此键用来显示如何操作机床，如 MDI 键的操作。可在数控系统发生报警时提供报警的详细信息
3	地址和数字键	（地址和数字键盘）	按这些键可以输入字母、数字及其他符号
4	切换键	SHIFT	在有些键的顶部有两个字符，按此键和字符键，选择下端小字符
5	输入键	INPUT	将数据域中的数据输入到指定的区域
6	取消键	CAN	用于删除已输入到缓冲区的数据。例如：当显示键入缓冲区数据为："N10 X10. Z"时按此键，则字符 Z 被取消，并显示："N10 X10."
7	编辑键	ALTER	用输入的数据替代光标所在的数据
		INSERT	把输入区域之中的数据插入到当前光标之后的位置
		DELETE	删除光标所在的数据，或者删除一个数控程序或者删除全部数控程序

(续)

序号	名称	按钮符号	按钮功能
8	功能键	POS	在 CRT 中显示坐标值
		PROG	CRT 将进入程序编辑和显示界面
		OFS/SET	CRT 将进入参数补偿显示界面
		SYSTEM	系统参数显示界面
		MESSAGE	报警信息显示界面
		CSTM/GR	在自动运行状态下将数控显示切换至轨迹模式
9	光标移动键	↑ ← → ↓	移动 CRT 中的光标位置。软键 ↑ 实现光标的向上移动；软键 ↓ 实现光标的向下移动；软键 ← 实现光标的向左移动；软键 → 实现光标的向右移动
10	翻页键	PAGE↑ PAGE↓	软键 PAGE↑ 实现左侧 CRT 中显示内容的向上翻页；软键 PAGE↓ 实现左侧 CRT 显示内容的向下翻页

RESET 键的作用：

1）消除部分报警。

2）遇到紧急情况时，按复位键，会使各个运动轴、主轴、机械手、托台、刀库及刀架等动作停止，切削液的停止与否一般取决于机床厂家的设定。

3）在 FANUC、MORI SEIKI 及 GSK 等面板中，在 编辑 方式下的程序界面，不管光标处于程序中的任何位置，按 RESET 键后，光标都会返回程序开头。

在 MITSUBISHI、KND 及 DASEN 等面板中，不管在任何方式下，不管光标处于程序中的任何位置，按 RESET 键后，光标都会返回程序开头。

FANUC、MORI SEIKI，有"BG–EDIT"（后台编辑）功能，使用时要注意，想让光标返回程序开头，要多次按"PAGE↑"键，使光标返回程序开头；不能按 RESET 键，否则在前台自动加工状态下的各种动作都会停止，刀具有可能会因此而损坏，比如正处于螺纹切削或攻螺纹循环时。

注：以上几点是同时有效的。

4.1.3 控制面板

控制面板如图4-3所示。控制面板主要按钮的含义见表4-2。

图4-3 控制面板

表 4-2 控制面板主要按钮的含义

序号	名称	符号图标	功　能
1	系统开关		按下绿色按钮，启动数控系统；按下红色按钮，关闭数控系统
2	急停按钮		在机床操作过程中遇到紧急情况时，按下此按钮使机床移动立即停止，并且所有的输出如主轴的转动等都会关闭。按照按钮上的旋向旋转该按钮使其弹起来消除急停状态
3	方式选择		原点：进入 回零 模式 手动：进入 手动 模式，连续移动机床 手轮：进入 手轮 模式，选择手轮移动倍率 数据输入：进入 MDI 模式，手动输入指令并执行 自动运行：进入 自动运行 模式 编辑：进入 编辑 模式，用于直接通过操作面板输入数控程序和编辑程序
4	循环启动与进给保持		循环启动：程序运行开始，模式选择旋钮在 DNC 、 自动运行 或 MDI 方式时按下有效，其余模式下使用无效 进给暂停：程序运行暂停，在程序运行过程中，按下此按钮运行暂停，再按 循环启动 从暂停的位置开始执行
5	进给轴选择		在 手动 模式下，按住各按钮，向 -X/+X/-Z/+Z 方向移动机床。如果选择快速方式和相应各轴按钮，则实现该方向上的快速移动

（续）

序号	名称	符号图标	功　　能
6	手轮		在 手轮 模式下，通过按下 X 或 Z 按钮选择进给轴，然后正向或反向摇动手轮手柄实现该轴方向上的正向或反向移动，手轮进给倍率一般有 ×1、×10、×100 三种，每 1 刻度分别代表移动量为 0.001mm、0.01mm、0.1mm。某些机床有 ×1000 的倍率，代表移动量为 1mm
7	进给倍率调节		旋转旋钮在不同的位置，调节手动操作的进给速度或数控程序自动运行时的进给倍率，调节范围为 0~150%
8	快速进给倍率调节		旋转旋钮在不同的位置，调节机床快速运动的进给倍率，有四档倍率，即 F0、25%、50% 和 100%
9	主轴倍率调节		旋转旋钮在不同的位置，调节主轴转速倍率，调节范围一般为 50%~120%

（续）

序号	名称	符号图标	功　　能
10	主轴控制	正转　停止　反转　暂停	按住各按钮，主轴正转/反转/停转/点动
11	运行方式选择	程式预看　机械锁定　单节删除　单节执行	试运行：系统进入空运行状态，可与机床锁定配合使用 机床锁紧：按下此按钮，机床被锁定而无法移动 跳选：当此按钮按下时程序中的"/"有效 单段：按此按钮后，运行程序时每次执行一条数控指令
12	选择停止	选择停止	当此按钮按下时，程序中的"M01"代码有效
13	切削液开关	自动　手动	按下绿色按钮，打开切削液；按下红色按钮，关闭切削液
14	照明开关	工作灯	当此按钮按下时，照明灯打开。再按一次，照明灯关闭
15	超程解除	超程解除	当屏幕显示超程报警时，按下此按钮，并按下反向进给轴按键，解除超程

（续）

序号	名称	符号图标	功　　能
16	程序锁	记忆保护	对存储的程序起保护作用，当程序锁锁上后，不能对存储的程序进行任何操作
17	指示灯	X　Z　夹头夹紧　异警　润滑	X 轴、Z 轴原点：X 轴、Z 轴回到参考点后，相应轴的指示灯亮 夹头夹紧：灯点亮，提示液压卡盘已夹紧/撑紧 机床报警：机床产生报警时，报警灯点亮 润滑：灯点亮，提示润滑油液位低

4.2 数控车床操作

4.2.1 开机与关机

开机：首先将机床开关打开至"ON"状态，然后启动系统电源开关启动数控系统面板，电源指示灯点亮表示启动成功。

关机：首先按下系统面板电源开关，然后将机床开关打到"OFF"状态，电源指示灯灭表示已经完成关机操作。

4.2.2 手动操作

1. 手动返回参考点

手动返回参考点的步骤如下：

1）将模式选择开关旋转至 回零 位置。

2）为了减小速度，按快速进给倍率调节旋钮或按键调节回零点的速度。

3）按一下与返回参考点相应的进给轴和方向选择按键，直至刀具返回参考点；有的机床需要一直按着，直至刀具返回参考点。

4）X 轴、Z 轴原点灯点亮表示刀具已经返回参考点。

提示：在返回参考点的过程中若出现超程报警，消除超程报警的方法如下：

① 将模式选择开关旋转至 手动 位置。

② 按下黄色超程解除按钮，然后按与超程方向相反方向的 -X/+X/-Z/+Z 按钮来移动机床脱离限位块以消除报警。

2. 手动进给（JOG 进给）操作

1）将模式选择开关旋转至 手动 位置。

2）按住进给轴和方向选择按钮 -X/+X/-Z/+Z，机床向相应的方向进行运动，当释放开关，则机床停止运动。

3）手动连续进给速度可由手动连续进给速度倍率按钮来调节，调节范围为 0~150%。

4）如同时按住中间的快速移动按键和进给轴及进给方向选择开关，机床向相应的方向快速移动，移动倍率通过快速进给倍率开关调节。

3. 手轮进给操作

1）将模式选择开关旋转至 手轮 位置，供选择的位置有 ×1、×10、×100 三个位置。

2）通过按下进给轴选择按钮，选择手轮进给轴。

3）顺时针或逆时针摇动手轮手柄实现该轴方向上的正方向或负方向移动，手轮进给倍率有 ×1、×10、×100 三种，分别代表每刻度对应的移动量为 0.001mm、0.01mm、0.1mm。

4. 主轴旋转控制

1）将模式选择开关旋转至 手动 或 手轮 位置。

2）按下主轴正转控制按钮，使主轴正转；按下主轴反转控制按钮，使主轴反转；按下主轴停控制按钮，使主轴停转。

3）同时按下单动按钮和主轴正转按钮，主轴正转，释放按钮，主轴停转；同时按下单动按钮和主轴反转按钮，主轴反转，释放按钮，主轴停转。

5. 切削液开关控制

1）将模式选择开关旋转至 手动 或 自动运行 位置。

2）按下切削液起动按钮，打开切削液；按下切削液停止按钮，关闭切削液。

注意：如果切削液有自动和手动方式，在 自动运行 方式下请将切削液置于自动方式。

4.2.3 程序的编辑

1. 建立一个新程序

1）将模式选择开关旋转至 编辑 位置。

2）按 PROG 功能键显示程序界面。

3）输入新程序号，如"O0018"。

4）按 INSERT 功能键，显示"O0018"程序界面，在此输入程序。

5）按 EOB 功能键，再按 INSERT 键即可。

2. 字的插入、修改和删除

1）将模式选择开关旋转至 编辑 位置。

2）按功能键 PROG 显示程序界面。

3）选择一个已有的需要编辑的程序，比如"O0018"。

4）比如，在 G00 后插入 G42，将光标移动到 G00 处，按插入 INSERT 键，则 G42 被插入。

5）比如，将"X20.0"修改为"X25.0"，将光标移动到 X20.0 处，输入"X25.0"，按 ALTER（修改）键，则"X20.0"被修改为"X25.0"。

6）比如：将"Z56.0"删除，将光标移动到 Z56.0 处，按 DELETE（删除）键，则"Z56.0"被删除。

3. 程序的删除

（1）删除一个程序

1）将模式选择开关旋转至 编辑 位置。

2）按 PROG（功能）键显示程序界面。

3）输入要删除的程序号，如 O0018。

4）按 DELETE 键，则程序 O0018 被删除。

（2）删除全部程序

1）将模式选择开关旋转至 编辑 位置。

2）按 PROG 键显示程序界面。

3）输入"O-9999"。

4）按 DELETE 键，则存储器内的全部程序被删除。

（3）删除指定范围的多个程序

1）将模式选择开关旋转至 编辑 位置。

2）按 PROG 键显示程序界面。

3）输入"O XXXX，O YYYY"，其中 XXXX 为起始号，YYYY 为结束号。

4）按 DELETE 键，则 O XXXX 到 O YYYY 之间的所有程序被删除。

4.2.4　MDI 操作

MDI 运行方式步骤如下：

1）将模式选择开关旋转至 MDI 方式的位置上。

2）按 MDI 面板上的 PROG 键显示程序界面，按下显示屏下方的 MDI 软键。

3）与普通程序的编辑方法类似，编写要执行的程序。

4）为了运行在 MDI 方式下建立的程序，按下 循环启动 按钮即可。

5）为了中途停止或者结束 MDI 运行，按下面步骤进行：

① 中途停止 MDI 运行。按下机床操作面板上的进给暂停按钮，进给暂停灯亮而循环启动灯灭。

② 结束 MDI 运行。按下面板上的

RESET 键，自动运行结束并进入复位状态。

4.2.5 程序运行

1. 自动运行

自动运行的操作步骤如下：

1）将模式选择开关旋转至 自动运行 方式的位置上。

2）从存储的程序中选择一个程序，按下面的步骤进行：

① 按 PROG 显示程序界面。

② 按地址键"O"和数字键输入程序名，例如"O1201"。

③ 按下光标键 ↑ 或 ↓ ，或按下［O检索］软键，则选择的程序被找到。

④ 将光标移动至程序头位置。

3）按下机床面板上的 循环启动 按钮，自动运行启动，循环启动灯点亮，当自动运行结束，循环启动灯灭。

4）中途停止或结束自动运行，按以下步骤操作：

① 中途停止自动运行。按机床操作面板上进给暂停按钮，进给暂停灯亮而循环启动灯灭。在进给暂停灯点亮期间按了机床操作面板上的 循环启动 按钮，机床运行重新开始。

② 结束自动运行。按 MDI 面板上的 RESET 键，自动运行结束并进入复位状态。

2. 试运行

机床锁住和辅助功能锁住步骤：

1）打开需要运行的程序，且将光标移动到程序头位置。

2）将模式选择开关旋转至 自动运行 方式的位置上。

3）同时按下机床操作面板上的空运行开关和机床锁住开关，机床进入锁紧状态，机床不移动，但显示器上各轴位置在变化。

4）为了检验刀具运行轨迹，按下功能键 OFS/SET 和图形软键 ［GRAPH］，则屏幕上显示刀具轨迹。

3. 单段运行

1）打开需要运行的程序，且将光标移动至程序头位置。

2）将模式选择开关旋转至 自动运行 方式的位置上。

3）按下机床操作面板上的单段开关。

4）按 循环启动 按钮执行该程序段，执行完毕后光标自动移动至下一个程序段位置，按下 循环启动 按钮依次执行下一个程序段直到程序结束。

4. 加工的中断控制及恢复

在实际加工过程中，会遇到不同的情况。有时，需要把机床停下来，做观察或其他操作后再重新启动。

1）正常加工中，如非紧急情况，可先点 单段 ，当刀具刚脱离工件后，按 进给保持 按钮，机床停止进给，中断运行程序。按 POS 按钮，出现相对或绝对位置界面，记住该位置。

2）将状态开关由 自动运行 改为 手动 或 手轮 。

3）将刀具退离工件，并按 主轴停止 按钮，使主轴停止，并关闭切削液。

4）进行工件检测及其他工作。

5）按 主轴正转 或 主轴反转 键起动主轴旋转，其转向应与原旋转方向一致。并用 手动 和 手轮 移动刀具，使刀具返回到原来位置。

6）状态开关由 手动 或 手轮 改为 自动运行 ，使 单段 无效，打开切削液。

7）按 循环起动 按钮，解除进给保持状态，中断的程序被重新起动，继续进行加工。

注意：请勿按下 RESET 键，否则该循环只能重新运行。

4.2.6 数据的输入/输出

1. 输入程序

1）确认输入设备已连接就绪。

2）将模式选择开关旋转至 编辑 位置。

3）按下 PROG 键至显示程序界面。

4）按下软键［操作］。

5）按下屏幕右下方软键的菜单继续键"▷"。

6）输入程序号。

7）按下软键［READ］和［EXEC］，程序被输入。

2. 输出程序

1）确认输入设备已连接就绪。

2）将模式选择开关旋转至 编辑 位置。

3）按下 PROG 键至显示程序界面。

4）按下软键［操作］。

5）按下屏幕右下方软键的菜单继续键"▷"。

6）输入程序号。

7）按下软键［PUNCH］和［EXEC］，程序被输出。

3. 输入偏置数据

1）确认输入设备已连接就绪。

2）将模式选择开关旋转至 编辑 位置。

3）按 OFS/SET 键显示刀具偏移界面。

4）按下软键［操作］。

5）按下屏幕右下方软键的菜单继续键"▷"。

6）按下软键［READ］和［EXEC］。

7）在输入操作完成之后，界面上将显示输入的偏置数据。

4. 输出偏置数据

1）确认输入设备已连接就绪。

2）将模式选择开关旋转至 编辑 位置。

3）按 OFS/SET 键显示刀具偏移界面。

4）按下软键［操作］。

5）按下屏幕右下方软键的菜单继续键"▷"。

6）按下软键［PUNCH］和［EXEC］。

4.2.7 设定和显示数据

1. 显示坐标系

显示绝对坐标系：

1）按下 POS 键。

2）按下软键［绝对］或多次按下 POS 键至显示绝对坐标界面。

3）在屏幕上显示绝对坐标值。

显示相对坐标系：

1）按下 POS 键。

2）按下软键［相对］或多次按下 POS 键至显示相对坐标界面。

3）在屏幕上显示相对坐标值。

显示综合坐标系：

1）按下 POS 键。

2）按下软键［综合］或多次按下 POS 键至显示综合坐标界面。

3）在屏幕上显示综合坐标值。

2. 显示程序清单

1）将模式选择开关选择至 编辑 位置。

2）按下 PROG 键显示程序界面。

3）按下软键［目录］。

4）在屏幕上显示内存程序目录。

3. 图形显示

1）将模式选择开关选择至 自动运行 位置。

2）按下 CSTM/GR 键，屏幕上显示图形参数界面（第1页）如图4-4所示。模拟图形参数含义见表4-3。

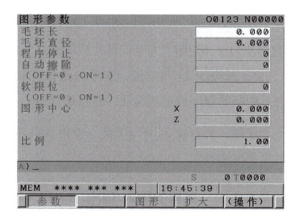

图 4-4　图形参数界面（第1页）

表 4-3　模拟图形参数含义

序号	名称	具体说明
1	毛坯长	定义工件的长度
2	毛坯直径	定义工件的直径
3	程序停止	当对程序一部分进行绘图时，须设定程序结束的程序段序号
4	自动擦除	该值为 1，旧的图形被新模拟的图形所取代；该值为 0，旧的图形不被取代
5	软限位	该值为 1，软行程区域将以双点画线显示；该值为 0，软行程区域不显示
6	图形中心	系统可自动计算画面的中心坐标，以便按工件长度和工件直径设定的图形能在画面上显示出来
7	比例	选择适当的放大倍率

在图形参数界面（第 1 页）上进行毛坯长度、毛坯直径、程序停止、自动擦除、软限位及绘图范围等的设定。

绘图范围的设定有两种方法：基于加工毛坯的尺寸（毛坯长/毛坯直径）的方法和基于绘图比例和图形中心坐标的方法。

图形参数界面（第 2 页）显示如图 4-5 所示。

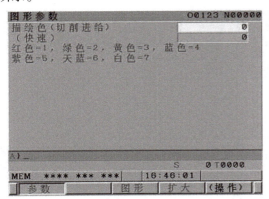

图 4-5　图形参数界面（第 2 页）

图形参数画面（第 3 页）显示如图 4-6 所示。

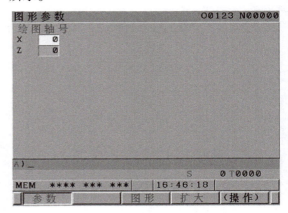

图 4-6　图形参数界面（第 3 页）

按下［图形］软键后，出现刀具路径图界面，如图 4-7 所示。

开始自动运行或者手动运行，就可以在画面上描绘机械的移动路径图形。如果不希望移动刀具而仅执行绘图操作时，可设定机床锁住状态。

当按下［扩大］软键后，可以在刀具路径图画面上，一边看着所描绘的刀具路径，一边移动绘图的中心位置，进行绘图的放大/缩小设定。

另外，在执行这些操作时，已经描绘完的刀具路径将被清除。

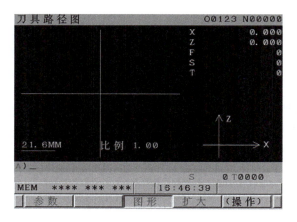

图 4-7　刀具路径图界面

第 5 章　用户宏程序

前文所讲解的数控指令是 ISO 代码指令，每个代码的功能都是固定的，由系统面板厂商开发，使用者按照其规定的语法结构编程即可。但有时候，这些固定格式的指令满足不了用户的需求，因此，系统也提供了另外一种功能，使用户在数控系统的基础上能够进行二次开发，定制成用户需要的、更具灵活性的程序。

在工厂里，偶尔会见到这么一种程序，这些程序里包含有特别的"#"字符，乍看上去，有些人以为是机床乱码产生的错误程序，其实不然，这就是传说中的宏程序（macro）。

> 宏程序，在日本三菱、日本森精机系统上叫巨集程式、巨程式，可见这里的"宏"是巨、大的意思，大在哪里呢？大在它可以进行变量的运算上。从 0 变化到 100，每次变化 0.1，要执行 1000 次，能不"宏"吗？很多人觉得宏程序艰深晦涩，看过多遍后仍一头雾水，其实宏并不难，只是很多人没有找到入门的方法。让我们抽丝剥茧，逐渐揭开宏程序的面纱。

虽然带有"#"字符的不一定是宏程序，但宏程序都是带有其标志性的"#"字符的。FANUC 系统的用户宏指令分为用户宏程序功能 A 和用户宏程序功能 B，在此仅介绍用户宏程序功能 B，即广泛应用的 B 类宏程序。

虽然工厂里越来越常见 NX、MasterCAM、Power MILL、Cimatron 及 CAXA 等流行的 CAD/CAM 软件的身影，甚至已成为编制数控加工程序的主流，但打开这些自动编程软件生成的程序，发现多数是以长度很短的线段来拟合曲线，很简单的事情变得十分复杂，程序十分臃肿庞大，数控系统存储空间装不下这么大的程序，只好在机床上以 DNC 在线传输加工，受 RS232 接口传输速度的影响，当编程时以较大的进给速度运行时，会看到机床反应就越慢，运行时有明显的迟滞，甚至颤抖，主要原因是传输速度跟不上机床的运行速度。但是，宏程序运行时就不会出现这样的问题。

5.1　宏程序基础知识

虽然子程序对一个重复操作很有用，但若使用用户宏程序功能，则还可以使用变量、运算指令以及条件转移,使一般程序(如型腔加工和用户自定义的固定循环等)的编写变得更加容易。

加工程序可以用一个简单的指令调用用户宏程序,就像调用子程序一样。

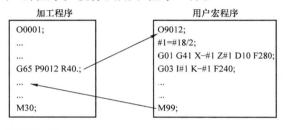

5.1.1 变量

普通加工程序直接用数值指定 G 代码和移动距离,例如 G01 X100.0。使用用户宏程序时,数值可以直接指定或用变量指定。当用变量时,变量值可用程序或用 MDI 面板上的操作改变。

#1 = #2 + 100.0;
G01 X#1 F300;

解释:

(1)变量的表达方式 当指定一个变量时,在符号"#"的后面指定变量号,即 #i (i = 1,2,3,4……)。例如:#8、#112、#1005。或者使用后面将要叙述的"运算指令"项目中的<表达式>,按照如下方式表达:#[<表达式>]。例如:#[#100]、#[#1001 - 1]、#[#6/2]、#[10000 + #1]、#[12000 + #8]。

变量号码为负时,会有报警出现,例如 # - 5,应表示为 - #5。

下列为不正确的变量表示法:

误		正	
#6/2	→	#[6/2]	(#6/2 被视为 #[6]/2)
# - -5	→	#[- [-5]]	
# - [#1]	→	#[- #1]	

下面说明中的变量 #i,可以用变量 #[<表达式>] 来替换。

(2)变量的种类 根据变量号,可以将变量分为局部变量、公共变量及系统变量,各类变量的用途和特性各不相同。另外,还有为用户准备的只读专用的系统变量。

(3)变量的范围 局部变量和公共变量可使用下列范围内的任意值。如果运算结果超过此范围,就会有 PS0111 报警。

参数 No.6008 #0 = 0 时,最大值约为 $\pm 10^{308}$,最小值约为 $\pm 10^{-308}$。

用户宏程序中进行处理的数值数据,基

于 IEEE 标准,作为双倍精度实数处理。运算过程中出现的误差,也基于此双倍精度。

参数 No.6008 #0 = 1 时,最大值约为 ±10^{47},最小值约为 ±10^{-29}。

(4) 局部变量(#1~#33) 局部变量就是在宏内被局部使用的变量。也即,它与在某一时刻调用的宏中使用的局部变量 #i 和在另一时刻调用的宏(不管是以前的宏,还是别的宏)中使用的 #i 不同。因此,在如多层调用一样从宏 A 中调用宏 B 时,有可能在宏 B 中错误使用在宏 A 中正在使用的局部变量,导致破坏该值。

局部变量用于传输自变量。其与自变量地址之间的对应关系,请参阅宏程序调用指令的章节。没有被传输自变量的局部变量,在初始状态下为 <空值>,用户可以自由使用。局部变量的属性为可 READ/WRITE(读/写)。

(5) 公共变量(#100~#199、#500~#999) 局部变量在宏内部被局部使用,而公共变量则是在主程序、从主程序调用的各子程序及各个宏之间通用。也即,在某一宏中使用的 #i 与在其他宏中使用的 #i 是相同的。此外,由某一宏运算出来的公共变量 #i,可以在别的宏中使用。局部变量的属性,基本上为可 READ/WRITE(读/写)。但是,也可以对由参数(No.6031~6032)指定的变量号的公共变量进行保护(设定为只读)。

公共变量的用途没有在系统中确定,因此,用户可以自由使用。公共变量可以使用 #100~#199、#500~#999 共计 600 个。#100~#199 将会由于电源切断而被清除,但是,#500~#999 即使在电源切断之后仍会被保留起来。

(6) 公共变量的写保护 通过在参数(No.6031~6032)中设定变量号,即可对多个公共变量(#500~#999)进行保护,也即将其属性设定为只读。此功能对利用 MDI 从宏界面的输入/全部清零、在宏指令中的写入均有效。利用 NC 程序将设定范围的公共变量设定为 WRITE(在"="左边使用)时,会有报警(PS0116)发出。

(7) 系统变量 系统变量是在系统中其用途被固定的变量。其属性共有 3 类:只读、只写及可读/写,根据各系统变量而属性不同。

(8) 系统常量 为用户准备的其值不变的常量,用户可以与变量一样地引用这些常量。系统常量的属性为只读。

(9) 小数点的省略 在程序中定义变量值时,可省略小数点。例如,"#1 = 1234;"的含义是:变量 #1 的实际值是"1234.000"。

(10) 变量的引用 可以用变量指定紧接地址之后的数值。如果编制一个 <地址> #i 或 <地址> -#i 的程序,则意味着原样使用变量值,或者将其补码作为该地址的指令值。

例如：当 F#33、#33 = 2.0 时，与指定了 F2.0 时的情形相同。
当 Z - #18、#18 = 30.0 时，与指定了 Z - 30.0 时的情形相同。
当 G#130、#130 = 3.0 时，与指定了 G3 时的情形相同。
不可引用地址 "/" ":" "O" 和 "N" 中的变量。

例如：不可编制诸如 O#27、N#5 或 N［#7］的程序。
不可将可选程序段跳过/n 的 n（n = 1～9）作为变量来使用。
不能直接用变量来指定变量号。

例如：用 #30 来替换 #5 的 5 时，代之以指定 ##30，应指定 #［#30］。
不能指定超过每个地址中所确定的最大指令值的值。

例如：当 #140 = 120 时，G#140 超过最大指令值。
变量为地址数据时，变量被自动地四舍五入到各地址有效位数以下的位数。

例如：在设定单位为 0.001mm 的装置上，当 #1 为 12.3456 时，如果执行 "G00 X#1;"，实际指令将成为 "G00 X12.346;"。

利用后面叙述的 <表达式>，可以用 <表达式> 来替换紧跟在地址之后的数值。

<地址>［<表达式>］或 <地址> -［<表达式>］

若按照上面的顺序编程，则意味着原样使用 <表达式> 的值，或者将其补码作为该地址的指令值。需要注意的是，"[ ]" 中使用的不带小数点的常量，视为其末尾带有小数点。

例如：X［#24 + #18 * COS［#2］］
Z -［#18 + #26］

（11）未定义变量 将尚未定义变量值的状态称为 "空值"。

变量 #0、#3100 永远是空变量，它不能写入，但能读取。

1）引用变量。在引用一个尚未定义的变量时，地址本身也被忽略。

原来的指令	G90 X100 Y#1;
#1 = <空值> 时的等效指令	G90 X100;
#1 = 0 时的等效指令	G90 X100 Y0;

2）定义/替换、加法运算及乘法运算。将局部变量或公共变量直接替换为 <空值> 时，其结果也为 <空值>。将系统变量直接替换为 <空值> 时，或者替换使用 <空值> 运算出来的结果是，均作为变量值 0 来对待。

原来的运算式子（局部变量例）	#2 = #1	#2 = #1 * 5	#2 = #1 + #1
替换结果（#1 = <空值>时）	<空值>	0	0
替换结果（#1 = 0 时）	0	0	0

原来的运算式子（公共变量例）	#100 = #1	#100 = #1 * 5	#100 = #1 + #1
替换结果（#1 = <空值>时）	<空值>	0	0
替换结果（#1 = 0 时）	0	0	0

原来的运算式子（公共变量例）	#2001 = #1	#2001 = #1 * 5	#2001 = #1 + #1
替换结果（#1 = <空值>时）	0	0	0
替换结果（#1 = 0 时）	0	0	0

3）比较运算。若是 EQ 和 NE 的情形，<空值> 和 0 被判定为不同的值。若是 GE、GT、LE 及 LT 的情形，<空值> 和 0 被判定为相同的值。

① 将 <空值> 代入 #1 时：

条件表达式的表达方式	#1 EQ #0	#1 NE 0	#1 GE #0	#1 GT 0	#1 LE #0	#1 LT 0
评价结果	成立（真）	成立（真）	成立（真）	不成立（假）	成立（真）	不成立（假）

② 将 0 代入 #1 时：

条件表达式的表达方式	#1 EQ #0	#1 NE 0	#1 GE #0	#1 GT 0	#1 LE #0	#1 LT 0
评价结果	不成立（假）	不成立（假）	成立（真）	不成立（假）	成立（真）	不成立（假）

注：EQ 和 NE 只用于整数数值的比较，有小数点的数值的比较要使用 GE、GT、LE 和 LT。

（12）系统变量（常量）的名称指令 系统变量（常量）通过变量号指定，但是，也可以通过事先预备的系统变量（常量）名称来指定。系统变量（常量）名称由 _（下划线）开始的 8 个字符以内的英文大写字母、数字以及 _（下划线）构成。另外，依赖于轴的变量（坐标值等）或存在多个同类数据的变量（刀具补偿量等），作为名称的下标，可以用 [n]（n 为整数）指定数值。此时，n 可以用 <表达式> 即运算格式指定。指令格式如 [#_DATE] 所示，必须以 [#__系统变量名称] 的格式指定。

例如："#101 = [#__DATE];"：读出 #3011（年月日），代入 #101。

"#102 = [#__TIME];"：读出 #3012（时分秒），代入 #102。

"#103 = [#__ABSMT [1]];"：读出 #5021（第 1 轴的机械坐标值），代入#103。

"#104 = [#__ABSKP [#500＊2]];"：读出 #506x（第 [#500＊2] 轴的跳过位置），代入 #104。

为下标 n 指定了整数值以外的值时，视 理后的值并引用变量值。
为指定了将 n 的小数点以下进行四舍五入处

例如："[#__ABSIO [1.4999999]]"：假定此值为 [#__ABSIO [1]]，也即 #5001。

"[#__ABSIO [1.5000000]]"：假定此值为 [#__ABSIO [2]]，也即 #5002。

注：
1. 指定尚未登录的变量名称时，会有 PS1098 报警。
2. 指定了非法的值作为下标 n（负值等）时，会有 PS1099 报警。

（13）系统常量 #0、#3100 ~ #3102（属 系统中固定值的常量。这一常量称为系统常
性：R）可以如同系统变量一般地处理作为 量。系统常量备有下列几种。

常量号	常量名称	内容
#0，#3100	[#__EMPTY]	空值
#3101	[#__PI]	圆周率 π = 3.14159265358979323846
#3102	[#__E]	自然对数的底数 e = 2.71828182845904523536

（14）公共变量的名称指令 通过指定 指令格式如 [#VAR500] 所示，必须以
由后述的 SETVN 指令设定的变量名称，即可 [# 公共变量名称] 的格式指定。
从公共变量读取或者写入到公共变量。

例如："X [#POS1] Y [#POS2];"：通过变量名称指令指定位置

"[#POS1] =#100+#101;"：通过变量名称指令执行代入语句

"# [100+ [#ABS]] =500;"：同上（变量号的指定）

"#500 = [1000+ [#POS2] ＊10];"：通过变量名称指令读取变量

5.1.2 系统变量

可用系统变量读取和写入 CNC 内部的数据，如刀具偏置量和当前位置等。系统变量对编写自动化程序和通用程序十分重要。

FANUC 0i – TC/TD 系列系统变量种类繁多，在此只介绍其中的部分。FANUC 0i – TC/TD 系统变量见表 5-1。

表 5-1　FANUC 0i – TC/TD 系统变量

变量号	含义
#1000～#1031、#1032～#1035	接口输入信号
#1100～#1131、#1132～#1135	接口输出信号
#10001～#10200、#15001～#15200	X 轴补偿量磨损、形状
#11001～#11200、#16001～#16200	Z 轴补偿量磨损、形状
#12001～#12200、#17001～#17200	刀尖圆弧半径补偿量磨损、形状
#13001～#13200	假想刀尖 T 位置号
#2501、#2601	X、Z 轴工件平移量
#3000	宏指令报警
#3001、#3002	时钟 1、2（ms、h）
#3003、#3004	控制单段、等待辅助功能完成信号，进给保持、进给倍率及准确停止检查的有效/无效
#3005	设定数据的读写
#3006	随着提示信息一起停止
#3007	镜像的状态（DI 以及设定）
#3008	程序再启动中/非程序再启动中
#3011、#3012	日期：年/月/日、时刻：时/分/秒
#3901、#3902	零件数的累计值、所需零件数
#4001～#4120、(#4130)	模态信息
#5001～#5105	位置信息
#5201～#5325	工件坐标系（EXT、G54～G59）各轴偏移量

1. 刀具补偿值（属性：R/W）

FANUC 0i – TD 面板刀具补偿存储器的系统变量见表 5-2。

用系统变量可以读取、写入刀具补偿值。共有 3 种方法可以修改刀具补偿值等信息：

1）通过 MDI 面板直接输入，比如把

"-123.456"直接填入 T 系列 010 番号的 X 轴形状补偿里。

2）通过 G10 指令设定，设定的值并非都是定值，也可以是变量。如"G10 L15 P10 R-123.456;"，则为定值；如"G10 L15 P10 R#5;"，则为变量。

3）把值写入系统变量，"#15010 = -123.456;"或"#15010 = #5;"。

表 5-2　FANUC 0i-TD 面板刀具补偿存储器的系统变量

补偿号	X 轴补偿量		Z 轴补偿量		刀尖半径补偿量		假想刀尖 T
	形状	磨损	形状	磨损	形状	磨损	
1	#15001	#10001	#16001	#11001	#17001	#12001	#13001
2	#15002	#10002	#16002	#11002	#17002	#12002	#13002
…	…	…	…	…	…	…	…
199	#15199	#10199	#16199	#11199	#17199	#12199	#13199
200	#15200	#10200	#16200	#11200	#17200	#12200	#13200

除了可以把数值写入系统变量来改变这些系统变量的数据之外，还可以利用系统变量来读取这些番号中的数据。

例如：在 T 系列中编写：

#27 = #12001；把 001 番号刀具半径补偿量中的磨损数据赋值给变量 #27。

#31 = #16005；把 005 番号 Z 轴补偿量中的形状数据赋值给变量 #31。

2. 工件坐标系平移量 #2501、#2601（属性：R/W）

可以利用系统变量 #2501 读取 X 轴的工件坐标系平移量的值，利用 #2601 读取 Z 轴的工件坐标系平移量的值。此外，将值代入系统变量，可以改变 X 轴和 Z 轴的工件原点坐标系平移量。

（X 轴：3 个基准轴的 X 轴；Z 轴：3 个基准轴的 Z 轴）

变量号	内容
#2501	X 轴工件平移量
#2601	Z 轴工件平移量

3. 报警 #3000（属性：W）

当在宏指令中检测出错误时，即可使装置进入报警状态。另外，可以在继表达式后用控制出和控制入将 26 个字符以内的报警信息括起来后予以指定。没有指定报警内容时的报警信息，成为宏报警。

变量号	变量名称	内容
#3000	[#_ ALM]	宏报警

参数 MCA（No.6008#1）=0 时

#3000 = n（ALARM MESSAGE）；(n：0～200)

将 3000 与变量#3000 的值相加的报警号和报警信息一起在画面上显示出来。

> 例如："#3000 = 8（DAO JING WU ZHI）；刀具直径未赋值"
> →报警界面上显示出"3008 DAO JING WU ZHI"（刀径无值）。

参数 MCA（No.6008#1）=1 时

#3000 = n（ALARM MESSAGE）；(n：0～4095)

继 MC 后，界面上显示出 #3000 报警号和报警信息。

> 例如："#3000 = 16（ALARM MESSAGE）；"
> →报警界面上显示出"MC0016 ALARM MESSAGE"。

4. 时钟 #3001、#3002（属性：R/W）

通过读取用于时钟的系统变量 #3001、#3002 的值，即可通知时钟的时刻。将值代入时钟变量中，即可预置时刻。

种类	变量号	单位	电源接通时	计数条件
时钟 1	#3001	1ms（msec）	复位为 0	始终
时钟 2	#3002	1h	与电源断开时相同	STL 信号接通时

时钟的精度为 16ms。时钟 1 到 2147483648ms 时候归零。时钟 2 到 9544.371767h 时归零。

5. 单程序段停止、辅助功能完成信号等待的控制 #3003（属性：R/W）

将下列值代入系统变量 #3003 中，即可在其后的程序段中，使基于单程序段的停止无效，当程序段停止无效时，即使单程序段开关设为 ON（或点亮），也不执行单程序段停止，或不等待辅助功能（M、S、T、B）的完成信号（FIN）就进入下一个程序段。在不等待完成信号时，不会发出分配完成信号（DEN）。

注意：不要在没有等待完成信号下就指定下一个辅助功能。

变量号 变量名称	值	单程序段停止	辅助功能完成信号
#3003 [#_ CNTL1]	0	有效	等待
	1	无效	等待
	2	有效	不等待
	3	无效	不等待

此外，通过使用下面的变量名称，还可以个别进行单程序段停止、辅助功能完成信号等待控制。

变量名称	值	单程序段停止	辅助功能完成信号
[#_M_SBK]	0	有效	—
	1	无效	—
[#_M_FIN]	0	—	等待
	1	—	不等待

6. 进给保持、进给速度倍率及准确停止检查无效 #3004（属性：R/W）

通过将下列值代入系统变量 #3004，即可在之后的程序段中使进给保持和进给速度倍率无效，或者不执行基于 G61 方式或 G09 指令的准确停止。

变量号 变量名称	值	进给保持	进给速度倍率	准确停止
#3004 [#_CNTL2]	0	有效	有效	有效
	1	无效	有效	有效
	2	有效	无效	有效
	3	无效	无效	有效
	4	有效	有效	无效
	5	无效	有效	无效
	6	有效	无效	无效
	7	无效	无效	无效

另外，通过使用下面的变量名称，还可以个别进行使进给保持、进给速度倍率、基于 G61 方式或 G09 指令的准确停止有效/无效的控制。

变量号 变量名称	值	进给保持	进给速度倍率	准确停止
[#_M_FHD]	0	有效	—	—
	1	无效	—	—
[#_M_OV]	0	—	有效	—
	1	—	无效	—
[#_M_EST]	0	—	—	有效
	1	—	—	无效

注：

1. 本系统变量是出于与以往的 NC 程序之间的兼容性考虑而提供的。进给保持、进给速度倍率及准确停止的控制，建议用户使用由 G63、G09 及 G61 指令等 G 代码提供的功能。

2. 在执行使进给保持无效的程序段过程中按下进给保持按钮时，出现如下所示的情况。

① 当持续按下进给保持按钮时，操作会在执行程序段后停止。但是，即使单程序段停止无效，操作也不会停止。

② 按下进给保持按钮后松手时，进给保持指示灯点亮，但是操作在最初的程序段终点有效之前不会停止。

3. #3004 通过复位被清除。

4. 即使在通过 #3004 使准确停止无效的情况下，[切削进给与定位程序段] 间的本来进行准确停止的位置不会受到影响。#3004 仅可使基于 [切削进给与切削进给] 间的 G61 方式或者 G09 指令的准确停止暂时无效。

其实，能够看到车床 T 系列 G32、G92、G76 指令，加工中心 M 系列攻螺纹循环 G74、G84 指令等很多指令的表面现象，实际上进给倍率是否有效、进给保持是否有效、单段是否有效及辅助功能 M 指令信号是否等待完成等，都是由内部的系统变量来控制的。

7. 时刻 #3011、#3012（属性：R）

通过读取系统变量 #3011、#3012，即可得知年/月/日、时/分/秒。本变量为只读变量。

> **例如**：#101 = #3001，把年/月/日信息代入 #101。想要改变年/月/日、时/分/秒时，在计时器界面上进行。
>
> **例如**：2014 年 9 月 19 日下午 3 时 18 分 6 秒，在计时器界面为在变量 #3011 上输入 "20140919"。在变量 #3012 上输入 "151806"。

8. 零件数的累计值和所需零件数 #3901、#3902（属性：R/W）

通过运行时间和零件数显示功能，即可在界面上显示出所需零件数和已经加工的零件数。到已经加工的零件数（累计值）超过所需零件数时，系统会向机床端（PMC 端）输出通知该情况的信号。

可以利用系统变量来读写零件数的累计值和所需零件数，但不能用负值。

9. 模态信息

正在处理的当前程序段之前的模态信息，可以从系统变量中读出。T 系列模态信息的系统变量见表 5-3。

通过读取系统变量 #4001 ~ #4130 的值，即可得知当前预读的程序段中在读取系统变量 #4001 ~ #4130 的宏语句紧之前的程序段前指定的模态信息。

通过读取系统变量 #4201 ~ #4330 的值，即可得知当前正在执行的程序段的模态信息。

通过读取系统变量 #4401 ~ #4530 的值，即可得知在被中断型用户宏程序中断的程序段之前指定的模态信息。

> **注意**：单位采用指定时所用的单位。

表 5-3 T 系列模态信息的系统变量

变量号	功 能	
#4001	G00、G01、G02、G03、G33	01 组
#4002	G17、G18、G19	02 组
#4003	G90、G91	03 组
#4004	G22、G23	04 组
#4005	G94、G95	05 组
#4006	G20、G21	06 组
#4007	G40、G41、G42	07 组
#4008	G43、G44、G49	08 组
#4009	G73、G74、G76、G80 ~ G89	09 组
#4010	G98、G99	10 组
#4011	G50、G51	11 组
#4012	G66、G67	12 组
#4013	G96、G97	13 组
#4014	G54 ~ G59	14 组
#4015	G61 ~ G64	15 组
#4016	G68、G69	16 组
#4017	G15、G16	17 组
…	…	…

（续）

变量号	功能
#4030	待定　　　　　　　　　　　　30 组
#4102	B 代码
#4107	D 代码
#4108	E 代码
#4109	F 代码
#4111	H 代码
#4113	M 代码
#4114	顺序号
#4115	程序号
#4119	S 代码
#4120	T 代码
#4130	P 代码（当前所选的附加工件坐标系号码）

注：

1. P 代码为当前所选的附加工件坐标系号码。

2. 系统变量 #4001～#4120 不能用作运算指令左边的项，即只能读取，不能写入。例如，程序里编写的"G17 G90 G55;"，执行完这段程序后，当执行"#1 = #4002; #2 = #4003; #3 = #4014;"这几段程序后，#1 得到的值是 17，#2 得到的值是 90，#3 得到的值是 55。不可以编写"#4002 = 18;"这样的指令，来改变机床由 G17 成为 G18 的状态。这些系统变量只能用来保存机床的状态，如果想让机床成为 G18 的状态，请在程序中编写 G18。

3. 如果阅读模态信息指定的系统变量为不能用的 G 代码时，系统则发出程序错误 P/S 报警。

4. 关于"紧之前的程序段"和"执行中的程序段"：为使数控系统在加工程序中读入排在执行中的程序段之前的程序段，执行中的程序段和数控系统正在执行读入处理的程序段在通常情况下不同。"紧之前的程序段"是指数控系统正在执行读入处理的程序段紧之前的程序段。也即，#4001～#4130 所指定的程序段的程序上紧之前的程序段。

【例 5-1】　O1234;
N10 G00 X20. Y20. ;
N20 G01 X100. Y100. F1000;
……
……
N50 G00 X500. Y500. ;
N60 #1 = #4001;

假定现在数控系统正在执行 N20。此外，如上所示，假定数控系统读入 N60 并且正在进行处理，"执行中的程序段"为 N20，"紧之前的程序段"为 N50。因此，"执行的程序段"的组 01 的模态信息为 G01。"紧之前的程序段"的组 01 的模态信息为 G00。

如果"N60 #1 = #4201;"，则 #1 = 1。

如果"N60 #1 = #4001;"，则 #1 = 0。

10. 位置信息 #5001～#5065（属性：R）

通过读取系统变量 #5001～#5065 的值，即可得知当前执行的程序段的终点位置、指令当前位置（机械坐标系、工件坐标系）及跳过信号位置。

11. 刀具位置偏置量 #5081～#5085、#5121～#5125（属性：R）

通过读取系统变量 #5081～#5085、#5121～#5125 的值，即可得知当前正在执行的程序段中的刀具位置偏置量。（X 轴：3 个基准轴的 X 轴，Z 轴：3 个基准轴的 Z 轴，Y 轴：3 个基准轴的 Y 轴）。

变量号	位置信息	坐标系	刀具位置/刀具长度/刀具半径补偿	移动中的读取操作
#5001 …… #5005	第1轴程序段终点位置 …… 第5轴程序段终点位置	工件坐标系	不包括	可以执行
#5021 …… #5025	第1轴当前位置 …… 第5轴当前位置	机械坐标系	包括	不可执行
#5041 …… #5045	第1轴当前位置 …… 第5轴当前位置	工件坐标系	包括	不可执行
#5061 …… #5065	第1轴跳过位置 …… 第5轴跳过位置	工件坐标系	包括	可以执行

注：

1. 当指定超过控制轴数的变量时，会有 PS0115 报警"变量号超限"发出。

2. G31 跳过的程序段终点位置为在跳过信号接通时的位置。跳过信号尚未接通时，该位置就是所指定的程序段的终点位置。

3. "不可执行移动中的读取操作"是指即使在移动中读取也不能确保读取值正确性的情形。

变量号	位置信息	移动中的读取操作
#5081	X 轴刀具位置偏置量	
#5082	Z 轴刀具位置偏置量	
#5083	Y 轴刀具位置偏置量	
#5084	第4轴刀具位置偏置量	
#5085	第5轴刀具位置偏置量	
#5121	X 轴刀具位置偏置量（形状）	不可执行
#5122	Z 轴刀具位置偏置量（形状）	
#5123	Y 轴刀具位置偏置量（形状）	
#5124	第4轴刀具位置偏置量（形状）	
#5125	第5轴刀具位置偏置量（形状）	

12. 伺服位置偏差值 #5101 ~ #5105（属性：R）通过读取系统变量 #5101 ~ #5105 的值，即可得知每个轴的伺服位置偏差值。

变量号	位置信息	移动中的读取操作
#5101	第 1 轴伺服位置偏差值	不可执行
……	……	
#5105	第 5 轴伺服位置偏差值	

13. 工件原点偏置量 #5201 ~ #5325（属性：R/W）
通过读取工件原点偏置量用的系统变量 #5201 ~ #5325 的值，即可得知工件原点偏置量；通过将值代入系统变量，还可以改变工件原点偏置量。

变量号	控制轴	工件坐标系
#5201	第 1 轴外部工件原点偏置量	EXT 外部工件原点偏置量（所有坐标系通用）
……	……	
#5205	第 5 轴外部工件原点偏置量	
#5221	第 1 轴工件原点偏置量	G54
……	……	
#5225	第 5 轴工件原点偏置量	
#5241	第 1 轴工件原点偏置量	G55
……	……	
#5245	第 5 轴工件原点偏置量	
#5261	第 1 轴工件原点偏置量	G56
……	……	
#5265	第 5 轴工件原点偏置量	

（续）

变量号	控制轴	工件坐标系
#5281 …… #5285	第 1 轴工件原点偏置量 …… 第 5 轴工件原点偏置量	G57
#5301 …… #5305	第 1 轴工件原点偏置量 …… 第 5 轴工件原点偏置量	G58
#5321 …… #5325	第 1 轴工件原点偏置量 …… 第 5 轴工件原点偏置量	G59

5.1.3 运算指令

可以在变量之间进行各类运算。运算指令可像一般的算术式子一样编程。FANUC 系统算术和逻辑运算见表 5-4。

表 5-4　FANUC 系统算术和逻辑运算

运算的种类	运算指令	含义
定义、替换	#i = #j	变量的定义或替换
加法型运算	#i = #j + #k #i = #j − #k #i = #j OR #k #i = #j XOR #k	加法运算 减法运算 逻辑和（32 位的每一位） 按位加（32 位的每一位）

(续)

运算的种类	运算指令	含义
乘法型运算	#i = #j * #k	乘法运算
	#i = #j/#k	除法运算
	#i = #j AND #k	逻辑积（32位的每一位）
	#i = #j MOD #k	余数（#j、#k 取整后求取余数。#j 为负时，#i 也为负）
函数	#i = SIN [#j]	正弦（单位：(°))
	#i = COS [#j]	余弦（单位：(°))
	#i = TAN [#j]	正切（单位：(°))
	#i = ASIN [#j]	反正弦
	#i = ACOS [#j]	反余弦
	#i = ATAN [#j]	也可以是反正切（1个自变量）、ATN
	#i = ATAN [#j] / [#k]	也可以是反正切（2个自变量）、ATN
	#i = ATAN [#j, #k]	同上
	#i = SQRT [#j]	也可以是平方根、SQRT
	#i = ABS [#j]	绝对值
	#i = BIN [#j]	由二进制编码的十进制（BCD）变换为二进制（BINARY）
	#i = BCD [#j]	由二进制（BINARY）变换为二进制编码的十进制（BCD）
	#i = ROUND [#j]	也可以是四舍五入、RND
	#i = FIX [#j]	小数点以下舍去
	#i = FUP [#j]	小数点以下舍入
	#i = LN [#j]	自然对数
	#i = EXP [#j]	以 e (2.718……) 为底数的指数
	#i = POW [#j, #k]	幂乘级（#j 的 #k 次幂）
	#i = ADP [#j]	小数点附加

例如：#i = <表达式>

<表达式>：运算指令右边的<表达式>是常量、变量、函数或算符的组合。代之以下面的 #j、#k，也可以使用常量。在<表达式>中使用的不带数点的常量，视为其末尾有小数点。

1. 角度单位

在 SIN、COS、TAN、ASIN、ACOS 及 ATAN 函数中使用的角度，其单位用（°）表示。例如：25°51′，表示为 25.85°。

2. 反正弦 #i = ASIN [#j]

数学上表示为 arc sin，计算器上表示为 $\sin^{-1}$。解的范围如下：

1）当参数 NAT（No.6004#0）设为 0 时为 270°~90°。

2）当参数 NAT（No.6004#0）设为 1 时为 -90°~90°。

3）当 #j 超出 -1~1 时，会有 PS0119 报警。

4）可用常量替代变量 #j。

3. 反余弦 #i = ACOS [#j]

数学上表示为 arc cos，计算器上表示为 $\cos^{-1}$。

1）解的范围为 0°~180°。

2）当 #j 超出 -1~1 时，会有 PS0119 报警。

3）可用常量替代变量 #j。

4. 反正切 #i = ATAN [#j] / [#k]

（2个自变量）数学上表示为 arc tan，计算器上表示为 $\tan^{-1}$。

1）即使指定 ATAN [#j, #k]，也与 ATAN [#j] / [#k] 等效。

2）本函数由指定平面上的点（#k, #j）给定时，返还相对于由该点构成的角度的反正切的值。

3）可用常量替代变量 #j。

4）解的范围如下所示：

① 当参数 NAT（No.6004#0）设为 0 时为 0°~360°。

> 例如：#1 = ATAN [1] / [1] 时，#1 是 45.0°；
> #1 = ATAN [1] / [-1] 时，#1 是 135.0°；
> #1 = ATAN [-1] / [-1] 时，#1 是 225.0°；
> #1 = ATAN [-1] / [1] 时，#1 是 315.0°；

② 当参数 NAT（No.6004#0）设为 1 时为 -180°~180°。

> 例如：#1 = ATAN [1] / [1] 时，#1 是 45.0°；
> #1 = ATAN [1] / [-1] 时，#1 是 135.0°；
> #1 = ATAN [-1] / [-1] 时，#1 是 -135.0°；
> #1 = ATAN [-1] / [1] 时，#1 是 -45.0°；

注："[ ]／[ ]"，代表所在平面的坐标值，如在 G17 平面，"[1]／[-1]"，代表该坐标 Y 值为"1"，X 值为"-1"；如在 G18 平面，"[1]／[-1]"，代表该坐标 X 值为"1"，Z 值为"-1"；如在 G19 平面，"[1]／[-1]"，代表该坐标 Z 值为"1"，Y 值为"-1"，千万别混淆了顺序！

5. 反正切 #i = ATAN [#j]（1个自变量）

1）如上所述，在以 1 个自变量来指定

ATAN 时，该功能将返还反正切的主值（-90°＜ATAN［#j］＜90°）。即成为计算器型规格的 ATAN。

2）在将本函数作为除法运算的被除数使用时，必须以［ ］括起来以后再指定，不括起来的情形视为 ATAN［#j］/［#k］。

例如："#100 =［ATAN［1］］/10;"：将 1 个自变量 ATAN 除以 10，即 4.5°。

"#100 =［ATAN［-1］］/10;"：将 1 个自变量 ATAN 除以 10，即 -4.5°。

"#100 = ATAN［1］/［10］;"：作为 2 个自变量 ATAN 执行，即 5.7106°。

"#100 =［ATAN［-1］/［1］］/10;"：视为先运算 ATAN［-1］/［1］，然后再把结果除以 10，当参数 No.6004#0 设为 0 时，为 31.5°；当参数 No.6004#0 设为 1 时，为 -4.5°。

"#100 = ATAN［1］/10"：视为 2 个自变量 ATAN，但是由于 G17 平面上 X 坐标的 "10" 指定中没有［ ］，会有 PS1131 报警发出。

注意：反正弦、反余弦及反正切函数，在数学上的表示方法为 arc sin、arc cos 及 arc tan，在计算器上的表示方法为 $\sin^{-1}$、$\cos^{-1}$ 及 $\tan^{-1}$，在数控机床上的表示方法为 ASIN、ACOS 及 ATAN。

建议采用含两个自变量的反正切函数：ATAN［#j］/［#k］。

6. 自然对数 #i = LN［#j］

1）当反对数（#j）小于等于 0 时，会有 PS0119 报警。

2）可用常量替代变量 #j。

7. 指数函数 #i = EXP［#j］

1）运算结果溢出时，会有 PS0119 报警。

2）可用常量替代变量 #j。

8. ROUND 函数

1）当运算指令以及 IF 语句或 WHILE 语句中包含取整函数时，取整函数则从第一位小数起四舍五入。

例如：#1 = ROUND［#2］；其中 #2 为 1.2345，则变量 #1 的值是 1.0。

2）当 ROUND 函数用在 NC 的语句地址中，取整函数将按地址的最小输入增量，对指定的值四舍五入。

例如：按照变量 #1 和 #2 的值，编写一个钻孔程序，完成后返回原来位置。

假设设定单位是 0.001mm，变量 #1 的值是 1.2345，变量 #2 的值是 2.3456。G00 G91 X-#1；负方向移动 1.235mm。G01 X-#2 F300；负方向移动 2.346mm。G00 X [#1 + #2]；由于 1.2345mm + 2.3456mm = 3.5801mm，移动量在正方向为 3.580mm，而非返回原来位置。

注意：差别来源于是四舍五入前相加的，还是四舍五入后相加的。

为了使刀具返回原来位置，必须指定 G00 X [ROUND [#1] + ROUND [#2]]。

9. ADP（Add Decimal Point）函数

设定 ADP [#n]（n = 1~33），对于不带小数点传递的自变量，可以在子程序端添加小数点。

例如：在用 G65 P __ X10；调用的子程序端，ADP [#24] 的值与在自变量的最后带有小数点的情形相同，也即为 10.。它在不希望在子程序端考虑设定单位时使用。但是，参数 No.6007#4 为 1 时，自变量在传递的同时被变换为 0.01，因此不可使用 ADP 函数。

注意：出于程序的兼容性考虑，不建议用户使用 ADP 函数，在指定宏程序调用的自变量中添加上小数点。

10. 只入不舍和只舍不入（FUP 和 FIX）

当 CNC 对一个数进行操作后，其整数的绝对值比该数原来的绝对值大，这种操作称为只入不舍；相反，对一个数进行操作后，其整数的绝对值比该数原来的绝对值小，这种操作称为只舍不入。

当处理负数时，要格外小心。

例如：假设 #1 = 1.2，#2 = -1.2
当执行 #3 = FUP [#1]；时，将 2.0 赋予 #3。
当执行 #3 = FIX [#1]；时，将 1.0 赋予 #3。
当执行 #3 = FUP [#2]；时，将 -2.0 赋予 #3。
当执行 #3 = FIX [#2]；时，将 -1.0 赋予 #3。

11. 运算指令的缩写

当函数在程序中被指定时，只需要前面的两个字符，后面的可以省略。

例如：ROUND→RO
FIX→FI 等

注意:

1) POW 不可省略。

2) 以省略方式输入了运算指令的情况下,显示也为省略方式。

也即,即使输入 RO,也不会变换显示为实际的运算指令 ROUND,而显示 RO。

12. 运算的优先顺序

1) 函数。

2) 乘除运算(*,/,AND)。

3) 加减运算(+,-,OR,XOR)。

例如: #1=#2+#3*SIN[#4];

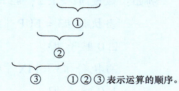

①②③表示运算的顺序。

13. 括号的嵌套

括号被用来改变运算的优先顺序。括号可含 5 层,包括函数外面的括号。因为超过 5 位,会有 PS0118 报警。

例如: #1=SIN[[[#2+#3]*#4+#5]#6];

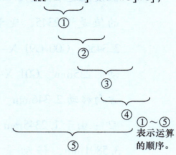

①~⑤表示运算的顺序。

14. 逻辑运算说明

逻辑运算符号是在二进制数值上使用的运算符号。宏变量为浮点数字。当在宏变量上使用逻辑运算符号时,只使用浮点数字的整数部分。逻辑运算符号是:

OR:两个数值一起 Logically OR(或)。

XOR:两个数值一起 Exclusively OR(异或)。

AND:两个数值一起 Logically AND(与)。

逻辑运算相对于算术运算来说较为特殊,具体说明如下:

运算符	功能	逻辑名	运算特点	运算实例
AND	与	逻辑乘	(相当于串联)有 0 得 0	1×1=1,1×0=0,0×0=0
OR	或	逻辑加	(相当于并联)有 1 得 1	1+1=1,1+0=1,0+0=0
XOR	异或	逻辑减	相同得 0,相异得 1	1-1=0,1-0=1,0-0=0,0-1=1

说明：

1) AND 的运算法则为：检查所有条件是否都为 TRUE（真），如果所有参数都为 TRUE（真），则结果为 TRUE（真）；只要有一个条件为 FALSE（假），则结果为 FALSE（假）。

例如：#1 = 5.2；
　　　#2 = 3.6；
　　　IF［［#1 GT 4.5］AND［#2 LT 9.8］］GOTO 19；

检查"［#1 GT 4.5］"条件为 TRUE（真），"［#2 LT 9.8］"条件为 TRUE（真），即二者都为 TRUE（真），则出现 GOTO（前进），跳转到 N19 程序段。只要有一个条件为 FALSE（假），就不出现跳转。

2) OR 的运算法则为：如果任一条件为 TRUE（真），则结果为 TRUE（真）；只有当所有条件均为 FALSE（假）时，结果才为 FALSE（假）。

例如：#1 = 1.0；　　　　0000 0001
　　　#2 = 2.0；　　　　0000 0010
　　　#3 = #1 OR #2　　 0000 0011

在 OR 操作后，这里的变量 #3 会包含 3.0。

3) XOR 的运算法则为：如果 a、b 两个值不相同，则异或结果为 1；如果 a、b 两个值相同，则异或结果为 0。

例如：十进制 5 异或 11，先转化为二进制，再异或，异或值为 "1110"，即十进制 14。

　　　　0101
　XOR　1011
　　　―――
　　　　1110

注意：当使用逻辑运算符时，必须小心操作，这样才会得到所要求的结果。

15. 运算精度

运算形式	平均误差	最大误差	误差的种类
$a = bc$	1.55×10^{-10}	4.66×10^{-10}	相对误差① $\left|\dfrac{\varepsilon}{a}\right|$
$a = b/c$	4.66×10^{-10}	1.88×10^{-9}	
$a = \sqrt{b}$	1.24×10^{-9}	3.73×10^{-9}	
$a = b + c$ $a = b - c$	2.33×10^{-10}	5.32×10^{-10}	MIN $\left|\dfrac{\varepsilon}{b}\right|$、$\left|\dfrac{\varepsilon}{c}\right|$ ②

(续)

运算形式	平均误差	最大误差	误差的种类
$a = \text{SIN}\,[b]$ $a = \text{COS}\,[b]$	5.0×10^{-9}	1.0×10^{-8}	绝对误差③ $\|\varepsilon\|$ 度
$a = \text{ATAN}\,[b]\,/\,[c]$	1.8×10^{-6}	3.6×10^{-6}	

注：
1. 相对误差与运算结果有关。
2. 两类误差中，采用较小的一类。
3. 绝对误差是常量，与运算结果无关。
4. 函数 TAN 运算的是 SIN/COS。
5. 自然对数 $\#i = \text{LN}\,[\#j]$、指数函数 $\#i = \text{EXP}\,[\#j]$，由于无法将相对误差控制在低于 10^{-8} 的值，应予以注意。
6. 当 $\#j$ 大约超过 110 时，指数函数 $\#i = \text{EXP}\,[\#j]$ 的运算结果溢出。

说明：

1）变量值的精度大约是 8 位十进制数字，当对非常大的数进行加法或减法运算时，可能得不到预期的结果。

例如：#1 = 9876543210123.456，即使 #2 = 9876543277777.777 为真值，变量值为#1 = 9876543200000.000，#2 = 9876543300000.000。

此时，在计算 #3 = #2 - #1 时，#3 = 100000.000，而不是期望的差值 67654.321。由于系统是以二进制进行计算的，实际结果还存在一定的差异。

2）误差还会来自使用 EQ、NE、GE、GT、LE、LT 的条件表达式。

例如：IF [#1 EQ #2] 受 #1 和 #2 的误差影响，可能导致判断错误。因此，如 IF [ABS [#1 - #2] LT 0.001] 所示，求出两个变量之差，如果该差值不超过允许值（在这个例子中为 0.001），则可以判定这两个变量的值相等。

3）对一个数值进行只舍不入时，应小心。

例如：#1 = 0.002，计算 #2 = #1 * 1000 时，#2 的结果不正好是 2，而是 1.99999997。此时，如果指定 #3 = FIX [#2]；变量 #3 的结果值不正好是 2.0，而是 1.0。

在这种情况下，进行误差修正之后，对该值应进行只舍不入或四舍五入，使结果大于预期的整数值。

#3 = FIX [#2 + 0.001]；
#3 = ROUND [#2]；

4）括号。在表达式中使用的括号为方

括号[ ]。

注意：圆括号（ ）用于注释。

5）除数。除法运算中分母为"0"时，会有 PS0112 报警。

5.1.4　赋值与变量

赋值是把一个数据或者式子赋予一个变量，例如：

#1 = 5.0；

#2 = #3 + #4；

1）表示 #1 的值为 5.0，可以读作"把 5.0 代入/写入/赋值给变量 1"。

2）表示 #2 的值为 #3 和 #4 值的和，可以读作"把 #3 和 #4 值的和，代入/写入/赋值给变量 2"。

这里的"="是赋值符号，起语句定义作用。赋值的规律有：

1）赋值符号"="两边的内容不能随意互换，左边只能是变量，右边可以是数值、表达式或变量。

2）一个赋值语句只能给一个变量赋值。

3）在一个程序里，可以多次给同一个变量赋值，新变量值将会取代原变量值。即在之前的程序里，原变量值有效，之后的程序里，新变量值有效，直到数据被再次更新。

4）赋值语句具有运算功能，一般形式为：变量 = <表达式>。

在赋值运算中，表达式可以是变量本身与其他数值的运算结果，如 #3 = #3 + 0.5，它表示 #3 的值为 #3 + 0.5，可以理解为"原 #3 + 0.5 的和，代入/写入/赋值给新 #3"，这是有别于普通数学运算的。

正是这有别于普通数学运算意义的表达式，才让宏程序成为有别于普通程序的动力所在——数据在更新，程序在往复运行，这就是对"宏"最好的诠释。

5）赋值表达式的运算顺序与数学运算顺序相同。

5.1.5　宏语句和一般数控语句

下列程序段为宏语句：

1）含运算指令（=）的程序段。

2）含控制指令（如 GOTO、DO、END）的程序段。

3）含宏指令指令（如由 G65、G66、G67 指令或别的 G 代码，或 M 代码的宏指令）的程序段。

除宏语句以外的程序段称为一般数控语句。

说明：

1）与一般数控语句的区别。

① 宏语句即使在单程序段方式，机床也不停止。

注意： 当参数 SBM（No.6000#5）设为 1 时，在单程序段方式机床会停止。

② 在 M 系列面板上，将宏语句视为刀具半径补偿方式中的没有移动的程序段。

2）与宏语句有相同性质的数控语句。

① 数控语句为子程序调用指令（M98，采用 M 代码的子程序调用，或采用 T 代码的子程序调用），且不含 O、N、P 及 L 以外的指令地址的程序段，与宏语句具有相同的性质。

② M99 指令，不包含 O、N、L 及 P 的指令地址的程序段时，具有与宏语句相同的性质。

5.1.6 转移和循环

在程序中，可用 GOTO 语句和 IF 语句改变程序的流向，和其在 C 语言语句中的作用类似。转移和循环有下列三种。

转移和循环 {GOTO 语句（无条件转移）
IF 语句（条件转移；如果……、那么……）
WHILE 语句（当……时循环）

1. 无条件转移语句（GOTO 语句）

无条件转移到顺序号为 n 的语句。当顺序号在 1~99999 范围以外，就会有 PS1128 报警。另外，顺序号也可用表达式来指定。

格式：GOTO n； n 为顺序号（1~99999）。

例如：GOTO 5； 程序转移至 N5 程序段。

GOTO #10； 程序转移至 N#10 程序段。

⚠**警告：**
不可在一个程序中指定多个附带有相同顺序号的程序段。利用 GOTO 语句转移时，转移目的地不定，十分危险。

说明：

1）反向转移比正方向转移需要更长的时间。

2）在以 GOTO n 指令转移的、顺序号 n 的程序段中，顺序号必须在程序段的开头。顺序号不在程序段的开头时不可转移。即如果编写了类似"G00 X20.6 Y90.5 N3；"这样的程序，GOTO3 语句无法找到不在程序开头的 N3。

2. 顺序号存储型 GOTO 语句

在执行用户宏程序控制指令 GOTO 语句时，对于以前执行并存储的顺序号，高速地进行顺序号检索。

"以前执行并存储的顺序号"，指就所执行的顺序号在相同程序内没有重复的顺序号以及子程序调用的顺序号，数控系统对此进行存储。

存储类型因下面的参数而不同。

（1）参数 No.6000#1 = 1 时 固定类型从开始运行起执行并存储的最多 20 个顺序号。

（2）参数 No.6000#4 = 1 时

1）可变类型在执行 GOTO 语句前就执行并存储的最多 30 个顺序号。

2）履历类型以前曾利用 GOTO 语句进行顺序号检索并存储的最多 10 个顺序号。

存储的顺序号在下列情形下将会被取消：

1）刚刚接通电源后。

2）进行复位时。

3）在进行程序的登录和编辑（含后台编辑以及 MDI 程序的编辑）运行程序时。

3. 条件转移（IF 语句）

在 IF 后指定 < 条件表达式 >。

（1）IF［< 条件表达式 >］GOTO n

如果指定的 < 条件表达式 >（真）满足，则转移到顺序号为 n 的语句；如果条件表达式不满足，程序执行下一程序段。如果变量 #1 的值≥53.2，则转移到 N20。

⚠警告：

请勿在一个程序中指定多个带有相同顺序号的程序段。

如果在 GOTO 语句的前后指定与转移目的地顺序号相同的顺序号并执行 GOTO 语句时，转移目的地会因参数而发生变化，此种情形将十分危险！所以请不要编写如下这样的程序。

　　N5…；

　　……

　　GOTO 5；

　　……

　　N5 …；

因为 GOTO 5 语句会随着相关参数设置的不同，可能会转移到 GOTO 5 前面的 N5，也可能转移到后面的 N5。

（2）IF［<条件表达式>］THEN __ 如果<条件表达式>成立（真），则执行指定在 THEN 之后的宏语句。但只执行一个宏语句。该语句在数控车床 G71、G72、G74、G75 及 G76 循环指令中有应用。

1）当 #1 和 #2 一致时，将 0 代入 #3。

IF［#1 EQ #2］THEN #3 = 0;

2）当 #1 和 #2 一致，且 #3 和 #4 一致时，将 0 代入 #5。

IF［［#1 EQ #2］AND［#3 EQ #4］］THEN #5 = 0;

3）当 #1 和 #2 一致，或 #3 和 #4 一致时，将 0 代入 #5。

IF［［#1 EQ #2］OR［#3 EQ #4］］THEN #5 = 0;

说明：

1）<条件表达式>。<条件表达式>有两种：<简单条件表达式>和<复合条件表达式>。<简单条件表达式>即在相比较的两个变量或变量和常量之间描述比较算符的条件表达式。代之以变量，也可以描述<表达式>。<复合条件表达式>即将多个<简单条件表达式>的真假结果以 AND（逻辑积）、OR（逻辑和）及 XOR（按位加）进行运算的结果。条件表达式必须包括算符。算符插在两个变量中间或变量和常数中间，并且用方括号"［］"封闭。表达式可以替代变量。

2）比较算符（见表 5-5）

每个算符由两个字母组成，用来比较两个值，决定它们是否相等，或一个值比另一个值小或大。需要注意的是，不能使用不等符号 NE 作为比较算符使用。

表 5-5 比较算符

运算符号	含义	英文解释
EQ	等于（=）	Equal
NE	不等于（≠）	Not Equal
GT	大于（>）	Great Than
GE	大于或等于（≥）	Great than or Equal
LT	小于（<）	Less Than
LE	小于或等于（≤）	Less than or Equal

典型程序：下面的程序计算数值 1～20 的总和。

O1010;

#1 = 0;   存储和数变量的初值

#2 = 1;   被加数变量的初值

N8 IF［#2 GT 20］GOTO 30;   当被加数大于 20 时转移到 N30

#1 = #1 + #2;   计算和数

#2 = #2 + 1;   下一个被加数（是"1"不是"#1"）

```
GOTO 8;                      转到 N8
N30 M30;                     程序结束
```

4. 重复（WHILE 语句）

在 WHILE 后指定一个条件表达式。当指定条件满足时，执行从 DO 到 END 之间的程序。当指定的条件表达式不满足时，进入 END 后面的程序段。

```
WHILE [<条件表达式>] DO m; (m=1, 2, 3)
    处理
END m;
......
```

说明：

1）当指定的条件表达式满足时，执行紧跟 WHILE 后的从 DO 到 END 之间的程序。

2）当指定的条件表达式不满足时，执行与 DO 对应的 END 后面的程序段。

3）条件表达式和算符与 IF 语句相同。

4）DO 和 END 后面的数值是指定执行范围的识别号，可用 1、2、3 作为识别号。

5）如果用 1、2、3 以外的数字作为识别号，则会有 PS0126 报警。

5. 嵌套

识别号（1～3）在 DO～END 之间可多次使用。但是，当重复的循环相互交叉时，会有 PS0124 报警。

1）识别号（1～3）可根据需要多次使用。

2）DO 的范围不能重叠。

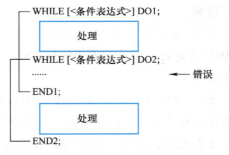

3）DO 循环可以嵌套，最大可嵌套三层。

4) 控制可转移到循环体外面。

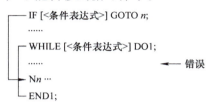

5) 不能转移到循环体中。

限制：

① 无限循环。当指定 DO m 而省略 WHILE 语句时，程序则在 DO 到 END 之间无限循环。

② 处理时间。当要转移到 GOTO 语句中指定的顺序号时，程序先检索顺序号。为此，反向处理数据比正向要用较长的时间。因此，反向处理数据时，为了缩短处理时间，作为重复指令，请使用 WHILE 语句。

③ 未定义变量。在使用 EQ、NE 的条件表达式中，＜空值＞和 0（零）有不同的效果，在别的条件表达式中，＜空值＞被看成 0。

6. 关于循环语句和转移语句的其他说明

1) DO m 和 END m 必须成对使用，而且 DO m 一定要在 END m 指令之前，用识别号 m 来识别。

2) 无限循环：当指定 DO m 而没有指定 WHILE 语句时，将产生从 DO m 到 END m 之间的无限循环。

3) 未定义的变量：在使用 EQ 或 NE 的条件表达式中，值为空和值为零将会有不同的效果。而在其他形式的条件表达式中，空即被当作零。

4) 循环语句（WHILE 语句）和条件转移语句（IF 语句）的关系：许多情况下，两者是从正反两方面去描述同一件事，因此，二者具有相当程度的可互换性。

5) 处理时间：当在 GOTO 语句（无论是无条件转移的 GOTO 语句还是有条件转移的 IF…GOTO 语句）中有顺序号转移的语句时，系统将会进行顺序号检索。

实际上，WHILE…DO 语句和 IF…GOTO 语句的正向/反向检索的时间差确实有，但这个时间差有多大，FANUC 各个版本的说明书里没有标明。相对于系统的运算能力和处理数据的速度，这个时间差相对于处理两者所需的时间来说必然很小。所以不必拘泥于用哪种语句来表述，而应优先考虑数学表达是否正确，逻辑是否严密，变量表达的先后顺序是否无误等。显然，从多样性来看，IF…GOTO 语句的应用形式比 WHILE 语句灵活多变。

5.1.7 宏程序调用

可用下列方法调用宏程序，调用方法大致

可分为 2 类：宏程序调用和子程序调用。即使在 MDI 方式运行中，也同样可以调用程序。

宏程序调用的方法：

1）简单调用（G65）。
2）模态调用（G66、G67）。
3）利用 G 代码的宏程序调用。
4）利用 M 代码的宏程序调用。

子程序调用的方法：

1）利用 M 代码的子程序调用。
2）利用 T 代码的子程序调用。
3）利用特定代码的子程序调用。

1. 非模态调用 G65

当指定 G65 时，指定在地址 P 处的用户宏程序被调用。另外，数据（自变量）被传递给用户宏程序。

指令格式：

G65 Pp Ll <自变量指定>；

p：被调用的程序号；

l：重复次数（省略时为 1）；

自变量：传递给宏指令的数据。

说明：

（1）调用

1）在 G65 指令后面，由地址 P 指定将要调用的用户宏程序的程序号。

2）需要指定重复次数时，在地址 L 后，指定重复次数（1~999999999）的范围。如果省略 L，则假设为 1。

限制：

1）调用的嵌套。调用的嵌套，仅宏程序调用为 5 层，仅子程序调用为 10 层，共计 15 层。

2）宏程序调用与子程序调用的差别。宏程序调用（G65/G66/Ggg/Mmm）与子程序调用（M98/Mmm/Ttt）具有如下差别：

① 宏程序调用可指定自变量，子程序调用则不能。自变量，指传递给宏指令的数据，在日本三菱、日本森精机系统上称为引数。

② 宏程序调用的程序段中含有其他的一般数控指令（如 "G01 X100.0 G65 Pp；"）时，会有 PS0127 报警。

③ 当子程序调用的程序段包含其他的一般数控指令（如 "G01 X100.0 M98 Pp；"）时，执行该指令后调用子程序。

④ 宏程序调用的程序段不会在单程序段方式下停止。

宏程序调用的程序段中含有其他的一般数控指令（如 "G01 X100.0 M98 Pp；"）时，在单程序段方式停止。

⑤ 宏程序调用会引起局部变量的级别变化，但子程序调用不会引起变化。

3) 用自变量指定法，将其值代入相对应的局部变量中。

(2) 自变量指定法　有两类自变量指定法：第Ⅰ类使用 G、L、O、N 及 P 以外的字母，每个用一次；第Ⅱ类使用 A、B 及 C，每个用一次，还可使用 10 组 I、J 及 K，自变量的指定种类是根据所用的字母自动决定的。

1) 第Ⅰ类自变量指定法

地址	变量号
A	#1
B	#2
C	#3
D	#7
E	#8
F	#9
H	#11
I	#4
J	#5
K	#6
M	#13
Q	#17
R	#18
S	#19
T	#20
U	#21
V	#22
W	#23
X	#24
Y	#25
Z	#26

① 地址 G、L、N、O 及 P 不能作为自变量使用。

② 可以省略没有必要指定的地址。与省略的地址相对应的局部变量设为空值。

③ 不需要按照字母顺序指定，按照字地址格式就可以。

但是，I、J、K 必须按照字母顺序指定。

通过将参数 I、J、K（No. 6008#7）设定为 1，即可将 I、J、K 作为第Ⅰ类自变量固定起来。在这种情况下，不需要按照字母顺序指定。

> 例如：
> 1. 参数 I、J、K（No. 6008#7）= 0 的情形
> 在指定为 I＿J＿K＿时，成为 I = #4，J = #5，K = #6，而在指定为 K＿J＿I＿时，成为第Ⅱ类自变量指定法，K = #6，J = #8，I = #10。
> 2. 参数 I、J、K（No. 6008#7）= 1 的情形
> 即使指定为 K＿J＿I＿，也成为第Ⅰ类自变量指定法，如同指定为 I＿J＿K＿一样，I = #4，J = #5，K = #6。

2) 第Ⅱ类自变量指定法。第Ⅱ类自变量指定法仅使用地址 A、B、C 一次，将 I、J、K 作为一组使用，最多可重复指定 10 次。

在将三维坐标作为自变量给出时使用第Ⅱ类指定法。

地址	变量号
A	#1
B	#2
C	#3
I_1	#4
J_1	#5
K_1	#6
I_2	#7
J_2	#8
K_2	#9
I_3	#10
J_3	#11
K_3	#12
I_4	#13
J_4	#14
K_4	#15
I_5	#16
J_5	#17
K_5	#18
I_6	#19
J_6	#20
K_6	#21
I_7	#22
J_7	#23
K_7	#24
I_8	#25
J_8	#26
K_8	#27
I_9	#28

（续）

地址	变量号
J_9	#29
K_9	#30
I_{10}	#31
J_{10}	#32
K_{10}	#33

① I、J、K 的下标（表示自变量指定的顺序），在实际的程序中不写。

② 参数 I、J、K（No.6008#7）=1，不可使用第Ⅱ类自变量指定法。

限制：

自变量指定法的混合

数控系统在内部识别第Ⅰ类和第Ⅱ类自变量指定法，如果两类指定法混合使用，则优先采用后指定的自变量格式。

例：

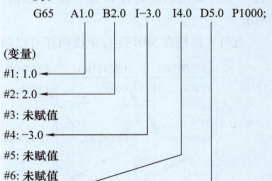

上例中对于变量#7,在指定了I4.0和D5.0的2个自变量时,后面的D5.0有效。

此例中,I-3.0,其前面没有定义J或者K,即第Ⅱ类自变量指定法的I_4指向了#4;第二次编写的带"I"的I4.0,从前面的#4向下推,即第Ⅱ类自变量指定法的I_7指向了#7;D5.0,即第Ⅰ类自变量指定法指向了#7。此时,有采用第Ⅱ类自变量指定法的I4.0和采用第Ⅰ类自变量指定法的D5.0同时指向了#7,两类指定法混合使用则后指定的有效,即编写在后面的,就是右边的有效。

由此可见,第Ⅱ类自变量指定法比较麻烦,如果两类自变量指定法混用更是麻烦。因此,建议采用第Ⅰ类自变量指定法赋值,21个英文字母足够赋值的了。

3)小数点的位置。不带小数点传递的自变量数据单位,成为各地址的最小设定单位。

不带小数点传递的自变量的值可能会因各自的机床系统配置而每个装置都不同,为了保持程序的兼容性,最好养成在宏程序调用的自变量上添加小数点的习惯。

4)调用的嵌套。宏程序调用的嵌套为5层,包括G65非模态调用和G66模态调用。另外,子程序调用的嵌套为15层,包括宏程序调用。

此外,即使在MDI运行中也同样可以调用程序。

5)局部变量的级别。

① 为嵌套提供0级到5级的局部变量。

② 主程序为0级。

③ 每执行一次宏程序调用(G65/G66/Ggg/Mmm),局部变量的级别增加1,上一级的局部变量值被保存在CNC中。

④ 当在宏指令中执行M99指令时,控制返回到调用源程序。这时,局部变量的级别变小一级。恢复为调用宏指令时保存的原先的局部变量值。

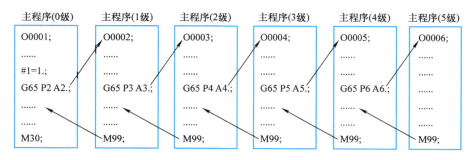

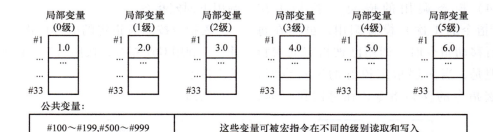

2. 模态调用 G66

在执行沿轴移动的程序段后，用 G66 指定模态调用的话，则调用一个宏指令，这个过程继续到 G67 取消模态调用为止。

指令格式：

G66　P p　L l < 自变量指定法 > ;
p：调用的程序号；
l：重复次数（省略时为 1 次）；
自变量：传递给宏指令的数据。

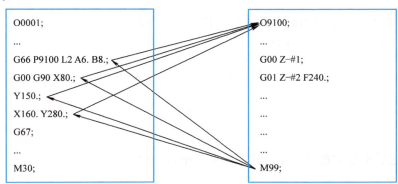

说明：

（1）调用

1) 紧跟 G66 指令，在地址 P 指定进行模态调用的程序号。

2) 需要指定重复次数时，在地址 L 指定在 1～999999999 范围内的一个数。

3) 像简单调用（G65）一样，可作为自变量指定传递给宏指令的数据。

4) 在 G66 方式下每次执行移动指令的程序段时进行宏程序调用。

（2）取消　当指定 G67 时，在下一程序段中不再执行模态宏程序调用。

（3）嵌套　宏程序调用的嵌套为 5 层，包括 G65 简单调用和 G66 模态调用。另外，子程序调用的嵌套为 15 层，包括宏程序调用。

（4）模态调用的嵌套　若是 1 层（G66 指令为 1 次）模态调用，虽然在每次执行移动指令时，调用已被指定的宏指令。但是，当多层指定模态的宏指令时，对于宏指令的移动指令，在每次执行时，调用下列宏指令。

宏指令按照后指定的顺序依次被调用。并且，利用 G67 指令，按照后指定的顺序取消宏指令。

例如：

上述程序的执行顺序（省略不包含移动指令的程序段）

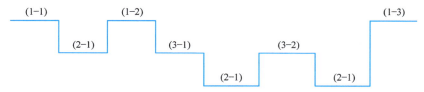

说明：

（1-3）之后不是宏程序调用方式，因此不能进行模态调用。

限制：

1）G66 指令和 G67 指令的程序段必须成对地出现在相同的程序中。另外，若在没有处在 G66 方式下就指定 G67，则会有 PS1100 报警。但是，参数 No.6000#0 = 1 时，也可以不发出报警。

2）在 G66 指令程序段，不进行宏程序调用。但是，局部变量（自变量）已被设定。

3）在所有自变量前都必须指定 G66。

4）在没有辅助功能等轴运行指令的程序段中，不进行宏程序调用。

5）只可在 G66 指令程序段设定局部变量（自变量）。

注意：不是每次执行模态调用时都设定局部变量。

6）在与执行调用的程序段相同的程序段中指定 M99 时，在执行完调用后，执行 M99 指令。

3. 利用 G 代码进行的宏程序调用

通过事先在参数中设定一个用来调用宏指令的 G 代码号，即可调用宏程序调用方法与简单调用（G65）相同。

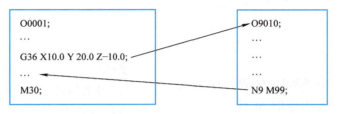

参数 No. 6050 = 36

说明：

通过在参数（No. 6050~6059）中设定一个用来调用宏指令的 G 代码号（-9999~9999），即可调用用户宏程序 O9010~O9019，调用方法与用 G65 指令调用相同。设定了负的 G 代码时，成为模态调用（相当于 G66）。

比如，当设定一个参数使得能用 G36 调用宏指令 O9010，则用户不必改变加工程序而可调用以用户宏程序创建的固定循环。

1）参数号与程序号的对应关系。

参数号	程序号	参数号	程序号
6050	O9010	6055	O9015
6051	O9011	6056	O9016
6052	O9012	6057	O9017
6053	O9013	6058	O9018
6054	O9014	6059	O9019

2）重复。与简单调用一样，可用地址 L 指定一个 1~99999999 范围内的数作为重复次数。

3）自变量指定法。与简单调用一样，有两类自变量指定法：第Ⅰ类自变量指定法和第Ⅱ类自变量指定法，自变量指定法的类型根据所用的地址自动决定。

限制：

1）G 代码调用的嵌套。

2）通常，仅在从由 G 代码调用的程序中调用其他程序时可以使用 G65/M98/G66 指令。

3）若参数 No. 6008#6 = 1，可以利用 M、T、特定代码，从由 G 代码调用的程序中调用。

4. 利用 M 代码进行的宏程序调用

通过事先在参数中设定一个用来调用宏指令的 M 代码号，即可调用宏程序调用方法与简单调用（G65）相同。

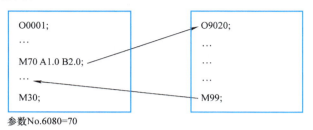

参数No.6080=70

说明：

通过在参数（No.6080~6089）中事先设定一个用来调用宏指令的 M 代码号 3~99999999，即可调用用户宏程序 O9020~O9029，调用方法与用 G65 调用相同。

1）参数号与程序号的对应关系

参数号	程序号	参数号	程序号
6080	O9020	6085	O9025
6081	O9021	6086	O9026
6082	O9022	6087	O9027
6083	O9023	6088	O9028
6084	O9024	6089	O9029

例如：当参数 No.6081 = 980 时，以 M980 调用 O9021。

2）重复。与简单调用一样，可用地址 L 指定一个 1~99999999 范围内的数作为重复次数。

3）自变量指定法。与简单调用一样，有两类自变量指定法：第Ⅰ类自变量指定法和第Ⅱ类自变量指定法，自变量指定法的类型根据所用的地址自动决定。

限制：

1）用来调用宏指令的 M 代码必须指定在程序段的开头。

2）通常，仅在从由 M 代码调用的程序中调用其他程序时可以使用 G65/M98/G66 指令。

3）参数 No.6008#6 = 1 时，可以由 M 代码调用的程序中执行利用 G 代码的调用。

5. 利用 M 代码进行的子程序调用

通过事先在参数中设定一个用来调用子程序（宏指令）的 M 代码号，即可调用宏程序，调用方法与子程序调用（M98）相同。

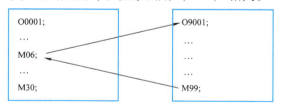

参数 No.6071 = 06，加工中心就是用 M06 调用 O9001 换刀宏程序；参数 No.6072 = 60/80，卧式加工中心就是用 M60/M80 调用 O9002 交换工作台宏程序。

说明：

通过事先在参数（No.6071～6079）中设定一个用来调用子程序的 M 代码号 3～99999999，即可调用子宏指令 O9001～O9009，调用方法与用 M98 调用相同。

① 参数号与程序号的对应关系

参数号	程序号	参数号	程序号
6071	O9001	6076	O9006
6072	O9002	6077	O9007
6073	O9003	6078	O9008
6074	O9004	6079	O9009
6075	O9005		

② 重复。与简单调用一样，可用地址 L 指定一个 1～99999999 范围内的数作为重复次数。

③ 自变量指定法。不允许自变量指定。

④ M 代码。在已被调用的宏指令中的 M 代码，M 代码被当作普通的 M 代码处理。

限制：

① 通常，仅在从由 M 代码调用的程序中调用其他程序时可以使用 G65/M98/G66 指令。

② 参数 No.6008#6＝1 时，可以从由 M 代码调用的程序中执行利用 G 代码的调用。

6. 利用 T 代码进行的子程序调用

事先在参数中将利用子程序的 T 代码进行的调用设为有效，每当在加工程序中指定 T 代码时，即可调用子程序。

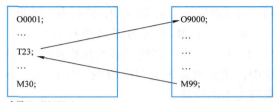

参数 No.6001#5＝1

说明：

1）调用。事先将参数 TCS（No.6001#5）设为 1，每当在加工程序中指定 T 代码时，即可调用子程序 O9000。指定在加工程序中的 T 代码被代入公共变量#149。

如上例，程序中指定了 T23，即可调用 O9000 子程序，23 被代入公共变量#149。程序中指定了 T16，即可调用 O9000 子程序，16 被代入公共变量#149。

2）重复。与简单调用一样，可用地址 L 指定一个 1～99999999 范围内的数作为重复次数。

3）自变量指定法。不允许自变量指定。

限制：

1）通常，仅在从由 T 代码调用的程序中调用其他程序时可以使用 G65/M98/G66 指令。

2）参数 No.6008#6＝1 时，可以从由 T 代码调用的程序中执行利用 G 代码的调用。

7. 处理宏语句

为了平稳加工，数控系统预读下一步要执行的程序语句。这个操作称为缓冲。例如，在

AI 先行控制（M 系列）/AI 轮廓控制（M 系列）方式的插补前加/减速中，进行多次缓冲。

此外，在 M 系列的刀具半径补偿方式（G41、G42）中，即使没有处在插补前加/减速中，至少预读 3 个程序段的程序语句，并进行交点的计算。

但是，运算式和条件转移的宏语句一旦被缓冲（即被读入缓冲器），即可被处理。因此，执行宏语句的时机并不一定按照所指定的顺序。

相反，在指定了用来控制设定在 M00、M01、M02、M30 和参数（No.3411 ~ 3420, No.3421 ~ 3432）中的缓冲的 M 代码、用来控制 G31、G53 等缓冲的 G 代码的程序段中，则不进行预读。因此，在执行完这些 M 代码、G 代码之前，可以确保不执行后面的宏语句。

8. 用户宏程序的使用限制

（1）顺序号检索　不能检索用户宏程序中的顺序号。

（2）单程序段　宏程序调用指令、运算指令及控制指令以外的程序段，即使在执行宏指令时，也可在单程序段方式终止程序段的执行。

包含宏程序调用指令（G65/G66/Ggg/Mmm/G67）的程序段，即使在单程序段下也不会停止。

运算指令和控制指令的程序段，通过在参数 SBM（No.6000#5）或参数 SBV（No.6000#7）设定 1，成为如下所示情形。

		SBM（No.6000#5）	
		0	1
参数 SBV (No.6000#7)	0	即使设定为单程序段也不会停止	单程序段停止有效（不可通过#3003使单程序段停止无效。单程序段停止始终有效）
	1	单程序段停止有效（不可通过#3003 使单程序段停止有效/无效）	

（3）可选程序段跳过　出现在 <表达式> 中部（放在运算式子右边的方括号［］里）的斜杠 "/" 代码，被认为是除法运算符，不被作为可选程序段跳过代码。

（4）在编辑方式下的操作　通过设定参数 NE8（No.3202#0）和 NE9（No.3202#4）为 1，就不能删除或编辑程序号为 8000 ~ 8999 和 9000 ~ 9999 的用户宏程序或子程序。这样，就可以防止已经登录的用户宏程序和子程序因错误操作而被意外删除。但是，存储器清零处理（电源接通时，同时按下 RESET 和 DELETE 键），存储器的全部内容包括用户宏程序都被清除。

（5）复位　通过复位操作，将局部变量和公共变量#100 ~ #199 清除为 <空值>。但是，参数 CCV（No.6001#6）= 1 时，可以不清除#100 ~ #199。

通过复位操作，可以清除用户宏程序和子程序的任何被调用状态、DO 的状态，并将返回到主程序。

（6）进给保持　在执行宏语句期间，如果将进给保持功能设为有效，在执行完宏语句后机床就会停止。当复位操作或发出报警时，机床也会停止。

（7）DNC运行　控制指令（GOTO、WHILE…DO等）不可在DNC运行下执行。

但是，在DNC运行中调用程序存储器中已被登录的程序的情形则除外。

（8）可以在＜表达式＞中指定的常量值
在FANUC 0i –TD面板上，表达式中可以使用的数据范围为 +0.00000000001 ~ +99999999999 和 –99999999999 ~ –0.00000000001，可以指定的最大位数是12位（十进制）。超过最大位数时，会有PS0012报警。

在FANUC 0i –TC面板上，表达式中可以使用的数据范围为 +0.0000001 ~ +99999999 和 –99999999 ~ –0.0000001，可以指定的最大位数是8位（十进制）。超过最大位数时，会有PS003报警。

5.2　数控车床宏程序加工实例

有些工件虽然简单，但如果是一张通用图对应工件上的多组尺寸，为每一组尺寸的工件都编写一个程序将会非常麻烦。如果使用含有"#"号的变量去编写，只需编写一个程序。需要使用另一组尺寸时，修改一下数值就可以了。

5.2.1　简单零件（1）

图5-1所示图样为通用图，在该工件上，图样中的一组尺寸为 $A = 52.5$mm，$B = 62$mm，$C = 9.5$mm。

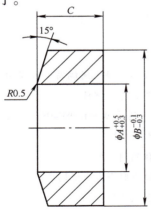

技术要求
1. 材料注释（表中未列举材料按标准材料规范执行）：

2Cr13	无特殊要求	调质处理，硬度31~35HRC
	NACE要求	淬火+二次回火≤22HRC

2. 锐边倒钝。

图5-1　通用图（一）

程序如下：

```
O6701;
(T67101)  (1XU, JIA ZUO DUAN WAI YUAN);        备注图样名称；1序，夹左端外圆
(P=1.2-1.6MPA);                                备注卡盘压强1.2~1.6MPa，此处仅为示例
#1=64.1 (MAO PI WAI JING);                     毛坯外径
#2=49.9 (MAO PI NEI JING);                     毛坯内径
#3=61.7 (B, JING CHE WAI JING);                图样中的B，精车外径
#4=53.0 (A, JING CHE NEI JING);                图样中的A，精车内径
#5=9.5 (C, JING CHE CHANG DU);                 图样中的C，精车长度
#6=0.5 (KONG KOU DAO YUAN BAN JING);           孔口倒圆半径
;
G97 G54 G99 M08;
T0303 M03 S480 (W0.8, T3);                     刀片型号 WNMG080408，外圆粗车刀，刀尖方位号 T3
G00 X [#1+3.5] Z3.;                            定位到工件直径、端面外
Z0;                                            定位到车端面的起点
G01 X [#2-3.] F0.18;                           车端面
G00 X [#3-3.2] Z0.5;                           定位到倒角的起点
G01 X [#3+0.8] Z-1.5 F0.15;                    倒角
U0.5 F0.3;
G00 Z100.;
;                                              在刀具交换之间编写一段空白程序，单独寻找刀具非常醒目
T0202 M3 S480 (W0.8, T2);                      刀片型号 WNMG080408，内孔粗车刀，刀尖方位号 T2
G00 X [#4-0.5+2.*#6] Z2.;                      定位到内孔外
G01 Z0.5 F0.3;                                 孔口有时会有残留切屑，所以分两步到Z0
Z0 F0.18;                                      切削到孔口
G02 X [#4-0.5] Z-#6 R#6 F0.12;                 内孔留0.5mm余量，倒圆角
G01 Z-[#5+1.] F0.18;                           工件长了1.5~2mm，粗车内孔多加工了1mm
```

G00 U-1. W0.5;	45°退刀
Z80.;	退刀到工件外
;	
T0404 M3 S560 (W0.4, T2);	刀片型号 WNMG080404, 内孔精车刀, 刀尖方位号 T2
G41 G00 X[#4+2.*#6] Z1.;	建立刀尖半径左补偿, 定位到工件外
G01 Z0 F0.2;	
G02 X#4 Z-#6 R#6 F0.1;	倒圆角
G01 Z-[#5+0.7] F0.16;	毛坯长了1.5~2mm, 精车内孔多加工了0.6~0.8mm
G00 G40 U-1.6 W0.8;	退刀的途中取消刀尖半径补偿
Z10. M09;	脱离工件不远, 关闭切削液
M05;	
X280. Z120.;	退刀到便于装卸工件的位置
T0303;	换上程序中的第一把刀
M30;	

注意：如果不是使用"G65/G66 P____"的格式去调用含有变量的宏程序，局部变量#1~#33 可以在主程序或子程序中任意使用；如果是使用"G65/G66 P____"的格式去调用含有变量的宏程序，局部变量要一一对应，比如"G65/G66 P____"后面的 A、B、F 就分别指向了被调用的宏程序中的局部变量#1、#2、#9，不可用错。

O6702;	
(T67101) (2XU, CHENG YOU DUAN NEI KONG);	备注图样名称；2序, 撑右端内孔
(P=1.2-1.6MPA);	备注卡盘压强1.2~1.6MPa, 此处仅为示例
#1=64.1 (MAO PI WAI JING);	毛坯外径
#2=61.7 (B, JING CHE WAI JING);	图样中的B, 精车外径
#3=53.0 (A, JING CHE NEI JING);	图样中的A, 精车内径
#4=9.5 (C, JING CHE CHANG DU);	图样中的C, 精车长度
#5=15.0 (QING XIE JIAO DU);	倾斜角度

#6＝0.5（KONG KOU DAO YUAN BAN JING）；	孔口倒圆半径
；	
G54 G97 G99 M08；	
T0303 M3 S500（W0.8，T3）；	刀片型号 WNMG080408，外圆粗车刀，刀尖方位号 T3
G00 X［#1＋3.5］；	定位到车端面的起点
Z0.2；	Z 向留 0.2mm 余量
G01 X［#3－3.］F0.18；	车端面
G00 X#1 Z1.；	定位到轴向粗车循环的起点
G71 U1.8 R0.3 F0.2；	设定切削参数，背吃刀量 1.8mm，退刀 0.3mm
G71 P1 Q2 U0.7 W0；	设定精加工余量
N1 G00 X［#3＋2.＊#6－0.5］；	锥度起点 Z0 处的理论直径为"X［#3＋2.＊#6］"，编小了 0.5mm 是经验值
G01 Z0；	
X#2 Z－［［#2－#3－2.＊#6＋0.5］＊0.5＊TAN［#5］］；	从"X［#3＋2.＊#6－0.5］Z0"到"X#2"，X 轴直径值变化了"［#2－#3－2.＊#6＋0.5］"，倾斜角度"#5"，则 Z 轴变化量为"［#2－#3－2.＊#6＋0.5］＊0.5＊TAN［#5］"
N2 Z－［#4＋0.05］；	卡爪右边直径略小于 ϕB 处需要车削 0.3~0.5mm 高的小台阶，留一点空刀，以免切屑挤坏刀片
G00 Z120.；	退刀
；	
T0505 M03 S600（W0.4，T3）；	刀片型号 WNMG080404，外圆精车刀，刀尖方位号 T3
G00 X［#3＋5.］；	因为锥面已粗加工好，所以定位点的 X 不必很大
Z0；	

G01 X［#3－4.］F0.2；	车端面
G00 Z2.；	
G42 X［#3＋2.＊#6－0.5－0.8/TAN［#5］］Z0.4；	锥度起点 Z0 处的经验直径为"X［#3＋2.＊#6－0.5］"，则在 Z0.4 处对应的直径值为"X［#3＋2.＊#6－0.5－2.＊0.4/TAN［#5］］"
G01 X［#2－0.8］Z－［［#2－#3－2.＊#6－0.3］＊0.5＊TAN［#5］］F0.16；	锥度起点 Z0 处的经验直径为"X［#3＋2.＊#6－0.5］"，在"X［#2－0.8］"处，对应的 Z 轴变化量为 X 轴变化量的一半×角度的正切值，为"［#3＋2.＊#6－0.5－#2＋0.8］＊0.5＊TAN［#5］"，考虑到符号，为其相反数
X#2 W－0.4 F0.12；	倒角 C0.4mm
U0.01 Z－#4 F0.16；	如果取下工件后测量有锥度，适当调整，此处"U0.01"仅为示例
G00 G40 U2.；	退刀时取消刀尖半径补偿，移动距离大于刀尖圆弧半径
Z120.；	
；	
T0404 M03 S600（W0.4，T2）；	刀片型号 WNMG080404，内孔精车刀，刀尖方位号 T2
G41 G00 X［#3＋2.＊#6－0.2］Z2.；	定位到倒圆角的起点外，直径编小了 0.2mm
G01 Z0 F0.2；	
G02 X［#3－0.2］Z－#6. R#6 F0.11；	仅是倒角；如果编写的是"X#3"，会在孔壁留下一圈刀痕
G00 G40 U－1.6 W0.8；	取消刀尖半径补偿，移动量距离大于刀尖圆弧半径
Z20. M09；	
M05；	
X260. Z120.；	移动到便于装卸工件的位置
T0303；	换上程序中的第一把刀
M30；	

延伸阅读:

FANUC 0*i* – TD 操作系统上修改中小括号的步骤如下:在机床各轴静止的情况下,选择 MDI 方式,按下 OFS/SET 键→"设定"键,界面上方的第一个就是参数开关→输入 "1"→按下 INPUT 键,打开参数开关(此时出现报警信息,参数开关被打开)→按下 SYSTEM 键多次至出现"参数"→输入"3204"→按下 号搜索 键→按下左/右按键找到最右侧的第"0"位,把"0"改成"1"或把"1"改成"0"→按下 OFS/SET 键→输入 "0"→按下 INPUT 键,关闭参数开关→按下 RESET 键解除报警信息。

▶ 5.2.2 简单零件(2)

图 5-2 所示为一简单零件,其加工程序代码及注释见下。

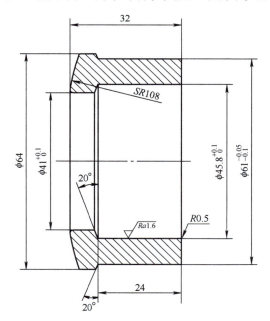

技术要求
1. 材料的技术条件应符合相应的材料规范。
2. 锐边倒钝。

图 5-2 通用图(二)

224

程序如下:

```
O1960;
(T196001, 1XU, JIA ZUO DUAN WAI YUAN);           备注图样名称,1序,夹左端外圆
(P=1.2-1.6MPA);                                   备注卡盘压强1.2~1.6MPa,此处
                                                   仅为示例

#1=65.3 (MAO PI WAI JING);                        毛坯外径
#2=39.7 (MAO PI NEI JING);                        毛坯内径
#3=45.9 (YOU CE JING CHE NEI JING);               右侧精车内径
#4=41.1 (ZUO CE JING CHE NEI JING);               左侧精车内径
#5=60.9 (YOU CE JING CHE WAI JING);               右侧精车外径
#6=24.0 (YOU CE NEI WAI JING CHANG DU);           右侧内外径长度
#7=20.0 (QING XIE JIAO DU);                       倾斜角度
#8=32.0 (JING CHE ZONG CHANG DU);                 精车总长度
#9=63.9 (ZUO CE JING CHE WAI JING);               左侧精车外径
;
G99 G97 G54 M8;
T0303 M03 S420 (W0.8, T3);                        刀片型号 WNMG080408,外圆粗车刀,
                                                   刀尖方位号 T3

G00 X [#1+3.5];                                   定位到车端面的起点
Z0.2;                                              Z轴留0.2mm余量
G01 X [#2-3.] F0.2;                               车端面
G00 X [#1-0.4] Z0.6;                              定位点的X坐标和毛坯外径相当或略小
G71 U1.5 R0.5 F0.2 (U=0.9-1.5);                   设定加工参数,夹持较短,背吃刀量不
                                                   要设置过大
G71 P1 Q2 U0.8 W0.05;                             设定余量,Z轴余量应较小,一般为
                                                   0.03~0.05mm
N1 G00 X#5;                                       粗加工未考虑倒角
G01 Z-#6;
N2 X [#1-0.5] W [[#5-#1+0.5] *0.5*TAN [#7]];     G71 外圆轴向粗车循环 N$ns$~N$nf$ 程序
```

	段内的最大直径要小于定位点的直径"X [#1 − 0.4]",所以编写为"X [#1 − 0.5]",从"X#5"到"X [#1 − 0.5]",X 轴直径变化了"[#1 − #5 − 0.5]",对应 Z 轴的变化量为"[#1 − #5 − 0.5] *0.5*TAN [#7]",考虑到符号,编程为"W [[#5 − #1 + 0.5] *0.5*TAN [#7]]"
G00 X80. Z120. ;	
;	
T0202 M03 S420(W0.8,T2);	工艺安排为:先粗车外圆、内孔,然后再精车外圆、内孔。如果先粗精车外圆再粗精车内孔,粗车时产生的较大切削力可能会引起工件位移,精加工时可能无法去除因工件位移或轴线不重合带来的偏差,从而导致产品报废
G00 X#2 Z1. ;	定位到内孔外
G71 U1.5 R0.5 F0.18(U=0.9 − 1.5);	夹持较短,背吃刀量不要设置过大
G71 P3 Q4 U − 0.6 W0.05 ;	在一个程序里,G71 ~ G73 指令中的起始的程序段号和结束的程序段号不能重复
N3 G00 X#3 ;	粗车时未考虑倒角
G01 Z − #6 ;	
X#4 W [[#4 − #3] *0.5*TAN [#7]];	从"X#3"到"X#4",对应 Z 轴变化量为"[#4 − #3] *0.5*TAN [#7]"
N4 Z − [#8 + 1.2];	注意卡爪 Z 向要车避空,不然刀片容易挤坏
G00 Z80. ;	
;	
T0505 M03 S520(W0.4,T3);	外圆精车刀
G00 X [#5 + 2.] Z1. ;	
Z0 ;	
G01 X [#3 − 2.] F0.2 ;	车端面

G00 Z2.;	建立刀尖半径补偿时,移动距离要大于刀尖圆弧半径,本例为(2-0.8)mm=1.2mm
X[#5-2.6];	
G42 Z0.8;	建立刀尖半径补偿后,要和工件留有一定的安全距离,本例安全距离为0.8mm
G01 X#5 Z-0.5 F0.12;	45°倒角,Z轴的变化量为1.3mm,X轴变化量应为2.6mm
Z-#6 F0.16;	
X[#9-0.4] W[[#5-#9+0.4]*0.5*TAN[#7]];	
X[#9+0.6] W-0.5 F0.12;	倒角C0.5mm,多出0.3mm,2序加工时基本没有毛刺
G40 G00 X80. Z120.;	
;	
T0404 M03 S600 (W0.4,T2);	内孔精车刀
G00 X[#3+2.6] Z2.;	
G41 Z0.8;	
G01 X#3 Z-0.5 F0.12;	孔口倒角
Z-#6 F0.16;	车内孔
X[#4+0.4] W[[#4+0.4-#3]*0.5*TAN[#7]];	加工内孔锥度处
X#4 W-0.2 F0.1;	C0.2mm
Z-[#8+0.8] F0.16;	
G40 G00 U-1.2 W0.8;	退刀时取消刀尖半径补偿,移动距离1mm大于刀尖圆弧半径
G00 Z20. M09;	
M05;	
X260. Z150.;	
T0303;	
M30;	

数学分析：

如图5-3所示，经过圆心 O 分别向圆弧上的两条平行的弦的两端作辅助线，两条弦交工件的轴线于 C、F 点。在 Rt△ACO 和 Rt△DFO 中，根据勾股定理，有

$\overline{OA}^2 = \overline{OC}^2 + \overline{CA}^2$，$\overline{OD}^2 = \overline{OF}^2 + \overline{FD}^2$，则：$\overline{OC} = \sqrt{\overline{OA}^2 - \overline{CA}^2}$，$\overline{OF} = \sqrt{\overline{OD}^2 - \overline{FD}^2}$，类似于下述的#5、#6。

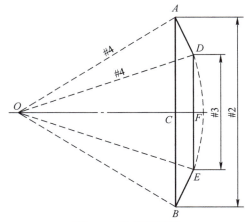

图5-3　数学分析图

程序如下：

```
O1961;
(T196001, 2XU, JIA YOU DUAN WAI YUAN);       图样T196001，2序夹右端外圆
(P = 1.2 – 1.6MPA);                          备注卡盘压强1.2~1.6MPa，此处仅为示例
#1 = 65.3 (MAO PI WAI JING);                 毛坯外径
#2 = 63.9 (JING CHE WAI JING);               精车外径
#3 = 41.1 (JING CHE NEI JING);               精车内径
#4 = 108.0 (YUAN QIU BAN JING);              圆球半径
#8 = 1.0 (KONG KOU DAO YUAN BAN JING);       孔口倒角半径
#5 = SQRT [#4 * #4 – [#2 – 0.4] * [#2 – 0.4] /4.];   圆弧上的长弦到圆心的距离
#6 = SQRT [#4 * #4 – [#3 + 2. * #8 – 1.6] *          圆弧上的短弦到圆心的距离，–1.6mm
 [#3 + 2. * #8 – 1.6] /4.];                          是经验值
#7 = 8.0 (TOU BU CHANG DU);                  头部长度，（图示长度的32mm – 24mm）
;
G99 G97 G54 M08;
T0303 M03 S500 (W0.8, T3);                   外圆粗车刀
G00 X [#1 + 3.5];
Z0.2;                                        Z向留0.2mm余量
```

G01 X［#3－4.］F0.15；	车端面
G00 X［#1－0.4］Z0.6；	轴向粗车循环的起点
G71 U2. R0.5 F0.2；	设定加工参数
G71 P1 Q2 U0.8 W0；	设定两轴精加工余量
N1 G00 X［#3＋2.＊#8－1.6］；	
G01 Z0；	
G03 X#2 Z［#5－#6］R#4；	车圆弧
N2 G01 Z－［#7＋1.］；	
G00 Z120.；	
；	
T0505 M03 S520（W0.4，T3）；	外圆精车刀
G00 X［#3＋5.］；	
Z0；	
G01 X［#3－3.］F0.2；	车端面
G00 X［#3＋2.＊#8－1.6］Z2.5；	定位到圆弧起点外
G42 Z1.；	移动的过程中建立刀尖半径补偿，移动距离1.5mm大于刀尖圆弧半径R0.4mm
G01 Z0 F0.15；	接触到圆弧的起点
G03 X［#2－0.4］Z［#5－#6］R#4 F0.12；	精车圆弧
G01 X#2 W－0.2 F0.1；	倒角C0.2mm，去除毛刺
Z－［#7＋1.］F0.16；	
G00 G40 U2. W1.；	退刀时取消刀尖半径补偿，移动距离1.414mm大于刀尖圆弧半径R0.4mm
Z120.；	
；	
T0404 M03 S600（W0.4，T2）；	内孔精车刀
G00 X［#3＋2＊#8］Z2.；	定位到倒角的起点外
G41 Z0.8；	使用刀尖半径补偿

G01 Z0 F0.2; 接触工件
G02 X［#3－0.2］Z－［#8＋0.1］R［#8＋0.1］F0.12; 倒角略大0.1mm
G00 G40 U－2. W1. ; 退刀时取消刀尖半径补偿
Z30. M09;
M05;
X160. Z160. ;
T0303;
M30;

5.2.3 简单零件（3）

图5-3所示为一简单零件，其程序代码及注释见下。

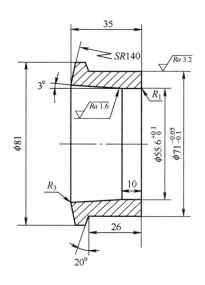
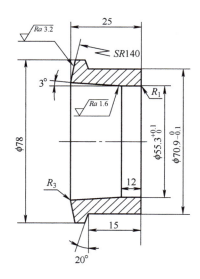

图5-4 通用图（三）

程序如下：
　O1179；
　（T117911，1XU，CHENG ZUO CE NEI KONG/JIA ZUO CE WAI YUAN）；　　　1序，撑左侧内孔或夹左侧外圆

　（P=1.2-1.6MPA）；　　　备注卡盘压强1.2~1.6MPa，此处的压强值仅为示例

　#1=82.3（MAO PI WAI JING）；　　　毛坯外径
　#2=53.6（MAO PI NEI JING）；　　　毛坯内径
　#3=80.9（ZUO DUAN JING CHE WAI JING）；　　　左端精车外径
　#4=70.9（YOU DUAN JING CHE WAI JING）；　　　右端精车外径
　#5=55.7（YOU DUAN JING CHE NEI JING）；　　　右端精车内径
　#6=26.0（YOU DUAN WAI JING CHANG DU）；　　　右端外径长度
　#7=20.0（QING XIE JIAO DU）；　　　倾斜角度，此处指和X轴的夹角

　；
　G54 G97 G99 M08；
　T0101 M03 S520（W0.8，T3）；　　　桃形外圆刀片，刀尖圆弧半径R0.8mm

　G00 X［#1+3.5］；
　Z0.2；　　　端面留0.2mm余量
　G01 X［#2-3.］F0.2；　　　车端面
　G00 X［#1-0.4］Z0.7；　　　定位到轴向粗车循环的起点

　G71 U1.2 R0.5 F0.2（U=1.0-1.5）；　　　设定加工参数，夹持较短，背吃刀量不要设置过大

　G71 P1 Q2 U0.8 W0.05；　　　设定两轴精加工余量
　N1 G00 X#4；　　　粗加工未考虑倒角
　G01 Z-#6；　　　车外圆

```
N2 X [#1 – 0.5] W [[#4 – #1 + 0.5] *0.5 * TAN [#7]];     车20°锥度处
G00 Z120.;                                               退到换刀点
;
T0303 M03 S600 (W0.4, T3);                               桃形外圆刀片,刀尖圆
                                                         弧半径 R0.4mm

G00 X [#4 + 2.] Z0;
G01 X [#2 – 3.] F0.18;                                   车端面
G00 X [#4 – 2.6] Z2.;                                    定位到倒角起点外
G42 Z0.8;                                                建立刀尖半径右补偿
G01 X#4 Z – 0.5 F0.12;                                   倒角
Z – [#6 + 0.03] F0.16;                                   车外圆
X [#3 – 0.4] W [[#4 – #3 + 0.4] *0.5 * TAN [#7]];        车20°锥度处
U0.64 W – 0.32 F0.12;                                    小倒角,2序加工时方
                                                         便去除毛刺

G40 G00 Z100.;
;
T0808 M03 S480 (W0.8, T2);                               桃形内孔刀片,刀尖圆
                                                         弧半径 R0.8mm

G00 X [#5 – 1.] Z2.;                                     孔口处的第一刀并不车
                                                         倒角

G01 Z0.5 F0.4;                                           接近工件
Z – 2.5 F0.12;                                           不需要车得很深
G00 U – 1. W0.5;                                         45°退刀
Z0.4;                                                    退刀
X [#5 + 2.6];
G01 X [#5 – 0.8] Z – 1.3 F0.12;                          倒角略大一些
G00 Z20. M09;                                            退刀到工件外
M05;
X260. Z150.;
T0303;
```

M30;

O1180;
(T117911, 2XU, JIA YOU DUAN WAI YUAN);   T117911 图样的第 2 道
                                                工序，夹右端外圆
(P = 1.2 – 1.6MPA);   备注卡盘压强 1.2 ~
                                                1.6MPa，此处的压强
                                                值仅为示例

#1 = 82.3（MAO PI WAI JING）;   毛坯外径
#2 = 53.6（MAO PI NEI JING）;   毛坯内径
#3 = 80.9（ZUO DUAN JING CHE WAI JING）;   左端精车外径
#4 = 55.7（YOU DUAN JING CHE NEI JING）;   右端精车内径
#5 = 3.0（NEI KONG QING XIE JIAO DU）;   内孔倾斜角度
#6 = 35.0（GONG JIAN ZONG CHANG DU）;   工件总长度
#7 = 10.0（YOU DUAN NEI JING CHANG DU）;   右端内径长度
#8 = 3.0（KONG KOU DAO YUAN BAN JING）;   孔口倒圆角半径
#9 = 140.0（ZUO DUAN DA YUAN BAN JING）;   左端大圆半径
#10 = 26.0（YOU DUAN WAI YUAN CHANG DU）;   右端外圆长度
#11 = #4 + [#6 – #7 – #8] *2.* TAN [#5]   锥面左端内径
（ZHUI MIAN ZUO DUAN NEI JING）;
#12 = SQRT [#9 * #9 – [#3 – 0.4] * [#3 – 0.4] /4.];   圆弧上的长弦到圆心
                                                      的距离

#13 = SQRT [#9 * #9 – [#11 + 2. * #8 – 1.6] *   圆弧上的短弦到圆心的
[#11 + 2. * #8 – 1.6] /4.];   距离，–1.6mm 是经
                                                      验值

;
G54 G97 G99 M08;
T0303 M03 S480（W0.8, T3）;   外圆粗车刀

G00 X［#1＋3.5］Z0.8；	1序加工后长了1.5mm左右，到第1次车端面的起点
G01 X［#2－3.］F0.18；	
G00 X［#1＋3.5］Z1.2；	
Z0.2；	第2次车端面的起点，留0.2mm余量
G01 X［#2－3.］F0.18；	
G00 X［#1－0.4］Z0.7；	定位到轴向粗车循环的起点
G71 U1.8 R0.5 F0.2（U＝1.5－2.0）；	装夹稳固可靠，每次的背吃刀量可以大一点
G71 P1 Q2 U0.6 W0.03；	
N1 G00 X［#11＋2.＊#8－1.6］；	孔口倒圆角起点直径的理论值是"#11＋2.＊#8"，－1.6mm是经验值
G01 Z0；	
G03 X#3 Z［#12－#13］R#9；	粗加工圆弧面"R#9"
N2 G01 Z［#10－#6］；	
G00 Z100.；	
；	
T0808 M03 S500（W0.8，T2）；	内孔粗车刀，刀杆伸出长度38mm左右
G00 X#2 Z2.；	孔口可能有粗车端面时残留的切屑，所以定位点远一些
G01 Z0.6 F0.4；	
G71 U1.2 R0.5 F0.18；	
G71 P3 Q4 U－0.6 W0；	内孔留0.6mm余量
N3 G00 X［#11＋2.＊#8］；	到孔口倒圆角的起点
G01 Z0；	
G02 X#11 Z－#8 R#8；	加工孔口倒圆角
G01 X#4 Z［#7－#6］；	加工内锥面
N4 Z－［#6＋0.3］；	

```
G00 Z100.;
;
T0505 M03 S500（W0.4，T3）;              外圆精车刀
G00 X［#11＋5.］Z0;
G01 X［#2－3.］F0.2;                      车端面
G00 X［#11＋2.＊#8－1.6］Z2.;            －1.6mm是经验值
G42 Z0.8;                                 刀尖半径右补偿
G01 Z0 F0.2;
G03 X［#3－0.4］Z［#12－#13］R#9 F0.12;  精加工圆弧面"R#9"
G01 X#3 W－0.2;                           倒角C0.2mm，去除毛刺
Z［#10－#6］F0.16;                        车外圆
G00 G40 U2. W1.;                          取消刀尖半径补偿
Z100.;
;
T0404 M03 S560（W0.4，T2）;              内孔精车刀
G00 X［#11＋2.＊#8］Z2.;                 到达孔口倒圆角的起点外
G41 Z0.8;                                 刀尖半径左补偿
G01 Z0 F0.2;                              到达孔口倒圆角的起点
G02 X#11 Z－#8 R#8 F0.12;                 孔口倒圆角
G01 X#4 Z［#7－#6］F0.16;                加工内锥面
Z－［#6＋0.3］;
G40 G00 U－2. W1.;                        退刀，取消刀尖半径补偿
G00 Z10. M09;
M05;
X260. Z120.;
T0303;
M30;
```

5.2.4 内槽

在 FANUC 0i 系列数控系统上,从#5101 开始的多个参数被标注为"canned cycles"(意为封闭循环、固定循环),用于加工中心钻孔循环、多个切削循环。其实,用户也可以编写"canned cycles",把复杂的动作程序封装在一个宏程序里,用一行简单的代码来调用,用户只需要知道这些变量的含义并正确赋值就行了。

如图 5-5 所示,该内孔已加工好,编写内槽宏程序。

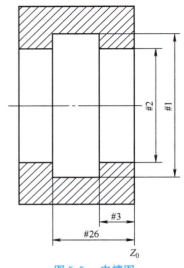

图 5-5　内槽图

程序如下:

O0005;
(NEI CAO TONG YONG HONG);　　　　　内槽通用宏程序
(CAO KOU LIANG CE ZHI JING XIANG TONG);　　程序适用条件:槽口两侧直径相同
(Z0 = GONG JIAN YOU DUAN MIAN);　　把工件右端面设为 Z0 平面
;
#1 = 50.03 (A, CAO JING CHE NEI JING);　　图样中槽精车后的内径
#2 = 45.02 (B, NEI KONG ZHI JING);　　已加工好的内孔直径
#3 = -11.98 (C, CAO QI DIAN Z JUE DUI ZUO BIAO);　　槽起点的 Z 轴绝对坐标
#26 = -22.02 (Z, CAO ZHONG DIAN Z JUE DUI ZUO BIAO);　　槽终点的 Z 轴绝对坐标
#7 = 3.0 (D, QIE CAO DAO KUAN, GT 0);　　切槽刀宽大于 0
#8 = 0.2 (E, CAO KOU DAO JIAO, GE 0);　　槽口倒角大于等于 0
#18 = 0.1 (R, Z DAN CE YU LIANG, GE 0);　　Z 轴单侧加工余量大于等于 0
#19 = 0.2 (S, ZHI JING YU LIANG, GE 0);　　X 轴精加工余量、直径值大于等于 0
#26 = 0.1 (F, FEED);　　每转进给量

代码	说明
;	
N10 G0 X［#2 - 0.4］Z2.;	先从换刀点两轴联动快移到中间点
Z［#3 - #7 - #18］;	快移到槽口加工起点，Z轴右侧留余量。也可以先移动到"X［#2 - 0.4］"，再移动到"Z［#3 - #7 - #18］"
G75 R0.25 F#9;	径向切槽循环，每次退刀0.20~0.30mm比较合适，退刀量太小了会影响断屑
G75 X［#1 - #19］Z［#26 + #18］P600 Q［#7 * 750］;	两轴都留余量
N20 G00 Z［#3 - #7 + #8 + 0.4］;	定位到右侧槽口倒角的起点
N30 G01 X［#2 + 2. * #8 + 0.4］Z［#3 - #7］;	右侧槽口倒角
X#1;	沿槽壁右侧切到槽底
Z［#26 + #18 + 0.02］F［1.2 * #9］;	沿槽底加工
N40 G00 X［#2 - 0.4］;	退刀
N50 Z［#26 - #8 - 0.4］;	定位到左侧槽口倒角的起点
N60 G01 X［#2 + 2. * #8 + 0.4］Z#26 F#9;	左侧槽口倒角
X#1;	沿槽壁左侧切到槽底
G04 X0.15;	在槽底暂停0.12~0.20s，主轴转动1圈多，以确保槽底尺寸稳定
G00 U -0.2 W0.1;	45°退刀
X［#2 - 0.4］;	先沿X轴退刀到原定位点
Z2.;	再沿Z轴退刀到原定位点
M99;	返回主程序

注意：

① 在主程序调用子程序之前，记得设置主轴旋转方向及转速、刀具号码及偏置、切削液等信息，然后再调用该子程序。调用子程序结束之后，在主程序中记得先把刀具移动到换刀点后再换刀。使用时请注意刀杆头部的有效加工深度。

② 该子程序的适用条件：槽口两侧直径相同。如果槽口两侧直径不同，会导致碰撞。

③ 该子程序中，括号里的内容用于解释参数的含义。

④ 切槽刀 Z 方向的刀位点为 $-Z$ 轴的一侧，用错将有碰撞的可能。

⑤ 不同刀宽的切槽刀片，刀尖圆弧半径也不同，在该子程序中已经考虑到了刀尖圆弧半径对倒角大小的影响，倒角多加工了 0.2mm，参看并理解 N10、N20、N30、N40、N50 及 N60 的程序段。初次使用前，可以先把槽口倒角值设置得小一些，加工完成观察之后再调整。

⑥ G75 指令中，其他数控系统 P、Q 的单位参考其说明书。

⑦ 和数控系统原有的切削循环指令类似，该子程序切削循环的起点也是切削循环的终点。

⑧ 请格外注意，通常操作者把工件右端面设为 Z0 平面，在此前提下适用该子程序。如果不是把工件右端面设为 Z0 平面，请透彻理解各参数含义和该子程序的动作，以免发生碰撞。

⑨ 不论是从普通车床承袭来的习惯，还是从安全的角度考虑，都建议选择每转进给量。如果忘记起动主轴，运行了程序，如果是每转进给方式，当执行 G01、G02 及 G03 指令时，刀具不移动；如果是每分钟进给方式，就会碰撞。

⑩ 本程序可以嵌在主程序中（去掉程序末尾的 "M99;"），也可以作为子程序（保留程序末尾的 "M99;"，用 "M98 P0005;" 调用）或宏程序（保留程序末尾的 "M99;"，用 "G65 P0005 A_B_C_D_E_F_R_S_Z_" 或 "G66 P0005 A_B_C_D_E_F_R_S_Z_" 的格式调用，P0005 指本程序 O0005）来使用。

5.2.5 外槽

如图 5-6 所示，该外圆已加工好，编写外槽宏程序。

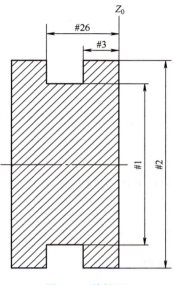

图 5-6 外槽图

程序如下：

  O0006;
  (WAI CAO TONG YONG HONG);　　　　　　　　　　外槽通用宏程序
  (CAO KOU LIANG CE ZHI JING XIANG TONG);　　　程序适用条件：槽口两侧直径相同
  (Z0 = GONG JIAN YOU DUAN MIAN);　　　　　　 把工件右端面设为 Z0 平面
  ;
  #1 = 44.97 (A, CAO JING CHE DI JING);　　　　　 图样中的槽精车后的底面直径
  #2 = 49.98 (B, WAI YUAN ZHI JING);　　　　　　 已加工好的外圆直径
  #3 = -11.98 (C, CAO QI DIAN Z JUE DUI ZUO BIAO);　　槽起点的 Z 轴绝对坐标
  #26 = -22.02 (Z, CAO ZHONG DIAN Z JUE DUI ZUO BIAO);　槽终点的 Z 轴绝对坐标
  #7 = 3.0 (D, QIE CAO DAO KUAN, GT 0);　　　　　切槽刀宽，大于 0
  #8 = 0.2 (E, CAO KOU DAO JIAO, GE 0);　　　　　槽口倒角，大于等于 0
  #18 = 0.1 (R, Z DAN CE YU LIANG, GE 0);　　　　Z 轴单侧加工余量，大于等于 0
  #19 = 0.2 (S, ZHI JING YU LIANG, GE 0);　　　　X 轴精加工余量、直径值大于等于 0
  #9 = 0.1 (F, FEED);　　　　　　　　　　　　　 每转进给量

;	
N10 G00 X［#2＋0.4］Z2.；	先从换刀点两轴联动快移到中间点
Z［#3－#7－#18］；	快移到槽口加工起点，Z轴右侧留余量。也可以先移动到"X［#2＋0.4］"，再移动到"Z［#3－#7－#18］"
G75 R0.25 F#9；	径向切槽循环，每次退刀0.20～0.30mm比较合适，退刀太小不断屑
G75 X［#1＋#19］Z［#26＋#18］P600 Q［#7＊750］；	两轴都留余量
N20 G00 Z［#3－#7＋#8＋0.4］；	定位到右侧槽口倒角的起点
N30 G01 X［#2－2.＊#8－0.4］Z［#3－#7］；	右侧槽口倒角
X#1；	沿槽壁右侧切到槽底
Z［#26＋#18＋0.02］F［1.2＊#9］；	沿槽底加工
N40 G00 X［#2＋0.4］；	退刀
N50 Z［#26－#8－0.4］；	定位到左侧槽口倒角的起点
N60 G01 X［#2－2.＊#8－0.4］Z#26 F#9；	左侧槽口倒角
X#1；	沿槽壁左侧切到槽底
G04 X0.15；	在槽底暂停0.12～0.20s，主轴转动1圈多，以确保槽底尺寸稳定
G00 U0.2 W0.1；	45°退刀
X［#2＋0.4］；	先沿X轴退刀到原定位点
Z2.；	再沿Z轴退刀到原定位点
M99；	返回主程序

注意：

① 在主程序调用子程序之前，记得设置主轴旋转方向及转速、刀具号码及偏置、切削液等信息，然后再调用该子程序。调用子程序结束之后，在主程序中记得先把刀具移动到换刀点后再换刀。使用时请注意刀杆头部的有效加工深度。

② 该子程序的适用条件：槽口两侧直径相同。如果槽口两侧直径不同，将会导致碰撞。

③ 该子程序中，括号里的内容用于解释参数的含义。

④ 切槽刀 Z 方向的刀位点为 −Z 轴的一侧，用错将有碰撞的可能。

⑤ 不同刀宽的切槽刀片，刀尖圆弧半径也不同，在该子程序中已经考虑到了刀尖圆弧半径对倒角大小的影响，倒角多加工了 0.2mm，参看并理解 N10、N20、N30、N40、N50 及 N60 的程序段。初次使用前，可以先把槽口倒角值设置得小一些，加工完成观察一下再调整。

⑥ G75 指令中，其他数控系统 P、Q 的单位参考其说明书。

⑦ 和数控系统原有的切削循环指令类似，该子程序切削循环的起点也是切削循环的终点。

⑧ 请格外注意，通常操作者把工件右端面设为 Z0 平面，在此前提下适用该子程序。如果不是把工件右端面设为 Z0 平面，请透彻理解各参数含义和该子程序的动作，以免发生碰撞。

⑨ 本程序可以嵌在主程序中（去掉程序末尾的"M99;"），也可以作为子程序（保留程序末尾的"M99;"，用"M98 P0006;"调用）或宏程序（保留程序末尾的"M99;"，用"G65 P0006 A_B_C_D_E_F_R_S_Z_"或"G66 P0006 A_B_C_D_E_F_R_S_Z_"的格式调用，P0006 指本程序 O0006）来使用。

5.2.6 端面槽

如图 5-7 所示，该右端面已加工好，编写端面槽宏程序。

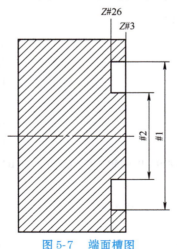

图 5-7　端面槽图

程序如下：

```
O0007；
(DUAN MIAN CAO TONG YONG HONG)；                端面槽通用宏程序
(X0 = DAO PIAN - X YI CE)；                     切槽刀的刀位点位于-X轴的一侧；如
                                                 非，重新调整

(Z0 = GONG JIAN YOU DUAN MIAN)；                 把工件右端面设为Z0平面
；
#1 = 120.02（A，DUAN MIAN CAO ZUI DA ZHI JING）； 端面槽的最大直径
#2 = 79.98（B，DUAN MIAN CAO ZUI XIAO ZHI JING）；端面槽的最小直径
#3 = 0（C，Z QI DIAN JUE DUI ZUO BIAO）；         Z轴加工起点的绝对坐标
#26 = -10.02（Z，Z ZHONG DIAN JUE DUI ZUO BIAO）；Z轴加工终点的绝对坐标
#7 = 4.0（D，QIE CAO DAO KUAN，GT 0）；           切槽刀宽，大于0
#8 = 0.2（E，CAO KOU DAO JIAO，GE 0）；           槽口倒角，大于等于0
#18 = 0.1（R，X DAN CE BAN JING YU LIANG，GE 0）；X轴单边槽壁精加工余量、直径值大
                                                 于等于0
#19 = 0.05（S，CAO DI Z YU LIANG，GE 0）；        槽底Z向的精加工余量，大于等于0
#9 = 0.1（F，FEED）；                             每转进给量
；
G00 X［#1 - 2. * #7 - #18］Z2.；                  先从换刀点两轴联动快移到端面槽+X
                                                 轴一侧的中间点
N10 Z［#3 + 0.2］；                               接近端面槽；也可以先移动到"X［#
                                                 1 - 2. * #7 - 2. * #18］，"再移动到
                                                 "Z［#3 + 0.2］"
G74 R0.25 F#9；                                  轴向车槽循环，每次退刀0.20~0.30mm
                                                 比较合适退刀，太小了则影响断屑
G74 X［#2 + #18］Z［#26 + #19］P［750 * #7］Q600（P = BAN JING ZHI）；
                                                 两轴都留有余量
N20 G00 X［#1 - 2. * #7 + 2. * #8 + 0.8］；       定位到端面槽+X轴一侧槽口倒角的
                                                 起点
N30 G01 X［#1 - 2. * #7］Z［#3 - #8 - 0.2］F#9；  +X轴一侧槽口倒角
```

```
Z#26;                              沿端面槽+X轴一侧槽壁车到槽底
X [#2+#18+0.04] F [1.2*#9];        沿槽底加工
N40 G00 Z [#3+0.2];                退刀
N50 X [#2-2.*#8-0.8];              定位到端面槽-X轴一侧槽口倒角的
                                   起点
N60 G01 X#2 Z [#3-#8-0.2] F#9;     -X轴一侧槽口倒角
Z#26;                              沿端面槽-X轴一侧槽壁切到槽底
G04 X0.15;                         在槽底暂停0.12~0.20s，主轴转动1
                                   圈多，以确保槽底尺寸稳定
G00 U0.2 W0.1;                     45°退刀
Z2.;                               先沿Z轴退刀到原定位点
X [#1-2.*#7-#18];                  再沿X轴退刀到原定位点
M99;                               返回主程序
```

注意：

① 在主程序调用子程序之前，记得设置主轴旋转方向及转速、刀具号码及偏置、切削液等信息，然后再调用该子程序。调用子程序结束之后，在主程序中记得先把刀具移动到换刀点后再换刀。

斜轨刀塔机外圆刀座上，使用"7"字形状的端面槽刀杆；端面刀座上，使用端面槽刀杆。使用时请注意刀杆头部的有效加工深度、适合加工的端面槽直径范围。

② 该子程序的适用条件：槽口两端平整（先车端面后再运行该程序）。

③ 该子程序中，括号里的内容用于解释参数的含义。

④ 切槽刀X方向的刀位点为-X轴的一侧，用错会有碰撞的可能。

⑤ 不同刀宽的切槽刀片，刀尖圆弧半径也不同，在该子程序中已经考虑到了刀尖圆弧半径对倒角大小的影响，倒角多加工了0.2mm，参看并理解N10、N20、N30、N40、N50及N60的程序段。初次使用前，可以先把槽口倒角值设置得小一些，加工完成观察之后再调整。

⑥ 某些端面槽可能位于内轮廓深处的较小直径处或外轮廓深处的较大直径处，该子程序依然适用。

⑦ G74指令中，其他数控系统P、Q的单位参考其说明书。

⑧ 和数控系统原有的切削循环指令类似,该子程序切削循环的起点也是切削循环的终点。

⑨ 请格外注意,通常操作者把工件右端面设为 Z0 平面,在此前提下适用该子程序。如果不是把工件右端面设为 Z0 平面,请透彻理解各参数含义和该子程序的动作,以免发生碰撞。

⑩ 本程序可以嵌在主程序中(去掉程序末尾的"M99;"),也可以作为子程序(保留程序末尾的"M99;",用"M98 P0007;"调用)或宏程序(保留程序末尾的"M99;",用"G65 P0007 A_B_C_D_E_F_R_S_Z_"或"G66 P0007 A_B_C_D_E_F_R_S_Z_"的格式调用,P0007 指本程序 O0007)来使用。

5.2.7 深孔

数控车床上提供了 G74 轴向钻孔/端面切槽循环指令,如果只是轴向钻孔,其动作类似于加工中心上的 G73 高速钻孔循环指令,每次钻削后,退刀断屑,如此循环直到孔底。但如果是钻削深径比较大的深孔,碎屑堆积在麻花钻的螺旋槽内不容易排出来,切削液也不能及时冷却,刀具往往因为温度过高而损坏。为此,笔者编写了一个动作类似于加工中心上的 G83 深孔钻削循环动作的宏程序,还可以使用 G65 或 G66 指令调用,使用起来非常方便。

程序如下:

```
O0008;
(G65/G66, DIAO YONG);                       该宏程序可以使用 G65 或 G66 指令调用
(AS SAME AS MACHINE CENTER G83 CODE);       类似于加工中心 G83 指令的动作
(SHEN KONG ZUAN XIAO XUN HUAN);             深孔钻削循环
(G65/G66, P0008 F-R-W-X-Z-);                在主程序中可以使用"G65 P0008 F_R_W_X_
                                            Z_"或"G66 P0008 F_R_W_X_Z_"的格
                                            式调用本宏程序,P0008 指被调用的宏程序的程
                                            序名 O0008,此处仅作示例
;
(F=#9, FEED) (0.05-0.12);                   每转进给量,0.05~0.12mm/r 仅作为参考
(R=#18, JIE JIN PING MIAN);                 Z 轴接近平面的绝对坐标值,一般距离工件的被
```

	加工表面为 0.5～1.0mm，而不是 R 的值为 R0.5～R1.0mm；同加工中心钻孔循环中 R 的含义
(W = #23，MEI CI ZUAN XIAO LIANG) (0.4 – 1.0D)（1.0 – 5.0）；	每次的钻削量大于 0；根据不同材料、不同加工情况取值，一般取 0.4～1.0 倍钻头直径；第 3 个括号内的取值范围 1.0～5.0 仅供参考。钻削循环初次钻削深度的计算起点为 R 平面
(X = #24，KONG XIN JUE DUI ZUO BIAO)（X = 0）；	孔心 X 轴的绝对坐标值。对工件旋转类机床，X = 0；对刀具旋转类机床，不受此项限制
(Z = #26，KONG DI JUE DUI ZUO BIAO)；	孔底 Z 轴的绝对坐标值。通常，把麻花钻或高速钻（U 钻）的最前端对刀在工件的右端面 Z0 上，但由于麻花钻或高速钻（U 钻）的对刀点和钻肩有一定的轴向距离，所以在编程时要考虑到这点，高速钻（U 钻）一般多钻 0.2～0.4mm 深
;	
G00 X#24；	先从换刀点快移到孔心位置，注意避开顶尖、套筒等
Z#18；	再接近被加工表面
#30 = #18；	先把"#18"接近平面赋值给一个中间变量"#30"，"#30"作为变量用来表示每一次钻削位置终点的 Z 轴绝对坐标值，"#30"会随着钻削次数的增加而不断改变，而作为初始值的"#18"被存储下来作为固定值，用来让刀具在每次钻削之后都能返回到指定的接近平面
WHILE [#30 GT #26] DO 1；	未钻削到孔底时，执行循环体 1
#30 = #30 – #23；	计算每一次钻削深度的 Z 轴绝对坐标值
IF [#30 LT #26] THEN #30 = #26；	如果计算出来的钻削深度超过了孔底深度，就把孔底 Z 轴的绝对坐标值赋值给最后一次钻削位置终点的 Z 轴绝对坐标值，以避免过切；言外

	之意是，如未钻削到孔底，程序就按顺序向下运行
G01 Z#30 F#9；	钻削到上两个程序段之一计算出来的 Z 轴绝对坐标值处
IF［ABS［#30－#26］LT 0.001］GOTO 10；	如果钻削到了孔底，就跳出循环体；言外之意是，如未钻削到孔底，程序就按顺序向下运行
G00 Z#18；	刀具快速退回孔口处的接近平面，方便排屑、冷却
G04 X0.2；	每次在孔口处暂停 0.2s，0.2s 仅为示例，如不需要可以删除该程序段
Z［#30＋0.25］；	快速定位到距离上一次钻削深度 0.25mm 处，从该深度处开始下一次钻削
END 1；	结束循环体 1
N10 G04 X0.2；	在孔底处暂停 0.2s，0.2s 仅为示例，如不需要可以删除该程序段，本行与下一行程序段合并，修改为"N10 G00 Z#18；"
G00 Z#18；	（钻削到孔底后）刀具快速退回接近平面
M99；	

注意：

① 在主程序调用宏程序之前，记得设置主轴旋转方向及转速、刀具号码及偏置、切削液等信息，然后再调用该宏程序。调用宏程序结束之后，在主程序中记得先把刀具移动到换刀点后再换刀。

② 该宏程序中，括号里的内容用于解释参数的含义。请在主程序中使用"G65 P0008 F＿R＿W＿X＿Z＿"或"G66 P0008 F＿R＿W＿X＿Z＿"的格式来调用本宏程序，P0008 指被调用的宏程序的程序名 O0008，此处仅作示例。

③ 和数控系统原有的切削循环指令类似，该宏程序切削循环的起点也是切削循环的终点。

④ 请格外注意，通常操作者把工件右端面设为 Z0 平面，在此前提下适用该宏程序。如果不是把工件右端面设为 Z0 平面，请透彻理解各参数含义和该宏程序的动作，以免发生碰撞。

孔口在工件的右端面（通常设置为 Z0 平面）时，刀具返回到工件右端面外的接近平面，宏程序调用结束后，主程序可以两轴联动到换刀点。

孔口不在工件的右端面而在工件深处（大孔深处有小孔）时，钻削小孔的宏程序调用结束后，刀具返回到位于大孔内的接近平面，主程序应先移动 Z 轴到工件右端面外，再两轴联动到换刀点。

⑤ 该宏程序适用麻花钻钻削较深且不易排屑的深孔，高速钻（U 钻）排屑好、有内冷及长径比例较小，一般可一次性钻到孔底。

⑥ 宏程序编程时可注意以下技巧：如果对某一个变量赋予了一个初始值，而这个值又在改变，此外又需要返回这个初始值，就需要引入一个中间变量，让这个中间变量来代替初始值去改变，例如程序中的"#30 = #18；"。

5.2.8　钻削量递减式深孔

上一节深孔钻削循环宏程序，在很大程度上能满足大多数的深孔钻削需要，但如果是孔的深径比大于 5 时，或者是小孔径的深孔，除了可以适当降低进给量和每次钻削量之外，还可以采用改变每次的钻削量的方法来实现。

其动作类似于加工中心上的 G83 深孔钻孔循环动作的宏程序，使用起来非常方便。

```
O0010；
（G65/G66，DIAO YONG）；
（DI JIAN SHI SHEN KONG ZUAN XUE XUN HUAN）；
（G65/G66，P0010 F - Q - R - S - W - X - Z - ）；
```

该宏程序可以使用 G65 或 G66 指令调用钻削量递减式深孔钻削循环

在主程序中可以使用"G65 P0010 F_Q_R_S_W_X_Z_"或"G66 P0010 F_Q_R_S_W_X_Z_"的格式调用本宏程序，P0010 指被调用的宏程序的程序名 O0010，此处仅作示例

```
；
（F = #9，FEED）（0.05 - 0.12）；
```

每转进给量，0.05~0.12mm/r 仅作为参考

(Q = #17，ZUAN XUE LIANG DI JIAN ZHI)（0.1 - 0.2）；	每次钻削量的递减值大于等于0；根据不同材料、不同加工情况取值，第2个括号内的取值范围0.1~0.2mm仅供参考
(R = #18，JIE JIN PING MIAN)；	Z轴接近平面的绝对坐标值，一般距离工件的被加工表面为0.5~1.0mm，而不是R的值为R0.5~R1.0mm；同加工中心钻孔循环中R的含义
(S = #19，ZUI XIAO ZUAN XUE LIANG)（0.5 - 2.0）；	最小钻削量，大于0；根据不同材料、不同加工情况取值，第2个括号内的取值范围0.5~2.0mm仅供参考
(W = #23，CHU CI ZUAN XUE LIANG)（0.4 - 1.0D）（1.0 - 5.0）；	初次钻削量，大于0；根据不同材料、不同加工情况取值，一般取0.4~1.0倍钻头直径；第3个括号内的取值范围1.0~5.0mm仅供参考。钻削循环初次钻削深度的计算起点为R平面
(X = #24，KONG XIN JUE DUI ZUO BIAO)（X=0）；	孔心X轴的绝对坐标值。对工件旋转类机床，X=0；对刀具旋转类机床，不受此项限制
(Z = #26，KONG DI JUE DUI ZUO BIAO)；	孔底Z轴的绝对坐标值。通常，把麻花钻或高速钻（U钻）的最前端对刀在工件的右端面Z0上，但由于麻花钻或高速钻（U钻）的对刀点和钻肩有一定的轴向距离，所以在编程时要考虑到这点，高速钻（U钻）一般多钻0.2~0.4mm
; G00 X#24；	先从换刀点快移到孔心位置，注意避开顶尖、套筒等
Z#18；	再接近被加工表面
#30 = #18；	先把"#18"接近平面赋值给一个中间变量"#30"，"#30"作为变量用来表示每

	一次钻削位置终点的 Z 轴绝对坐标值，"#30"会随着钻削次数的增加而不断改变，而作为初始值的"#18"被存储起来作为固定值，用来让刀具在每次钻削之后都能返回到指定的接近平面
WHILE［#30 GT #26］DO 1；	未钻削到孔底时，执行循环体 1
#30 = #30 − #23；	计算每一次钻削深度的 Z 轴绝对坐标值
IF［#30 LT #26］THEN #30 = #26；	如果计算出来的钻削深度超过了孔底深度，就把孔底 Z 轴的绝对坐标值赋值给最后一次钻削位置终点的 Z 轴绝对坐标值，以避免过切。言外之意是，如未钻削到孔底，程序就按顺序向下运行
G01 Z#30 F#9；	钻削到上两个程序段之一计算出来的 Z 轴绝对坐标值处
IF［ABS［#30 − #26］LT 0.001］GOTO 10；	如果钻削到了孔底，就跳出循环体。言外之意是，如未钻削到孔底，程序就按顺序向下运行
G00 Z#18；	刀具快速退回孔口处的接近平面，方便排屑、冷却
G04 X0.2；	每次在孔口处暂停 0.2s，0.2s 仅为示例，如不需要可以删除该程序段
Z［#30 + 0.25］；	快速定位到距离上一次钻削深度 0.25mm 处，从该深度处开始下一次钻削
#23 = #23 − #17；	计算下一次的钻削量（不包含上一程序段里回退的 0.25mm），注意这里的#23是下一次的钻削量，而不是下一次的钻削深度的 Z 轴绝对坐标值
IF［#23 LT #19］THEN #23 = #19；	如果计算出来的下一次的钻削量小于最小钻削量，就执行最小钻削量，即此后

```
                                          每次（最后一次除外）的钻削量被限制
                                          为固定值#19
       END 1；                             结束循环体1
       N10 G04 X0.2；                      在孔底处暂停0.2s，0.2s仅为示例，如不
                                          需要可以删除该程序段，本行与下一行程
                                          序段合并，修改为"N10 G00 Z#18；"
       G00 Z#18；                          （钻削到孔底后）刀具快速退回接近平面
       M99；
```

注意：

① 在主程序调用宏程序之前，记得设置主轴旋转方向及转速、刀具号码及偏置、切削液等信息，然后再调用该宏程序。调用宏程序结束之后，在主程序中记得先把刀具移动到换刀点后再换刀。

② 该宏程序中，括号里的内容用于解释参数的含义。请在主程序中使用"G65 P0010 F _ Q _ R _ S _ W _ X _ Z _"或"G66 P0010 F _ Q _ R _ S _ W _ X _ Z _"的格式来调用本宏程序，P0010 指被调用的宏程序的程序名 O0010，此处仅作示例。

③ 和数控系统原有的切削循环指令类似，该宏程序切削循环的起点也是切削循环的终点。

④ <u>请格外注意，通常操作者把工件右端面设为 Z0 平面，在此前提下适用该宏程序。如果不是把工件右端面设为 Z0 平面，请透彻理解各参数含义和该宏程序的动作，以免发生碰撞。</u>

孔口在工件的右端面（通常设置为 Z0 平面）时，刀具返回到工件右端面外的接近平面，宏程序调用结束后，主程序可以两轴联动到换刀点。

孔口不在工件的右端面而在工件深处（大孔深处有小孔）时，钻削小孔的宏程序调用结束后，刀具返回到位于大孔内的接近平面，主程序应先移动 Z 轴到工件右端面外，再两轴联动到换刀点。

⑤ 该宏程序适用麻花钻钻削较深且不易排屑的深孔，高速钻（U 钻）排屑好、有内冷及长径比例较小，一般可一次性钻到孔底。

⑥ 宏程序编程时的一个技巧，如果对某一个变量赋予了一个初始值，而这个值又在改变，此外又需要返回这个初始值，就需要引入一个中间变量，让这个中间变量来代替初始值去改变，例如程序中的"#30 = #18;"。

数控车床上宏程序加工的轨迹一般为圆锥曲线，包括椭圆、抛物线及双曲线，另外还有正弦曲线、余弦曲线、正切线及倒数曲线等。

5.2.9 椭圆

椭圆的定义：平面内，到两个定点的距离的和为一固定值的点的轨迹。两个定点就是椭圆的两个焦点。

椭圆在直角坐标系下的标准方程是：$Z^2/a^2 + X^2/b^2 = 1 (a > 0, b > 0)$。椭圆的离心率 $e = c/a$，$c = \sqrt{a^2 - b^2}$，e 的取值范围为 $0 \leqslant e < 1$，$e = 0$ 时，就是圆。为了方便表达，下文把 a 定义为 Z 轴对应的半轴长度，b 定义为 X 轴对应的半轴长度。

图 5-8 左图中，$a > b > 0$，a 为长半轴，b 为短半轴；图 5-1 右图中，$b > a > 0$，b 为长半轴，a 为短半轴。

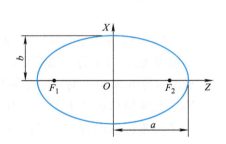
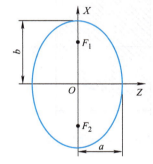

图 5-8 椭圆的标准方程

椭圆在直角坐标系下的偏移方程是：$(Z+c)^2/a^2 + (X+d)^2/b^2 = 1 (a > 0, b > 0)$，如果 $c > 0$，$d > 0$，则该偏移椭圆的对称轴 X' 轴向工件坐标系 Z 轴负方向偏移 c，对称轴 Z' 轴向工件坐标系 X 轴负方向偏移 d；如果 $c < 0$，$d < 0$，则该偏移椭圆的对称轴 X' 轴向工件坐标系 Z 轴正方向偏移 c，对称轴 Z' 轴向工件坐标系 X 轴正方向偏移 d。

1. 以线段步距编写椭圆宏程序

了解了椭圆的方程，通过椭圆标准方程

的变形方程，找出椭圆上 Z、X 坐标值之间的关系，就为偏移椭圆宏程序的编写做好了铺垫。

根据椭圆的标准方程，$Z^2/a^2 + X^2/b^2 = 1(a>0, b>0)$，两边同时乘以 $a^2 b^2$，移项，化简，得：

$X = \pm b\sqrt{a^2 - Z^2}/a$，或 $Z = \pm a\sqrt{b^2 - X^2}/b$，实际应用时需要对符号进行取舍。

【例 5-2】 如图 5-9 所示，$a = 50\mathrm{mm}$，$b = 30\mathrm{mm}$，加工半个椭圆，则此半个椭圆的精加工轨迹编程如下：

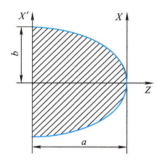

图 5-9　车削半个椭圆

O0086；
G99 G97 M03 S900 T0404；
G00 X80. Z80. M08；
X0 Z2. ；
G01 Z0 F0.2；
N1　#1 = 50.0；
N2　#2 = 30.0；
N3　#3 = 50.0；
N4　#4 = 0；
N5　#5 = -50.0；
N6　#6 = 0；
N7　#7 = 0.2；
N8　WHILE［#3 GE #4］DO 1；
N9　#8 = #2 * SQRT［#1 * #1 - #3 * #3］/ #1；
N10　G01 G42 X［2 * ［#6 + #8］］Z［#3 + #5］F0.15；
N11　#3 = #3 - ABS［#7］；
N12　END 1；
G00 G40 U2. M09；
M05；
X120. Z150. ；
M30；

分析：

N1、N2 先指定常量，#1 是偏移椭圆对称轴 Z' 轴上对应的半轴长度 a，#2 是偏移椭圆对称轴 X' 轴上对应的半轴长度 b；N3、N4，把该偏移椭圆上的点在其偏移方程中的 Z' 轴坐标值作为自变量，#3 是加工起点在其椭圆偏移方程中 Z' 轴上的位置坐标，#4 是加工终点在其椭圆偏移方程中 Z' 轴上的位置坐标；N5，#5 是偏移椭圆对称轴 X' 轴在工件坐标系中的 Z 轴坐标值；N6，#6 是偏移椭圆对称轴 Z' 轴在工件坐标系中的 X 轴半径坐标值，由于未偏移，其值为 0；N7，#7 指定了步距值，这个值越小，单位距离内采集的点的数据就越多，加工出的椭圆就越光滑，但同时机床反应就越迟滞；N8，循环语句，当 $Z' \geq 0$，即 $Z' \in [0, 50.0]$ 的时候，执行到 END1 之间的循环；N9，这段表达式转换成数学语言，就是当偏移椭圆 Z' 轴上的坐标值作为自变量时，因变量 X' 轴半径坐标值的表达式：$X = \pm b\sqrt{a^2 - Z^2}/a$，因偏移椭圆对称轴 Z' 轴与工件坐标系 Z 轴重合，未偏移，刀具始终加工该椭圆偏移方程的 $+X'$ 向这一侧，所以这里的符号舍负取正，#8 也可以表达成 "#8 = #2 * SQRT [1 - #3 * #3/#1/#1]；"；N10，切削到这段偏移椭圆在工件坐标系上的点：N9 计算出的在椭圆偏移方程中的 X' 轴半径坐标值，加上偏移量#6 后，乘以 2，转换为该偏移椭圆上的点在工件坐标系中的直径值，偏移椭圆上的 Z' 轴坐标值，加上偏移量#5 后，转换为该偏移椭圆上的点在工件坐标系中的 Z 轴坐标值；N11，偏移椭圆上的 Z' 轴坐标值在改变，即使把#7 指定为负数，也能取其绝对值；N12，循环体 1 结束。

如果用 "IF […] GOTO n" 语句来描述，编程如下：

```
……
N7  #7 = 0.2；
N9  #8 = #2 * SQRT [#1 * #1 - #3 * #3] / #1；
N10 G01 G42 X [2 * [#6 + #8]] Z [#3 + #5] F0.15；
N11 #3 = #3 - ABS [#7]；
N12 IF [#3 GE #4] GOTO 9；判断是否到达终点
G00 G40 U2. M09；
……
```

如果加工的不是该半个椭圆，比如起点为偏移椭圆对称轴 X' 轴右侧 30mm，终点为偏移椭圆对称轴 X' 轴左侧 5mm，加工的为椭圆偏移方程 $+X'$ 轴这一侧，椭圆 Z' 轴未偏移，把工件右端面设定为工件坐标系的 Z0 平面，用副偏角、副后角略大的刀具加工，则程序应改为 "#3 = 30.0；#4 = -5.0；#5 = -30.0"。当然，加工前面的定位点应由 "X0 Z0" 改为 "X48.0 Z0"。"X48.0" 为偏移椭圆对称轴 X' 轴右侧 30mm 对应的偏移椭圆上的点在工件坐标系中的直径值。

读完上面的两个例子，我们注意到：在前一个例子中，椭圆切削的起点和终点在工件坐标系中的 Z 轴坐标值并不是我们在程序中的#3、#4 所描述的值，而应该是 "#3 = 0；#4 = -50.0；"，如果按照偏移椭圆在工件坐标系中的方程：$(Z+c)^2/a^2 + (X+d)^2/b^2 = 1 (a > 0, b > 0)$，得到在工件坐标系中的因变量 X 关于自变量 Z 的表达式是：$X = \pm b\sqrt{a^2 - (Z+c)^2}/a - d$，此处取正值，并不是表达式 "#8 = #2 * SQRT [#1 * #1 - #3 * #3] / #1；"。后一个例子与前者类似。

其实，这里用的是坐标系偏移。为了描述上的方便，把偏移椭圆在直角坐标系下的偏移方程$(Z+c)^2/a^2+(X+d)^2/b^2=1(a>0,b>0)$，即偏移椭圆在工件坐标系下的方程，把其对称轴向工件坐标系 Z 轴负方向平移 c，或向正方向平移 $-c$；把其对称轴向工件坐标系 X 轴负方向平移 d，或向正方向平移 $-d$，使工件坐标系 X、Z 轴与椭圆对称轴 X'、Z' 轴重合，从而得到椭圆的标准方程：$Z^2/a^2+X^2/b^2=1(a>0,b>0)$，由此推得 $X=\pm b\sqrt{a^2-Z^2}/a$，此处取正值，而在切削的时候把这段偏移距离 c、d 考虑进去就行了，即程序中 "X [2 * [#6 + #8]] Z [#3 + #5]"。

椭圆的偏移方程，就是椭圆在工件坐标系下的方程，沿各轴反方向偏移它们各轴在工件坐标系中的偏移量，即把椭圆偏移方程对称点和工件坐标系零点重合，从而推算出表达式，在切削时减去这段偏移量就行了，推荐使用这种方法。

说明：

1）步距值。自变量的变化量除以步距值，商值最好是整数。如自变量#3 初始值为 30.0，终止值为 -5.0，变化量为 35，当#3 每次递减步距值 0.3 至终值 -5.0 时，变化 116 次后的末值是 -4.8，而不是终止值 -5.0。

2）数据更新的位置对自变量定义域的影响。如果没有 IF…THEN 条件转折语句对自变量终止前最后一次步距值的限制，即使步距值能被自变量的变化量整除，数据更新这段程序所在的位置对自变量的末值仍然有影响，主要是看数据更新的位置是在表达式和由数据更新产生的执行切削或计算的程序段的前面还是后面，如下所示。其中应用较为常见的是前 6 种句式对应自变量的两种定义域。

① 以下三种语句，自变量的定义域相同，#1∈[30.0, 360.0]。

① #1 = 30.0；自变量初始值	② #1 = 30.0；自变量初始值	③ #1 = 30.0；自变量初始值
#2 = 360.0；自变量终止值	#2 = 360.0；自变量终止值	#2 = 360.0；自变量终止值
WHILE [#1 LE #2] DO 1；	N1 … (＜表达式＞)	N1 IF [#1 GT #2] GOTO 2；
… (＜表达式＞)	… (切削)	… (＜表达式＞)
… (切削)	#1 = #1 + 22.0；	… (切削)
#1 = #1 + 22.0；	IF [#1 LE #2] GOTO 1；	#1 = #1 + 22.0；
END 1；		GOTO 1；
		N2 …

② 以下三种语句，自变量的定义域相同，#1∈[52.0，360.0]。

①	②	③
#1 = 30.0；自变量初始值	#1 = 30.0；自变量初始值	#1 = 30.0；自变量初始值
#2 = 360.0；自变量终止值	#2 = 360.0；自变量终止值	#2 = 360.0；自变量终止值
WHILE［#1 LT #2］DO 1；	N1#1 = #1 + 22.0；	N1 IF［#1 GE #2］GOTO 2；
#1 = #1 + 22.0；	…（＜表达式＞）	#1 = #1 + 22.0；
…（＜表达式＞）	…（切削）	…（＜表达式＞）
…（切削）	IF［#1 LT #2］GOTO 1；	…（切削）
END 1；		GOTO 1；
		N2 …

③ 以下三种语句，自变量的定义域相同，#1∈[30.0，338.0]。

①	②	③
#1 = 30.0；自变量初始值	#1 = 30.0；自变量初始值	#1 = 30.0；自变量初始值
#2 = 360.0；自变量终止值	#2 = 360.0；自变量终止值	#2 = 360.0；自变量终止值
WHILE［#1 LT #2］DO 1；	N1 …（＜表达式＞）	N1 IF［#1 GE #2］GOTO 2；
…（＜表达式＞）	…（切削）	…（＜表达式＞）
…（切削）	#1 = #1 + 22.0；	…（切削）
#1 = #1 + 22.0；	IF［#1 LT #2］GOTO 1；	#1 = #1 + 22.0；
END 1；		GOTO 1；
		N2 …

④ 以下三种语句，自变量的定义域相同，#1∈[52.0，382.0]。

①	②	③
#1 = 30.0；自变量初始值	#1 = 30.0；自变量初始值	#1 = 30.0；自变量初始值
#2 = 360.0；自变量终止值	#2 = 360.0；自变量终止值	#2 = 360.0；自变量终止值
WHILE［#1 LE #2］DO 1；	N1#1 = #1 + 22.0；	N1 IF［#1 GT #2］GOTO 2；
#1 = #1 + 22.0；	…（＜表达式＞）	#1 = #1 + 22.0；
…（＜表达式＞）	…（切削）	…（＜表达式＞）
…（切削）	IF［#1 LE #2］GOTO 1；	…（切削）
END 1；		GOTO 1；
		N2 …

说明：以第一种情况的①为例作一下说明：

#1 = 30.0；自变量初始值

#2 = 360.0；自变量终止值

WHILE [#1 LE #2] DO 1；

…（<表达式>）

…（切削）

#1 = #1 + 22.0；

END 1；

> **注意**：这里打了着重号的两个"#1"，上面"WHILE […] DO m"语句中的"#1"的末值被作为数据更新程序段"="右边的旧数据参与运算。步距值22.0能被自变量的变化量330.0整除，所以#1的末值就是终止值360.0，当进行"#1 = #1 + 22.0；"运算时，"="左边的"#1"被赋值为382.0，已超出#1的定义域，循环结束。

因此，<u>请依不同情况选择使用合理的表达语句！</u>

3）宏程序前刀具到达的坐标值要和由宏程序自变量起始点计算出来的坐标值相对应。

【例5-3】 偏移椭圆 Z' 轴对应的长半轴 $a = 70\text{mm}$，X' 轴对应的短半轴 $b = 50\text{mm}$，偏移椭圆加工的起始点在其对称轴 X' 轴右侧40mm，偏移椭圆对称轴 Z' 轴和工件坐标系 Z 轴重合，未偏移，则宏程序前刀具应该移动到工件坐标系"X82.065 Z ___"这个位置上。

【例5-4】 上面介绍的是精加工的编程，如果给的是棒料，需要粗精加工，编程如下：

O0088；

G99 G97 M03 S900 T0404；

G00 X80. Z80. M08；

G00 X62. Z5.；

N1 #9 = 56.0；　　　　　毛坯直径

N2 #10 = 2.0；　　　　　背吃刀量

N3 G00 X#9；

N4 G01 Z0 F0.1；

N5 #1 = 50.0；

N6 #2 = 30.0；

N7 #3 = 50.0；

N8 #4 = 0;
N9 #5 = -50.0;
N10 #6 = 0;
N11 #7 = 0.2;
N12 #8 = #2 * SQRT [#1 * #1 - #3 * #3] /#1;
N13 G01 X [2 * [#6 + #8]] Z [#3 + #5] F0.15;
N14 #3 = #3 - ABS [#7];
N15 IF [#3 GE #4] GOTO 12;   条件判断是否到达终点
N16 G01 X62.;   直线插补切出外圆
N17 G00 Z5.;
N18 #9 = #9 - ABS [2 * #10];
N19 IF [#9 GE 0] GOTO 3;   0 为椭圆右端在工件坐标系 X 方向的直径坐标值
G00 X150. Z150. M09;
M05;
M30;

以上程序分内外两层循环，外层循环为分层加工，内层循环为小段线段插补一条1/4椭圆，回转就得到半个椭圆。

上面的程序是不包含在 G71 粗车循环指令里的，如果包含在 G71 指令里，程序就更加简洁易懂。

O0090;
G99 G97 M03 S900 T0404;
G00 X120. Z80. M08;
X 60. Z1.;
G71 U2.5 R0.5;
G71 P1 Q2 U0.8 W0.1 F0.3;
N1 G00 X0;
G01 Z0;
#1 = 50.0;
#2 = 30.0;
#3 = 50.0;
#4 = 0;

```
#5 = -50.0;
#6 = 0;
#7 = 0.2;
WHILE [#3 GE #4] DO 1;
#8 = #2 * SQRT [#1 * #1 - #3 * #3] /#1;
G01 G42 X [2 * [#6 + #8]] Z [#3 + #5] F0.15;
#3 = #3 - ABS [#7];
END 1;
N2 G01 G40 U2.;
M09;
M05;
X120. Z150.;
M30;
```

自变量的选择和因变量的正负：

1) 在椭圆偏移方程需要加工的部分中，对刀具所移动的轨迹坐标，如果椭圆偏移方程中 X' 轴的一个半径坐标值对应着椭圆偏移方程中 Z' 轴的两个坐标值，则把 Z' 轴坐标值作为自变量；如果椭圆偏移方程中 Z' 轴的一个坐标值对应着椭圆偏移方程中 X' 轴的两个半径坐标值，则把 X' 轴半径坐标值作为自变量；如果是一一对应，可以把其中的任何一个作为自变量。

2) 以上介绍的是在工件坐标系中，仅椭圆 X' 轴偏移，而 Z' 轴未偏移时的情况，如果 X'、Z' 两个轴都偏移了，怎么编程呢？

① 如果要加工的椭圆上的部分均在椭圆偏移方程的 $+X'$ 轴方向这一侧，切削时用"X [2 * [#6 + #8]]"，其余不变。

② 如果要加工的椭圆上的部分均在椭圆偏移方程的 $-X'$ 轴方向这一侧，切削时用"X [2 * [#6 - #8]]"，其余不变。

此外，如果需要把椭圆偏移方程中的 X' 轴半径坐标值作为自变量，对以上椭圆切削程序中宏的部分修改如下：

#1 = ___；偏移椭圆上 Z' 轴对应的半轴长度 a

#2 = ___；偏移椭圆上 X' 轴对应的半轴长度 b

#3 = __；偏移椭圆加工始点在椭圆偏移方程中的 X' 轴半径坐标值

#4 = __；偏移椭圆加工终点在椭圆偏移标准方程中的 X' 轴半径坐标值

#5 = __；偏移椭圆对称轴 X' 轴在工件坐标系中的 Z 轴坐标值

#6 = __；偏移椭圆对称轴 Z' 轴在工件坐标系中的 X 轴半径坐标值

#7 = __；步距值

  WHILE［#3 GE #4］DO 1；判断自变量的定义域

  #8 = #1 * SQRT［#2 * #2 - #3 * #3］/#2；

  G01 G42 X［2 *［#3 + #6］］Z［#5 + #8］

  F __；

  #3 = #3 - ABS［#7］；

  END 1；

其中，如果在其他情况下始点小于终点坐标，则程序中的部分可改为：

  WHILE［#3 LE #4］DO 1；

  #8 = #1 * SQRT［#2 * #2 - #3 * #3］/#2；

  G01 G42 X［2 *［#3 + #6］］Z［#5 + #8］

  F __；

  #3 = #3 + ABS［#7］；

  END 1；

#8，换成数学语言，即由椭圆标准方程 $Z^2/a^2 + X^2/b^2 = 1$（$a>0, b>0$）得到的 Z 关于 X 的推导公式 $Z = \pm a\sqrt{b^2 - X^2}/b$，此处取正值，也可以表述为 "#8 = #1 * SQRT［1 - #3 * #3/#2/#2］;"。如果要加工的偏移椭圆上的部分均在椭圆偏移方程的 $+Z'$ 轴方向这一侧，切削时用 "$Z[\#5 + \#8]$"；如果要加工的偏移椭圆上的部分均在椭圆偏移方程的 $-Z'$ 轴方向这一侧，切削时用 "$Z[\#5 - \#8]$"。

2. 以角度步距编写椭圆宏程序

以上介绍的是椭圆在直角坐标系下的偏移方程的编程方法，椭圆还有参数方程，如果以离心角 θ 作为参数，椭圆上的任意点在以椭圆对称中心为原点的坐标系中对应一个离心角，椭圆在直角坐标系下以离心角 θ 作为参数的标准参数方程是

$$\begin{cases} Z = a\cos\theta \\ X = b\sin\theta \end{cases} (a>0,\ b>0)$$

椭圆在直角坐标系下以离心角 θ 作为参数的偏移参数方程为

$$\begin{cases} Z = a\cos\theta - c \\ X = b\sin\theta - d \end{cases} [a>0,\ b>0,$$

对称中心为 $(Z' = -c,\ X' = -d)]$

然而很多人在以角度作为步距值编写椭圆宏程序的时候，往往不小心就进入了一个误区，把椭圆上的某点所对的中心角 α 混淆为该点所对的离心角 θ，导致编程错误。具体区别请看图 5-10。

图 5-10 中，经椭圆中心 O 作两个圆，半径分别是椭圆长半轴长度 a 和短半轴长度 b，经椭圆上的任意一点 M 作 Z 轴的垂线交 Z 轴的垂足为 N，反向延长后交半径为椭圆长半轴长度 a 的大圆于 A 点，连接 OA，交半径为椭圆短半轴长度 b 的小圆于 B 点，连接 BM，$\angle AMB = 90°$，则有

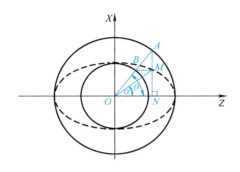

图 5-10　椭圆上的离心角 θ 和中心角 α

$\tan\theta = AN/ON$,

$\tan\alpha = MN/ON$,

$\triangle ABM \backsim \triangle AON$，所以 $MN/AN = BO/AO = b/a$，

推出：$\tan\theta = a\tan\alpha/b$（离心角 θ 和中心角 α 在同一象限，$\alpha \neq 90°$，$\alpha \neq 270°$）。

【例 5-5】 如图 5-11 所示，设工件右端面的旋转中心为工件坐标系原点，一偏移椭圆 Z' 轴对应的半轴长度为 80.0mm，X' 轴对应的半轴长度为 50.0mm，偏移椭圆 X' 轴在工件坐标系的坐标为 $Z-150.0$，Z' 轴在工件坐标系的半径坐标为 X110.0，加工始点中心角 α_1 为 $-92.5°$，终点中心角 α_2 为 $-145.3°$，外轮廓。

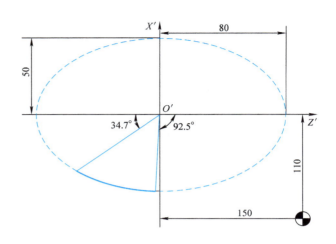

图 5-11　以角度步距的椭圆实例

类似于前面所讲到的，建议把偏移椭圆的对称中心偏移到工件坐标系原点上，得出表达式，当加工的时候再反向偏移回来。

（1）以离心角 θ 为参数编写椭圆宏程序　依照椭圆以离心角 θ 的参数方程：
$\begin{cases} Z = a\cos\theta - c \\ X = b\sin\theta - d \end{cases}$ $[a>0,\ b>0$，对称中心为 $(Z' = -c,\ X' = -d)]$ 在编写宏程序前先计

算出始点和终点对应的离心角 θ：

根据离心角 θ 和中心角 α 的关系：$\tan\theta = a\tan\alpha/b$，得出始点 $\theta = \arctan(a\tan\alpha/b) = \arctan[80\text{mm} \times \tan(-92.5°)/50\text{mm}] \approx 88.4369°$，因 θ 和 α 在同一象限，所以始点 $\theta = 88.4369° - 180° = -91.5631°$，同理求得终点 $\theta = -132.0699°$。

计算始点和终点的坐标值，有两种方法：

1）根据计算出的始点和终点对应的离心角 θ，由椭圆参数方程计算出坐标值

始点 X 轴直径坐标值为：$X = 2 \times [110\text{mm} + 50\text{mm} \times \sin(-91.5631°)] = 120.0372\text{mm}$；

始点 Z 轴坐标值为：$Z = -150\text{mm} + 80\text{mm} \times \cos(-91.5631°) = -152.1822\text{mm}$；

终点 X 轴直径坐标值为：$X = 2 \times [110\text{mm} + 50\text{mm} \times \sin(-132.0699°)] = 145.7672\text{mm}$；

终点 Z 轴坐标值为：$Z = -150\text{mm} + 80\text{mm} \times \cos(-132.0699°) = -203.6029\text{mm}$。

2）设经椭圆中心的直线与 $+Z$ 轴的夹角为 α，即中心角 α，根据椭圆方程和直线方程的联立

$$\begin{cases} Z^2/a^2 + X^2/b^2 = 1 \quad (a>0, b>0) \\ X = Z\tan\alpha \quad (\alpha \neq 90°, 270°) \end{cases}$$

解得 $\begin{cases} X_1 = \pm ab\tan\alpha/\sqrt{b^2 + a^2 \cdot \tan^2\alpha} \\ Z_1 = \pm ab/\sqrt{b^2 + a^2\tan^2\alpha} \end{cases}$ （根据交点所在的象限选取符号，当 $\alpha = 90°$，$X = b$，$Z = 0$；当 $\alpha = 270°$，$X = -b$，$Z = 0$）

因角度在第三象限，X、Z 值都是负值，所以符号都选择负号。

则始点在工件坐标系中 X 轴直径坐标值为：$X = 2 \times (110\text{mm} - ab\tan\alpha/\sqrt{b^2 + a^2\tan^2\alpha}) = 2 \times [110\text{mm} - 80\text{mm} \times 50\text{mm} \times \tan(-92.5°)/\sqrt{50\text{mm}^2 + 80\text{mm}^2 \cdot \tan^2(-92.5°)}] = 120.0372\text{mm}$；

始点在工件坐标系中 Z 轴坐标值为：$Z = -150\text{mm} - ab/\sqrt{b^2 + a^2\tan^2\alpha} = -150\text{mm} - 80\text{mm} \times 50\text{mm}/\sqrt{(50\text{mm})^2 + (80\text{mm})^2 \cdot \tan^2(-92.5°)} = -152.1822\text{mm}$；

同理求得终点 X 轴直径坐标值为：X145.7672；终点 Z 轴坐标值为：Z-203.6029。

其精加工程序可以编写如下：

O0087；
G99 G97 M03 S900 T0404；
G00 X150. Z80. M08；
……
G01 X120.037 Z-152.182 F0.25；
#1 = 80.0；
#2 = 50.0；
#3 = -91.5631；
#4 = -132.0699；
#5 = -150.0；
#6 = 110.0；
#7 = 0.2；
WHILE [#3 GE #4] DO 1；

```
#8 = #2 * SIN [#3];
#9 = #1 * COS [#3];
G01 G42 X [2 * [#6 + #8]] Z [#9 + #5] F0.2;
N10 #3 = #3 - ABS [#7];
N20 END 1;
N30 G01 X145.767 Z - 203.603;
N40 G40 U2.;
……
```

其中的 N10~N40 也可以编写为：

```
N5 IF [ABS [#3 - #4] LT 0.001]
    GOTO 40;
N10 #3 = #3 - ABS [#7];
N15 IF [#3 LT #4] THEN #3 = #4;
N20 END 1;
N40 G40 U2.;
```

如果在华中面板上编程，需要把角度转化成弧度，π rad = 180°，上述例子的程序可以编写如下：

```
……
WHILE #3 GE #4;
#10 = #3 * PI/180.0;    化角度为弧度，PI
                         就是圆周率值 π
#8 = #2 * SIN [#10];
#9 = #1 * COS [#10];
G01 G42 X [2 * [#6 + #8]] Z [#9 + #5] F0.2;
#3 = #3 - ABS [#7];
ENDW;
……
```

（2）以中心角 α 为参数编写椭圆宏程序　依照椭圆以中心角 α 的参数方程：

$$\begin{cases} X = \pm ab\tan\alpha / \sqrt{b^2 + a^2\tan^2\alpha} \\ Z = \pm ab / \sqrt{b^2 + a^2\tan^2\alpha} \end{cases}$$

（根据交点所在的象限选取符号，当 α = 90°，X = b，Z = 0；当 α = 270°，X = -b，Z = 0），把这个方程偏移之后即可，不再赘述。

如果在图样上没有标明起始点和终止点所对应的角度，可以用线段步距，也可以用角度步距，只不过用角度步距需要用到反三角函数。例如，某偏移椭圆 Z' 轴上对应的半轴长度为 75.0mm，X' 轴上对应的半轴长度为 50.0mm，若 Z' 轴没有偏移，如果切削始点的位置为 φ70mm，则起始离心角 θ = arcsin (35/50)，用科学型计算器计算得出，离心角 θ ≈ 44.4270°，考虑到实际情况，θ = 44.4270° 或 135.5730° 或 224.4270° 或 315.5730°，应依实际情况选择；如果偏移椭圆 Z' 轴向工件坐标系 +X 轴偏移了 2mm，则起始离心角 θ = arcsin[(35 - 2)/50]，求出离心角 θ ≈ 41.2999°，考虑到实际情况，θ = 41.2999° 或 138.7001° 或 221.2999° 或 318.7001°，依实际情况选择；如果偏移椭圆 Z' 轴向工件坐标系 -X 轴偏移了 5mm，则起始离心角 θ = arcsin[(35 + 5)/50]，求出离心角 θ ≈ 53.1301°，考虑到实际情况，θ = 53.1301° 或 126.8699° 或 223.1301° 或

306.8699°，依实际情况选择。但角度步距值确定好之后，角度的变化量除以角度步距值的商值不一定是整数。一般的，自变量在进行了 N 次运算后的末值和实际终止值相差很小的角度就行了，可以在其后再加一步程序，以直线插补到终值坐标；或者用 IF…THEN 条件转折语句。

以在椭圆标准参数方程中的点在其方程中所对应的中心角 α 或离心角 θ 作为自变量的优点是显而易见的：椭圆上的 X 轴、Z 轴坐标值一一对应，不用考虑因变量坐标值的"±"符号。

内孔和外圆加工类似，都可以编写 G71 或 G73 指令并配合 G70 指令使用；如果需要，均可以使用 G96 恒定线速度控制功能。

3. 以角度步距编写旋转（倾斜）椭圆宏程序

只作了偏移的椭圆，如果图样上给出的是起始点和终止点对应的中心角 α，却以其对应的离心角 θ 作为参数来编写宏程序，转换之后，相对来说编程还是比较简单的；如果图样上给出的是起始点和终止点对应的中心角 α，而这个椭圆又以其中心旋转了一定的角度 β，如果在加工中心上，可以运用 G68 坐标系旋转指令来解决，但在数控车床上没有这样的指令，导致编程难度陡增。

（1）以中心角 α 为参数编写椭圆宏程序 设经过椭圆中心的直线与平面第一轴正方向（+Z）的夹角为 α，即椭圆上的点对应的中心角 α，根据椭圆标准方程和直线方程的联立。

$$\begin{cases} Z^2/a^2 + X^2/b^2 = 1 & (a>0, b>0) \\ X = \tan\alpha Z & (\alpha \ne 90°、270°) \end{cases}$$

解得 $\begin{cases} X_1 = \pm ab\tan\alpha / \sqrt{b^2 + a^2\tan^2\alpha} \\ Z_1 = \pm ab / \sqrt{b^2 + a^2\tan^2\alpha} \end{cases}$（根据交点所在的象限选取符号，当 $\alpha = 90°$，$X = b$，$Z = 0$；当 $\alpha = 270°$，$X = -b$，$Z = 0$）

则交点到椭圆原点的距离

$$d = \sqrt{X_1^2 + Z_1^2} = ab\sqrt{(1+\tan^2\alpha)/(b^2 + a^2\tan^2\alpha)}$$

根据三角函数关系代换，化简得 $d = ab/\sqrt{b^2\cos^2\alpha + a^2\sin^2\alpha}$。

求出来椭圆上与其椭圆中心成任意中心角 α 的点到椭圆中心的距离后，当这个椭圆沿与其所在平面第一轴正方向（+Z）旋转 β 角度后，该点与 +Z 轴的夹角就变成了 $(\alpha + \beta)$，则原椭圆上的该点在坐标系中的坐标值 X'、Z' 为

$$\begin{cases} X' = d\sin(\alpha+\beta) = ab\sin(\alpha+\beta)/\sqrt{b^2\cos^2\alpha + a^2\sin^2\alpha} \\ Z' = d\cos(\alpha+\beta) = ab\cos(\alpha+\beta)/\sqrt{b^2\cos^2\alpha + a^2\sin^2\alpha} \end{cases}$$

若该方程又发生了偏移，则该旋转偏移椭圆以其中心角 α 为参数的方程为

$$\begin{cases} X' = ab\sin(\alpha+\beta)/\sqrt{b^2\cos^2\alpha+a^2\sin^2\alpha}+I \\ Z' = ab\cos(\alpha+\beta)/\sqrt{b^2\cos^2\alpha+a^2\sin^2\alpha}+K \end{cases}$$

该方程对参数中心角 α 无任何限制，α 可以为任意角度，包括 90°和 270°。

注意：未旋转的椭圆也可以用此方程以中心角 α 为参数编程，此时 β = 0°，不再赘述。

【例 5-6】 如图 5-12 所示，毛坯尺寸为 φ50mm × 80mm，编写出该旋转椭圆的宏程序。

根据图样角度、尺寸，得出这段旋转椭圆以中心角 α 为参数的方程是

$$\begin{cases} X' = 25\text{mm} \times 15\text{mm} \times \sin(\alpha-30)/ \\ \quad \sqrt{(15\text{mm})^2 \times \cos^2\alpha+(25\text{mm})^2 \times \sin^2\alpha}+5\text{mm} \\ Z' = 25\text{mm} \times 15\text{mm} \times \cos(\alpha-30)/ \\ \quad \sqrt{(15\text{mm})^2 \times \cos^2\alpha+(25\text{mm})^2 \times \sin^2\alpha}-30\text{mm} \end{cases}$$

($\alpha \in [45°, 150°]$)

由方程计算出始点坐标 X = 19.4159mm，Z = -12.4296mm，终点坐标 X = 46.0288mm，Z = -40.4006mm，和图样所标尺寸相符。

该旋转椭圆的宏程序编写如下：

O0098；
G99 G97 M03 S800 T0404；
G00 X150. Z80. M08；
X56. Z0；
G01 X-2. F0.2；
G00 X50. Z1.；
G71 U2.5 R0.5；
G71 P10 Q30 U1. W0.2 F0.25；
N10 G00 X15.416；
G01 X19.416 Z-1.；

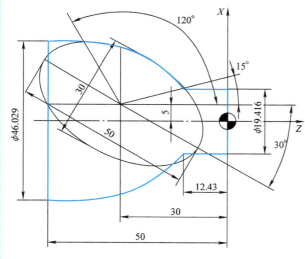

图 5-12 旋转椭圆举例

```
Z -12.43;
#1 =25. ;              椭圆在 Z′轴方向的半轴长度 a
#2 =15. ;              椭圆在 X′轴方向的半轴长度 b
#3 =45. ;              椭圆未旋转时加工始点在 +Z′轴方向对应的中心角 α
#4 =150. ;             椭圆未旋转时加工终点在 +Z′轴方向对应的中心角 α
#5 = -30. ;            旋转椭圆 +Z′轴与工件坐标系 +Z 轴的夹角,也可设为 330°
#6 =5. ;               旋转椭圆中心在工件坐标系中的 X 轴半径坐标值
#7 = -30. ;            旋转椭圆中心在工件坐标系中的 Z 轴坐标值
#8 =0.2;               中心角步距值
WHILE [#3 LE #4] DO 1;
#9 = SQRT [#2 * #2 * COS [#3] * COS [#3] + #1 * #1 * SIN [#3] * SIN [#3]];
G01 G42 X [2 * [#1 * #2 * SIN [#3 + #5] /#9 + #6]] Z [#1 * #2 * COS [#3 + #5] /#9 + #7];
#3 = #3 + ABS [#8];
END 1;
G01 Z -52. ;
N30 U1. ;
G70 P10 Q30;
……
```

其中,如果在其他情况下始点大于终点角度值,则改为:

```
WHILE [#3 GE #4] DO 1;
#9 = SQRT [#2 * #2 * COS [#3] * COS [#3] + #1 * #1 * SIN [#3] * SIN [#3]];
G01 G42 X [2 * [#1 * #2 * SIN [#3 + #5] /#9 + #6]] Z [#1 * #2 * COS [#3 + #5] /#9 + #7];
#3 = #3 - ABS [#8];
END 1;
……
```

应根据实际情况选择 G41 或 G42 指令。在该例中,也可以如下赋值:#1 =15. ;#2 =25. ;#3 = -45. ;#4 =60. ;#5 =60. ,效果一样。

(2) 以离心角 θ 为参数编写椭圆宏程序

若题目给出的是长短半轴的长度、起始点和终止点在未旋转时对应的坐标值,可以根据椭圆以离心角 θ 为参数的方程编写宏程序,如果给的是中心角 α,也可以把中心角 α 转化成该点对应的离心角 θ 为参数的方程来编写宏程序。

关于坐标旋转的基本原理：

非圆曲线宏程序的编写都是基于对非圆曲线数学公式、图形特点的分析之上，所以良好的数学基础是编制宏程序的前提。要编制上面题目中关于坐标旋转的宏程序有一定难度，更需要深层次的数学知识。相同的题目，可以使用多种不同的数学方法解决，虽然简繁不一，但殊途同归，得到的表达式是相同的。

非圆曲线倾斜相当于把正常的坐标系和图形绕原点旋转了一个 β 角度所得到的图形和坐标系，所采取的方法主要是：

1) 采用二维图形的变换矩阵计算旋转点的坐标。
2) 采用平面解析几何计算旋转点的坐标。
3) 采用三角函数方法计算旋转点的坐标。
4) 采用极坐标系计算旋转点的坐标。

在此，讲解第 4 种方法，也是最简单的方法。

如图 5-13 所示，点 P 在原坐标系中的坐标值为 (X, Z)，与 $+Z$ 轴的夹角为 α，把该点旋转 β 角度后的位置为 $P'(X', Z')$，与 $+Z$ 轴的夹角为 $(\alpha+\beta)$，求 P' 点坐标关于 P 点坐标的关系表达式。

设坐标系原点 O 为极坐标系的极点，则点 P 在极坐标系中的坐标值为 (r, α)，其中 $r = \sqrt{X^2 + Z^2}$，旋转后的点 P' 的极径不变，坐标值为 $(r, \alpha+\beta)$，根据极坐标系的点和直角坐标系的点的转换公式、三角函数和差角公式，有

$$\begin{cases} X' = r\sin(\alpha+\beta) = r\sin\alpha\cos\beta + r\cos\alpha\sin\beta \\ Z' = r\cos(\alpha+\beta) = r\cos\alpha\cos\beta - r\sin\alpha\sin\beta \end{cases}$$

其中 $X = r\sin\alpha$，$Z = r\cos\alpha$，代入上式，得

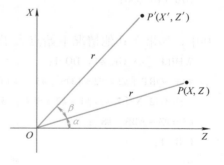

图 5-13 坐标旋转

$$\begin{cases} X' = Z\sin\beta + X\cos\beta \\ Z' = Z\cos\beta - X\sin\beta \end{cases}$$

而 (X, Z) 在原未旋转的椭圆上，即 $\begin{cases} X = b\sin\theta \\ Z = a\cos\theta \end{cases}$，所以旋转椭圆以离心角 θ 为参数的

偏移方程为

$$\begin{cases} X' = a\cos\theta\sin\beta + b\sin\theta\cos\beta + I \\ Z' = a\cos\theta\cos\beta - b\sin\theta\sin\beta + K \end{cases}$$

对于图 5-5 中的偏移旋转椭圆的方程,则为

$$\begin{cases} X' = 25\cos\theta\sin(-30°) + 15\sin\theta\cos(-30°) + 5(\text{mm}) \\ Z' = 25\cos\theta\cos(-30°) - 15\sin\theta\sin(-30°) - 30(\text{mm}) \end{cases}$$

(注意:未旋转的椭圆也可以用此方程以离心角 θ 为参数编程,此时 $\beta = 0°$,不再详述)

根据离心角 θ 和中心角 α 的关系:$\tan\theta = a\tan\alpha/b$,得出始点 $\theta = \arctan(a\tan\alpha/b) = \arctan(25\text{mm} \times \tan45°/15\text{mm}) \approx 59.0362°$;终点 $\theta = \arctan(25\text{mm} \times \tan150°/15\text{mm}) \approx -43.8979°$,因离心角 θ 和中心角 α 在同一象限,所以终点 $\theta = -43.8979° + 180° = 136.1021°$。把始点和终点对应的离心角 θ 代入偏移旋转椭圆的方程,得出由方程计算出始点坐标 $X = 19.4159\text{mm}$,$Z = -12.4296\text{mm}$,终点坐标 $X = 46.0288\text{mm}$,$Z = -40.4006\text{mm}$,和图样所标尺寸相符。

程序如下:

```
O0106;
G99 G97 M03 S800 T0404;
G00 X150. Z80. M08;
X56. Z0;
G01 X-2. F0.2;
G00 X50. Z1.;
G71 U2.5 R0.5;
G71 P10 Q30 U1. W0.2 F0.25;
N10 G00 X15.416;
G01 X19.416 Z-1.;
Z-12.43;
#1=25.;          椭圆在 Z'轴方向的半轴长度 a
#2=15.;          椭圆在 X'轴方向的半轴长度 b
```

```
#3 = 59.0362;              椭圆未旋转时加工始点在 +Z'轴方向对应的离心角 θ
#4 = 136.1021;             椭圆未旋转时加工终点在 +Z'轴方向对应的离心角 θ
#5 = -30.;                 椭圆 +Z'轴与工件坐标系 +Z 轴的夹角,也可设为 330°
#6 = 5.;                   旋转椭圆中心在工件坐标系中的 X 轴半径坐标值
#7 = -30.;                 旋转椭圆中心在工件坐标系中的 Z 轴坐标值
#8 = 0.2;                  中心角步距值
WHILE [#3 LE #4] DO 1;
#9 = #1 * COS [#3] * SIN [#5] + #2 * SIN [#3] * COS [#5];
#10 = #1 * COS [#3] * COS [#5] - #2 * SIN [#3] * SIN [#5];
G01 G42 X [2 * [#9 + #6]] Z [#10 + #7];
N12 #3 = #3 + ABS [#8];
N14 END 1;
N16 G01 X46.029 Z -40.401;
N18 G01 Z -52.;
N30 U1.;
G70 P10 Q30;
……
```

其中的 N12 ~ N18 也可以编写为:

```
N11 IF [ABS [#3 - #4] LT 0.001] GOTO 18;
N12 #3 = #3 + ABS [#8];
N13 IF [#3 GT #4] THEN #3 = #4;
N14 END 1;
N18 G01 Z -52.;
```

应根据实际情况选择 G41 或 G42 指令。在该例中,也可以如下赋值:#1 = 15.;#2 = 25.;#3 = -30.9638;#4 = 46.1021;#5 = 60.,效果一样。

总结:以角度作为参数来编写椭圆的宏程序,<u>必须分清椭圆的中心角 α 和离心角 θ</u>,依其对应的不同方程去编程。

5.2.10 抛物线

抛物线的定义：平面内，到定点 F（焦点）和一条定直线 l（准线）距离相等的点的轨迹，其离心率 $e = 1$。

在车床上，抛物线的标准方程是：$X^2 = \pm 2pZ$ 或 $Z^2 = \pm 2pX$，顶点坐标均为（0，0）；一般方程是：$Z = aX^2 + bX + c$（$a \neq 0$），顶点坐标为 $[-b/2a, (4ac - b^2)/4a]$；或 $X = aZ^2 + bZ + c$（$a \neq 0$），顶点坐标为 $[(4ac - b^2)/4a, -b/2a]$。

【例 5-7】 图 5-14 中 ϕ30mm 和 ϕ40mm 尺寸已加工好，抛物线部分的毛坯为 ϕ45mm，编写抛物线的加工程序。

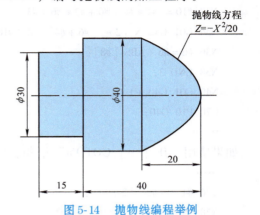

图 5-14 抛物线编程举例

程序如下：

O0084；
G99 G97 M03 S1000 T0404；
G00 X100. Z80. M08；
X45. Z1.；
G71 U2. R0.5；
G71 P10 Q40 U1.0 W0.2 F0.3；
N10 G00 X0；
N12 G01 Z0 F0.15；
N14 #1 = -0.05； X^2 的系数 a
N16 #2 = 0； X 的系数 b
N18 #3 = 0；   常数 c
N20 #6 = 0；   加工始点在抛物线一般方程中 X' 轴半径坐标值
N22 #7 = 20.4；   加工终点在抛物线一般方程中 X' 轴半径坐标值，延长了 0.4mm
N24 #8 = 0.2；   步距值
N26 #4 = -#2 / [2 * #1]； 抛物线顶点在工件坐标系的 X 轴半径坐标值

N28 #5 = [4*#1*#3-#2*#2]/[4*#1];　　顶点在工件坐标系的Z轴坐标值
N30 WHILE [#6 LE #7] DO 3;　　判断自变量的定义域
N32 #10 = #1*#6*#6+#2*#6+#3;　　表达式 $Z = aX^2 + bX + c$
N34 G01 G42 X [2*[#6+#4]] Z [#10+#5];　　切削
N36 #6 = #6 + ABS [#8];　　数据更新
N38 END 3;
N40 G01 G40 U1.0;
G70 P10 Q40;
……

如果使用"IF [···] GOTO n"语句，可以表述为：

……
N26 #4 = -#2/[2*#1];
N28 #5 = [4*#1*#3-#2*#2]/[4*#1];
N32 #10 = #1*#6*#6+#2*#6+#3;
N34 G01 G42 X [2*[#6+#4]] Z [#10+#5] F0.15;
N36 #6 = #6 + ABS [#8];
N38 IF [#6 LE #7] GOTO 26;　　终点判别
N40 G01 G40 U1.0;
G70 P10 Q40;
……

［例5-8］ 如图5-15所示，某工件的内壁为抛物面，由方程 $Z = X^2/60 - 55$（$Z \in [-50, 0]$）绕Z轴旋转所得，内孔已经钻至φ30mm。

程序如下：
O0090;
G99 G97 M03 S600 T0404;
G00 X100. Z80. M08;
X30. Z1.;
G71 U2. R0.5;
G71 P10 Q44 U-1.0 W0.2 F0.3;

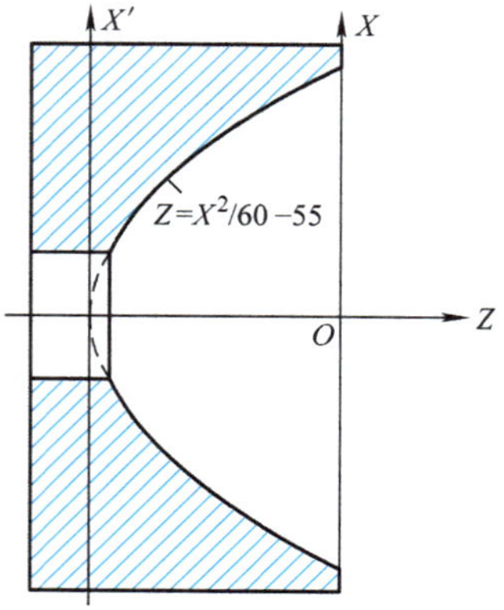

图5-15　抛物线内壁的车削

N10　G00　X 114.891；

N12　G01　Z0　F0.15；

N14　#1 = 1/60.；　　　　　　　　　　X^2 的系数 a

N16　#2 = 0；　　　　　　　　　　　　X 的系数 b

N18　#3 = −55.0；　　　　　　　　　　常数 c

N20　#6 = 57.4456；　　　　　　　　　加工始点在抛物线一般方程中的 X' 轴半径坐标值

N22　#7 = 17.3205；　　　　　　　　　加工终点在抛物线一般方程中的 X' 轴半径坐标值

N24　#8 = 0.2；　　　　　　　　　　　步距值

N26　#4 = −#2/［2∗#1］；　　　　　　抛物线顶点在工件坐系中的 X 轴半径坐标值

N28　#5 =［4∗#1∗#3−#2∗#2］/［4∗#1］；　顶点在工件坐标系中的 Z 轴坐标值

N30　WHILE［#6 GE #7］DO 3；　　　　判断自变量的定义域

N32　#10 = #1∗#6∗#6+#2∗#6+#3；　　表达式 $Z = aX^2 + bX + c$

N34　G01　G41　X［2∗［#6+#4］］Z［#10+#5］；　切削

N36　#6 = #6−#8；　　　　　　　　　　数据更新

N38　END 3；

N40　G01　X34.641　Z −50.；

N42　Z __；

N44　G40　U −1.0；

G70　P10　Q42；

　……

其中的 N36～N42 也可以编写为：

　N35　IF［ABS［#6−#7］LT 0.001］GOTO 42；

　N36　#6 = #6−#8；　　　　　　　　数据更新

　N37　IF［#6 LT #7］THEN #6 = #7；

　N38　END 3；

　N42　Z __；

分析：N10 这里的数值是由方程得到的，如果没有计算器，可以用"X [SQRT [13200]]"代替；同样，N20 的 #6 也可以用"SQRT [3300]"代替；N22 的 #7，根据题意计算出的结果为 $\sqrt{300}$，即 17.3205。终点用这个值，则自变量#6 每次改变#8 后的末值为 17.4456，而不是终值 17.3205，因此，为了让机床刚好切削到这个位置，在宏程序终点切削后补充了 N40 这段程序。

如果抛物线一般方程为 $X = aZ^2 + bZ + c(a \neq 0)$，偏移方程中的 Z' 轴坐标值就要作为自变量了，把模子做一下变动就行了，根据实际情况选取 G41、G42 指令。

```
#1 = __;                                    z² 的系数 a
#2 = __;                                    z 的系数 b
#3 = __;                                    常数 c
#6 = __;                                    加工始点在抛物线一般方程中的 Z′轴坐标值
#7 = __;                                    加工终点在抛物线一般方程中的 Z′轴坐标值
#8 = __;                                    步距值
#4 = -#2/ [2*#1];                           抛物线顶点在工件坐标系的 Z 坐标值
#5 = [4*#1*#3 - #2*#2] / [4*#1];            抛物线顶点工件坐标系 X 方向半径坐标值
WHILE [#6 GE #7] DO 3;                      判断自变量的定义域
#10 = #1*#6*#6 + #2*#6 + #3;                表达式 x = aZ² + bZ + c
G01 G41 X [2* [#10 + #5]] Z [#6 + #4] F __; 切削
IF [ABS [#6 - #7] LT 0.001] GOTO 42;
#6 = #6 - ABS [#8];                         数据更新
IF [#6 LT #7] THEN #6 = #7;
END 3;
N42……
```

其中，如果在其他情况下始点小于终点坐标，则改为：

```
WHILE [#6 LE #7] DO 3;
#10 = #1*#6*#6 + #2*#6 + #3;
G01 G41 X [2* [#10 + #5]] Z [#6 + #4] F __; 切削
IF [ABS [#6 - #7] LT 0.001] GOTO 42;
#6 = #6 + ABS [#8];                         数据更新
```

```
IF [#6 GT #7] THEN #6 = #7;
END 3;
N42……
```

5.2.11 双曲线

双曲线的定义 1：平面内，到两个定点之差的绝对值为常数（小于到两个定点之间的距离）的点的轨迹。定点叫双曲线的焦点 F。

双曲线的定义 2：平面内，到给定一点及一直线的距离之比为常数 e [$e = c/a$ ($c = \sqrt{a^2 + b^2}$, $e > 1$)，即双曲线的离心率]的点的轨迹。定点叫双曲线的焦点 F，定直线叫双曲线的准线 l，如图 5-16 所示。

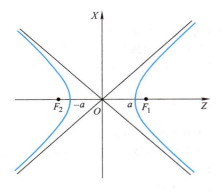

图 5-16　双曲线

在车床上，双曲线在直角坐标系下的标准方程是：$Z^2/a^2 - X^2/b^2 = 1$ ($a > 0$, $b > 0$)，a 为实半轴长，b 为虚半轴长，焦点在实轴 Z 轴上；或 $X^2/b^2 - Z^2/a^2 = 1$ ($a > 0$, $b > 0$)，b 为实半轴长，a 为虚半轴长，焦点在实轴 X 轴上。

其偏移方程为：$(Z + c)^2/a^2 - (X + d)^2/b^2 = 1$ ($a > 0$, $b > 0$)，a 为实半轴长，b 为虚半轴长，焦点在实轴 Z' 轴上；或 $(X + d)^2/b^2 - (Z + c)^2/a^2 = 1$ ($a > 0$, $b > 0$)，b 为实半轴长，a 为虚半轴长，焦点在实轴 X' 轴上。

1. 以线段步距编写双曲线宏程序

对双曲线标准方程 $Z^2/a^2 - X^2/b^2 = 1$ ($a > 0$, $b > 0$)，按照椭圆部分中"自变量的选择和因变量的正负"的相关介绍，建议把 X 轴半径坐标值作为自变量，对方程进行通分、移项及化简，则因变量 Z 轴坐标值可以表述为

1）对双曲线左支上的点，$Z = -a\sqrt{X^2 + b^2}/b$

2）对双曲线右支上的点，$Z = a\sqrt{X^2 + b^2}/b$

对双曲线标准方程 $X^2/b^2 - Z^2/a^2 = 1$ ($a > 0$, $b > 0$)，建议把 Z 轴坐标值作为自变量，对方程进行通分、移项及化简，则因变量 X 轴半径坐标值可以表述为

1）对双曲线下支上的点，$X = -b\sqrt{a^2+Z^2}/a$

2）对双曲线上支上的点，$X = b\sqrt{a^2+Z^2}/a$

【例 5-9】 如图 5-17 所示，某工件的外轮廓为双曲线偏移方程 $(Z-6)^2/6^2 - X^2/4^2 = 1$ 的左支，$X \in [0, 20]$，毛坯为 $\phi45\text{mm} \times 70\text{mm}$，编写这段双曲线的宏程序。

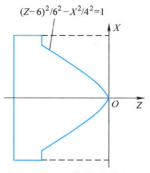

图 5-17 双曲线零件车削

程序如下：

```
O0094;
G99 G97 M03 S600 T0404;
G00 X100. Z80. M08;
X45. Z1. ;
G71 U2.5 R0.5;
G71 P10 Q20 U0.8 W0.2 F0.25;
N10 G00 X0;
G01 Z0 F0.15;
#1 = 6.0;
#2 = 4.0;
#3 = 6.0;

#4 = 0;

#5 = 0;
#6 = 20.0;
#7 = 0.2;
WHILE [#5 LE #6] DO 1;
#8 = #1 * SQRT [#5 * #5 + #2 * #2] /#2;
G01 G42 X [2 * [#4 + #5]] Z [#3 - #8];
IF [ABS [#5 - #6] LT 0.001] GOTO 20;
#5 = #5 + ABS [#7];
IF [#5 GT #6] THEN #5 = #6;
```

双曲线偏移方程 Z' 轴上对应的实半轴长度 a
双曲线偏移方程 X' 轴上对应的虚半轴长度 b
双曲线偏移方程 X' 轴在工件坐标系中的 Z 轴坐标值
双曲线偏移方程 Z' 轴在工件坐标系中的 X 轴半径坐标值
加工始点在双曲线偏移方程中的 X' 轴半径坐标值
加工终点在双曲线偏移方程中的 X' 轴半径坐标值
步距值
判断自变量 X' 轴的半径坐标值的定义域
表达式 $Z = a\sqrt{X^2+b^2}/b$
切削左支，用 "$-\#8$"

数据更新

END 1；

N20 G01 G40 U1.；

……

其中，如果在其他情况下始点大于终点坐标，则改为：

WHILE［#5 GE #6］DO 1；
#8 = #1 * SQRT［#5 * #5 + #2 * #2］/#2；
G01 G42 X［2 *［#4 + #5］］Z［#3 − #8］；
IF［ABS［#5 − #6］LT 0.001］GOTO 20；
#5 = #5 − ABS［#7］；
IF［#5 LT #6］THEN #5 = #6；

END 1；

……

根据实际情况选取 G41、G42 指令。

【例 5-10】 如图 5-18 所示，为某工件的内轮廓为双曲线偏移方程 $(Z+78)^2/30^2 - (X-16)^2/10^2 = 1 (X \in [16, 40])$ 右支的半剖视图，毛坯为 $\phi 100\text{mm} \times 70\text{mm}$，内孔已经钻至 $\phi 30\text{mm}$，编写这段双曲线的宏程序。

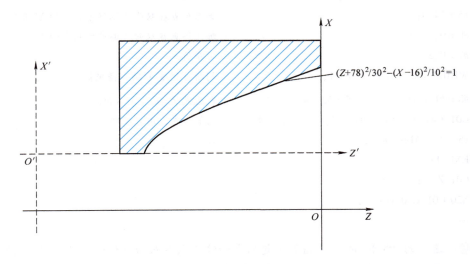

图 5-18 双曲线工件车削

程序如下：

```
O0096;
G99 G97 M03 S500 T0404;
G00 X100. Z80. M08;
X30. Z1.;
G71 U1.5 R0.5;
G71 P10 Q20 U-0.8 W0.2 F0.25;
N10 G00 X80.;
G01 Z0 F0.15;
#1=30.0;                          双曲线偏移方程Z′轴上对应的实半轴长度a
#2=10.0;                          双曲线偏移方程X′轴上对应的虚半轴长度b
#3=-78.0;                         双曲线偏移方程X′轴在工件坐标系中的Z轴坐标值
#4=16.0;                          双曲线偏移方程Z′轴在工件坐标系中的X轴半径坐标值
#5=24.0;                          加工始点在双曲线偏移方程中的X′轴半径坐标值
#6=0;                             加工终点在双曲线偏移方程中的X′轴半径坐标值
#7=0.2;                           步距值
WHILE [#5 GE #6] DO 1;            判断自变量X′轴半径坐标值的定义域
#8=#1*SQRT[#5*#5+#2*#2]/#2;       表达式 $Z=a\sqrt{X^2+b^2}/b$
G01 G41 X[2*[#4+#5]] Z[#3+#8];    切削右支，用"+#8"
#5=#5-ABS[#7];                    数据更新
END 1;
G01 Z__;
N20 G01 G40 U-1.;
……
```

注意：这里的 #5 和 #6，是指加工起始点和终止点在双曲线偏移方程中的X′轴半径坐标值，而不是加工起始点和终止点在工件坐标系中的X轴半径坐标值！

其中，如果在其他情况下起始点小于终止点坐标，则改为：

```
WHILE [#5 LE #6] DO 1;
#8 = #1 * SQRT [#5 * #5 + #2 * #2] /#2;
G01 G41 X [2 * [#4+#5]] Z [#3-#8];
#5 = #5 + ABS [#7];
END 1;
……
```

根据实际情况选取 G41、G42 指令。

对双曲线偏移方程 $(X+d)^2/b^2 - (Z+c)^2/a^2 = 1(a>0, b>0)$，编程方法和注意事项同偏移方程 $(Z+c)^2/a^2 - (X+d)^2/b^2 = 1(a>0, b>0)$ 的类似，建议把偏移方程 Z' 轴坐标值作为自变量，求出表达式后，对上半支取正，下半支取负，不再赘述。

2. 以角度步距编写双曲线宏程序

双曲线在直角坐标系下的标准参数方程为 $\begin{cases} Z = a\sec\theta \\ X = b\tan\theta \end{cases}$ $[a>0, b>0, \theta\epsilon[0, 360°)$，且 $\theta\neq 90°, \theta\neq 270°]$，其中，$a$ 为实半轴长，b 为虚半轴长，焦点在实轴 Z 轴上；或者为 $\begin{cases} X = b\sec\theta \\ Z = a\tan\theta \end{cases}$ $[a>0, b>0, \theta\epsilon(0, 360°)$，且 $\theta\neq 180°]$，其中，b 为实半轴长，a 为虚半轴长，焦点在实轴 X 轴上，离心角 θ 为参数，$\sec\theta$ 为正割函数，即 $(\cos\theta)^{-1}$。

其偏移方程为 $\begin{cases} Z = a\sec\theta - c \\ X = b\tan\theta - d \end{cases}$ $(a>0, b>0$，对称中心为 $[X = -d, Z = -c], \theta\epsilon[0, 360°)$，且 $\theta\neq 90°, \theta\neq 270°]$；或者为 $\begin{cases} X = b\sec\theta - d \\ Z = a\tan\theta - c \end{cases}$ $[a>0, b>0$，对称中心为 $(X = -d, Z = -c), \theta\epsilon(0, 360°)$，且 $\theta\neq 180°]$。

这里的离心角 θ，可以这么理解：从双曲线标准参数方程 $\begin{cases} Z = a\sec\theta \\ X = b\tan\theta \end{cases}$ $[a>0, b>0, \theta\epsilon[0, 360°)$，且 $\theta\neq 90°, \theta\neq 270°]$ 上的任意一点向两条直线 $Z = b$ 或 $Z = -b$ 其中位于该点所在双曲线一支的同侧的一条作垂线；或者从双曲线标准参数方程 $\begin{cases} X = b\sec\theta \\ Z = a\tan\theta \end{cases}$ $[a>0, b>0, \theta\epsilon(0, 360°)$，且 $\theta\neq 180°]$ 上的任意一点向两条直线 $X = a$ 或 $X = -a$ 其中位于该点所在双曲线一支的同侧的一条作垂线；或者从双曲线偏移参数方程 $\begin{cases} Z = a\sec\theta - c \\ X = b\tan\theta - d \end{cases}$ $[a>0, b>0, \theta\epsilon[0, 360°)$，且 $\theta\neq 90°, \theta\neq 270°]$ 上的任意一点向两条直线 $Z = b-c$ 或 $Z = -b-c$ 其中位于该点所在双曲线一支的同侧的一条作垂线；或者从双曲线偏移参数方程 $\begin{cases} X = b\sec\theta - d \\ Z = a\tan\theta - c \end{cases}$ $[a>0, b>0, \theta\epsilon(0, 360°)$，且 $\theta\neq 180°]$ 上的任意一点向两条直线 $X = a-d$ 或 $X = -a-d$ 其中位于该点所在双曲线一支的同侧的一条作垂线，垂足和双曲线标准方程原点（或偏移方程上的点 $X = -d, Z = -c$）的连线

与所在平面第一轴正方向（即双曲线标准方程 +Z 轴或偏移方程 +Z′ 轴）之间的夹角。

如图 5-19 所示，M 为双曲线方程右支上的一个点，从该点向右支同侧的直线 $Z = b$ 作一条垂直辅助线交于 Q 点，$\angle QOR$ 就是双曲线上的点 M 的离心角 θ。

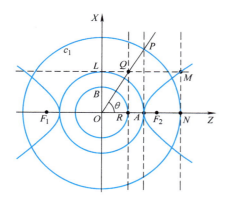

图 5-19 双曲线的离心角

【例 5-11】 如图 5-18 所示，把双曲线偏移方程 $(Z+78)^2/30^2 - (X-16)^2/10^2 = 1(X\epsilon[16, 40])$ 中的右支转换为其参数偏移方程，为 $\begin{cases} Z = 30\sec\theta - 78 \\ X = 10\tan\theta + 16 \end{cases}$ 中的右支，毛坯为 $\phi100mm \times 70mm$，内孔已经钻至 $\phi30mm$，编写这段双曲线的宏程序。

```
O0098;
G99 G97 M03 S500 T0404;
G00 X100. Z80. M08;
```

要想编写出这段偏移双曲线以离心角 θ 为参数的宏程序，必须先确定其离心角 θ 的定义域，左支或右支确定了，定义域也就确定了。离心角 θ 所对应位置的坐标值，均为一一对应。

有以下两种方法可以求出始点和终点的离心角 θ：

1) 从起始点 X40.0 向直线 $Z = b - c$，代入后即 $Z = 10 - 78$ 做垂线，垂足为（X40.0, Z-68.0），双曲线偏移方程原点 O' 坐标值为（X16.0, Z-78.0），所以得出
$\tan\theta = (X_{垂足} - X'_{O'})/(Z_{垂足} - Z'_{O'}) = (40-16)/[-68-(-78)] = 2.4$，用科学型计算器求出 $\theta = \arctan 2.4 \approx 67.3801°$。

同理求出终点 X16.0 对应的离心角 $\theta = 0°$。

2) 把起始点 X40.0 直接代入该双曲线的偏移参数方程：$\begin{cases} Z = 30\sec\theta - 78 \\ X = 10\tan\theta + 16 \end{cases}$，得出 $\tan\theta = 2.4$，用计算器求出 $\theta = \arctan 2.4 \approx 67.3801°$。

同理求出终点 X16.0 对应的离心角 $\theta = 0°$。

注：以上 1)、2) 中的 X 均为半径坐标值。

这段双曲线的宏程序编写如下：

```
X30. Z1. ;
G71 U1.5 R0.5;
G71 P10 Q20 U-0.8 W0.2 F0.25;
N10 G00 X80. ;
G01 Z0 F0.15;
#1=30.0;                     双曲线偏移参数方程 Z′ 轴上对应的实半轴长度 a
#2=10.0;                     双曲线偏移参数方程 X′ 轴上对应的虚半轴长度 b
#3=-78.0;                    双曲线偏移参数方程 X′ 轴在工件坐标系中的 Z 轴坐
                             标值
#4=16.0;                     双曲线偏移参数方程 Z′ 轴在工件坐标系中的 X 轴半
                             径坐标值
#5=67.3801;                  加工起始点对应的离心角 θ
#6=0;                        加工终止点对应的离心角 θ
#7=0.2;                      角度步距值
WHILE [#5 GE #6] DO 1;       判断自变量的定义域
G01 G41 X[2*[#2*TAN[#5]+#4]] 切削
Z[#1/COS[#5]+#3];
N12 #5=#5-ABS[#7];           数据更新
N14 END 1;
N18 G01 X32.0 Z-48.0;
N20 G40 U-1. ;
……
```

其中的 N12～N20 也可以编写为：

```
N11 IF [ABS[#5-#6] LT 0.001] GOTO 20;
N12 #5=#5-ABS[#7];           数据更新
N13 IF [#5 LT #6] THEN #5=#6;
N14 END 1;
N20 G40 U-1. ;
```

应根据实际情况选择 G41 或 G42 指令。

注：自变量 #5 每次变化 #7 后的末值是 0.1801，而不是终值 #6，因此在宏程序切削结束后加了 N18 这

段程序，让刀具加工到终点。

3. 以角度步距编写旋转双曲线宏程序

（1）以中心角 α 编程　设经过双曲线中心的直线与平面第一轴正方向（+Z）的夹角为 α，即双曲线上的点对应的中心角 α，根据双曲线标准方程和直线方程的联立，求解。

1）焦点在 Z 轴上

$$\begin{cases} Z^2/a^2 - X^2/b^2 = 1 (a > 0, b > 0) \\ X = \tan\alpha \, Z [\tan\alpha \in (-b/a, b/a)] \end{cases}$$

解得 $\begin{cases} X = \pm ab\tan\alpha / \sqrt{b^2 - a^2\tan^2\alpha} \\ Z = \pm ab / \sqrt{b^2 - a^2\tan^2\alpha} \end{cases}$（根据交点所在的象限选取符号，$\tan\alpha \in (-b/a, b/a)$）

则交点到双曲线原点的距离

$$d = \sqrt{X^2 + Z^2} = ab\sqrt{(1+\tan^2\alpha)/(b^2-a^2\tan^2\alpha)}$$

根据三角函数关系代换，化简得 $d = ab/\sqrt{b^2\cos^2\alpha - a^2\sin^2\alpha}\,[\tan\alpha \in (-b/a, b/a)]$。

求出来双曲线上与其双曲线中心成任意中心角 α 的点到双曲线中心的距离后，当这个双曲线沿与其所在平面第一轴正方向（+Z）旋转 β 角度后，则原双曲线上的该点在坐标系中的坐标值 X'、Z' 为

$$\begin{cases} X' = d\sin(\alpha+\beta) = ab\sin(\alpha+\beta)/\sqrt{b^2\cos^2\alpha - a^2\sin^2\alpha} \\ Z' = d\cos(\alpha+\beta) = ab\cos(\alpha+\beta)/\sqrt{b^2\cos^2\alpha - a^2\sin^2\alpha} \end{cases} [\tan\alpha \in (-b/a, b/a)]$$

若该方程又发生了偏移，则该旋转偏移双曲线以其中心角 α 为参数的方程为

$$\begin{cases} X' = ab\sin(\alpha+\beta)/\sqrt{b^2\cos^2\alpha - a^2\sin^2\alpha} + I \\ Z' = ab\cos(\alpha+\beta)/\sqrt{b^2\cos^2\alpha - a^2\sin^2\alpha} + K \end{cases}$$

该方程对参数中心角 α 有限制，$\tan\alpha \in (-b/a, b/a)$。

注：未旋转的双曲线也可以用此方程以中心角 α 为参数编程，此时 β = 0°，不再赘述。

对于图 5-18，起始点中心角 α = arctan(24/78) ≈ 17.1027°，终止点中心角 α = 0°，β = 0°，编程略。

2）焦点在 X 轴上

$$\begin{cases} X^2/b^2 - Z^2/a^2 = 1 \quad (a>0, b>0) \\ X = \tan\alpha \; Z [\tan\alpha \in (-a/b, a/b), 且 \alpha \neq 90°, \alpha \neq 270°] \end{cases}$$

解得 $\begin{cases} X = \pm ab\tan\alpha / \sqrt{a^2\tan^2\alpha - b^2} \\ Z = \pm ab / \sqrt{a^2\tan^2\alpha - b^2} \end{cases}$ [根据交点所在的象限选取符号，$\tan\alpha \in (-a/b, a/b)$,

若 $\alpha = 90°$, $X = b$, $Z = 0$；若 $\alpha = 270°$, $X = -b$, $Z = 0$]

则交点到双曲线原点的距离

$$d = \sqrt{X_1^2 + Z_1^2} = ab\sqrt{(1+\tan^2\alpha)/(a^2\tan^2\alpha - b^2)}$$

根据三角函数关系代换，化简得：$d = ab/\sqrt{a^2\sin^2\alpha - b^2\cos^2\alpha}[\tan\alpha \in (-a/b, a/b)]$。

求出来双曲线上与其双曲线中心成任意中心角 α 的点到双曲线中心的距离后，当这个双曲线沿与其所在平面第一轴正方向（$+Z$）旋转 β 角度后，则原双曲线上的该点在坐标系中的坐标值 X'、Z' 为

$$\begin{cases} X' = d\sin(\alpha + \beta) = ab\sin(\alpha+\beta)/\sqrt{a^2\sin^2\alpha - b^2\cos^2\alpha} \\ Z' = d\cos(\alpha + \beta) = ab\cos(\alpha+\beta)/\sqrt{a^2\sin^2\alpha - b^2\cos^2\alpha} \end{cases} [\tan\alpha \in (-a/b, a/b)]$$

若该方程又发生了偏移，则该旋转偏移双曲线以其中心角 α 为参数的方程为

$$\begin{cases} X' = ab\sin(\alpha+\beta)/\sqrt{a^2\sin^2\alpha - b^2\cos^2\alpha} + I \\ Z' = ab\cos(\alpha+\beta)/\sqrt{a^2\sin^2\alpha - b^2\cos^2\alpha} + K \end{cases}$$

该方程对参数中心角 α 有限制，$\tan\alpha \in (-a/b, a/b)$。

编程略。

注：未旋转的双曲线也可以用此方程以中心角 α 为参数编程，此时 $\beta = 0°$，不再赘述。

（2）以离心角 θ 编程

1）焦点在 Z 轴上的情况：根据双曲线以离心角 θ 为参数的方程和旋转坐标方程的联立

$$\begin{cases} \begin{cases} Z = a\sec\theta \\ X = b\tan\theta \end{cases} \quad [a>0, b>0, \theta \in [0, 360°), 且 \theta \neq 90°、270°] \\ \begin{cases} X' = Z\sin\beta + X\cos\beta \\ Z' = Z\cos\beta - X\sin\beta \end{cases} \end{cases}$$

解得坐标偏移后的双曲线偏移旋转方程为

$$\begin{cases} X' = a\sec\theta\sin\beta + b\tan\theta\cos\beta + I \\ Z' = a\sec\theta\cos\beta - b\tan\theta\sin\beta + K \end{cases} [a、b>0, \theta\in[0,360°), 且\theta\neq 90°、270°]$$

注意：未旋转的双曲线也可以用此方程以离心角 θ 为参数编程，此时 $\beta = 0°$，不再赘述。

对于图 5-18，即未旋转的双曲线，起始点离心角 $\theta = \arctan(24/10) \approx 67.3801°$，终止点离心角 $\theta = 0°$，$\beta = 0°$，编程略。

2）焦点在 X 轴上的情况：根据双曲线以离心角 θ 为参数的方程和旋转坐标方程的联立，

$$\begin{cases} \begin{cases} X = b\sec\theta \\ Z = a\tan\theta \end{cases} [a>0, b>0, \theta\in(0,360°), 且\theta\neq 180°] \\ \begin{cases} X' = Z\sin\beta + X\cos\beta \\ Z' = Z\cos\beta - X\sin\beta \end{cases} \end{cases}$$

解得坐标偏移后的双曲线偏移旋转方程为

$$\begin{cases} X' = a\tan\theta\sin\beta + b\sec\theta\cos\beta + I \\ Z' = a\tan\theta\cos\beta - b\sec\theta\sin\beta + K \end{cases} [a>0, b>0, \theta\in(0,360°), 且\theta\neq 180°]$$

编程略。

注意：未旋转的双曲线也可以用此方程以离心角 θ 为参数编程，此时 $\beta = 0°$，不再赘述。

5.2.12 正弦、余弦、正切曲线

正弦曲线和余弦曲线如图 5-20 所示。在车床上，正弦曲线的标准方程是 $X = \sin Z$，或 $Z = \sin X$，其周期 $T = 2\pi$，振幅为 1。正弦曲线的偏移方程是 $X = A\sin(\omega Z + \varphi) + k(\omega \neq 0)$。其中：$A$ 为振幅，当物体做轨迹符合正弦曲线的直线往复运动时，其值为行程的 1/2；ω 为角频率，控制正弦周期在单位角度内振动的次数，周期 $T = 2\pi/\omega$；φ 为初相位角，当 $X = 0$ 时的相位，反映在坐标系上为曲线沿自变量轴的左右移动量；$(\omega Z + \varphi)$ 为相位，反映因变量 X 所处的位置；k 为偏距，反映在坐标系上为图像的上移或下移。即振幅沿 X 轴拉长为 A；周期沿 Z 轴伸展为 $2\pi/\omega$；沿原方程向 $-Z$ 方向偏移 φ/ω，或向

$+Z$ 偏移 $-\varphi/\omega$；向 $+X$ 方向偏移 k，或向 $-X$ 方向偏移 $-k$。

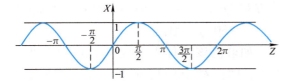

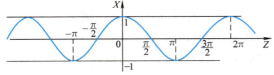

图 5-20 正弦曲线（上）和余弦曲线（下）

正弦曲线 $Z = A\sin(\omega X + \varphi) + k$ 的理解和其类似。

【例 5-12】 如图 5-21 所示，毛坯 $\phi62mm$，程序中仅编写该正弦曲线宏程序。

要想编写出这段正弦曲线的程序，必须先确定这段曲线的方程，及自变量的定义域。

根据图示，如果把这段正弦曲线的右端多向右延长 1/4 周期，即延长 5mm，其在工件坐标系的位置为（X50.0，Z0），这个点恰好符合正弦曲线 $X = \sin Z$ 的原点的特征，和工件坐标系的 Z0 重合，未平移，即 $\varphi = 0$。

根据图示的半径尺寸"2"，确定其振幅 $A = 2$。

根据图示的轴向尺寸"20"，就是这条正弦曲线的周期，确定 $\omega = \pi/10$。

根据图示的径向尺寸"$\phi50$"和其指向的位置，确定 $k = 25.0$。

所以这段正弦曲线的方程是：$X = 2\sin(\pi Z/10) + 25.0$（$Z \in [-5, -30]$），这里的"$\omega Z + \varphi$"是以弧度表示的，而 $\pi rad = 180°$，把其转化为角度表示，方程为 $X = 2\sin(18Z) + 25.0$（$Z \in [-5, -30]$）。

这段正弦曲线程序如下：

```
G99 G97 M03 S700 T0404;        尖刀
G00 X150. Z80. M08;
X68. Z0;                        采用X轴
                                单向进刀
N1 G73 U7.5 W0 R5;
N2 G73 P3 Q4 U1.0 W0 F0.25;
N3 G00 X46.;
G01 Z-5.;
#1=2.0;                         A
#2=18.0;                        ω
```

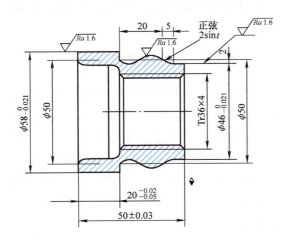

图 5-21 正弦曲线车削实例

```
#3 = 0;                    φ
#4 = 25.0;                 k
#5 = -5.0;                 Z方向起
                           始点坐标
#6 = -30.0;                Z方向终
                           止点坐标
#7 = 0.05;                 Z方向每次
                           的步距值
WHILE [#5 GE #6] DO 2;
#8 = #1 * SIN [#2 * #5 + #3] + #4;
G01 G42 X [2 * #8] Z#5 F0.15;
#5 = #5 - ABS [#7];
END 2;
G01 X57.99;
W - 7.;
N4 G40 U1.;
……
```

程序里的"N1 G73 U7.5 W0 R5;",根据毛坯尺寸为 $\phi62mm$,精加工尺寸的最小外尺寸为 $\phi46mm$,两者差值去掉 X 方向精加工余量后,值的一半为7.5mm,就是粗加工半径方向的总退刀量,由于是尖刀,分5次切削,粗车背吃刀量为1.5mm,前几刀肯定有部分地方加工不到。由于 X、Z 轴非单调变化,粗车时采用 X 方向单独进刀,Z 方向未留加工余量。

如果把工件坐标系的(X50.0,Z-20.0)作为正弦曲线的原点,若以弧度计算,得到的方程是 $X = 2\sin(\pi Z/10 + 2\pi) + 25.0(Z\epsilon[-5, -30])$;若以角度计算,则曲线方程为 $X = 2\sin(18Z + 360) + 25.0(Z\epsilon[-5, -30])$,编程一样。

如果把该图样上的曲线整体向右平移2mm,即图样上的尺寸由 $20_{-0.05}^{-0.02}$ mm 变为 $22_{-0.05}^{-0.02}$ mm,根据前文的描述,求出 A、ω、φ、k 的值,若以弧度计算,则曲线方程为 $X = 2\sin(\pi Z/10 - \pi/5) + 25.0(Z\epsilon[-3, -28])$;若以角度计算,则曲线方程为 $X = 2\sin(18Z - 36.0) + 25.0(Z\epsilon[-3, -28])$。对机床,取后者,编程略。

余弦曲线就是把正弦曲线向左平移1/4周期,编程方法和正弦曲线思路类似。正切曲线、倒数曲线的编程,和圆锥曲线、正弦曲线的编程方法思路类似,不再赘述。

5.2.13 米制梯形螺纹

梯形螺纹分米制和英制两种,我国常采用米制梯形螺纹,其牙型角为30°。梯形螺纹主要用于传动(进给和升降)和位置调整装置中,在机械行业有着广泛的应用。

梯形螺纹的牙型如图5-22所示,梯形螺纹基本要素的名称、代号及计算公式见表5-6。

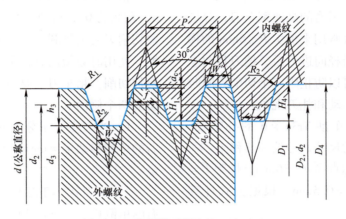

图 5-22 米制梯形螺纹的设计牙型

表 5-6 梯形螺纹基本要素的名称、代号及计算公式

名称		代号	计算公式			
牙型角		α	$\alpha = 30°$			
螺距		P	由螺纹标准确定			
牙顶间隙		a_c	P/mm	1.5~5	6~12	14~44
			a_c/mm	0.25	0.5	1
外螺纹	大径	d	公称直径			
	中径	d_2	$d_2 = d - 0.5P$			
	小径	d_3	$d_3 = d - 2h_3$			
	牙高	h_3	$h_3 = 0.5P + a_c$			
内螺纹	大径	D_4	$D_4 = d + 2a_c$			
	中径	D_2	$D_2 = d_2 = d - 0.5P$			
	小径	D_1	$D_1 = d - P$			
	牙高	H_4	$H_4 = h_3 = 0.5P + a_c$			
牙顶宽		f、f'	$f = f' = 0.3660P$			
牙槽底宽		W、W'	$W = W' = 0.3660P - 0.5359a_c$			

梯形螺纹有低速车削法和高速车削法，低速车削法用手工刃磨的高速钢车刀，分层左右进刀车削方式常用来加工 $P \leq 8\text{mm}$ 的梯形螺纹。在每次沿径向进刀后，把刀具向左右做微量移动，可以防止因三个切削刃同时参加切削而产生振动和扎刀现象。

【例 5-13】 车削 Tr36×6 的外螺纹，计算其基本要素的尺寸，并编写其程序。

解： 已知公称直径 $d = 36\text{mm}$，螺距 $P = 6\text{mm}$，查表得 $a_c = 0.5\text{mm}$，根据公式计算如下

$h_3 = 0.5P + a_c = 0.5 \times 6\text{mm} + 0.5\text{mm} = 3.5\text{mm}$

$d_2 = d - 0.5P = 36\text{mm} - 0.5 \times 6\text{mm} = 33\text{mm}$

$d_3 = d - 2h_3 = 36\text{mm} - 2 \times 3.5\text{mm} = 29\text{mm}$

$f = f' = 0.3660P = 0.3660 \times 6\text{mm} = 2.196\text{mm}$

$W = W' = 0.3660P - 0.5359a_c = 0.3660 \times 6\text{mm} - 0.5359 \times 0.5\text{mm} = 1.928\text{mm}$

$\tan\psi = P_h / (\pi d_2) = 6/(\pi \times 33) = 0.0578745$

$\psi = \arctan 0.0578745 = 3°18'44''$

因为是右旋螺纹，所以：

左侧切削刃刃磨后角 $\alpha_{oL} = (3° \sim 5°) + \psi = 4° + 3°18'44'' = 7°18'44''$

右侧切削刃刃磨后角 $\alpha_{oR} = (3° \sim 5°) - \psi = 4° - 3°18'44'' = 0°41'16''$

当粗加工时，车刀刀尖角 ε_r 应比牙型角 α 小 0.5°，为 29.5°~30°，前角为 10°~15°，后角为 8°左右，为了便于左右切削并留有精车余量，刀宽应小于牙槽底宽 W。

精加工时车刀刀尖角 ε_r 应等于牙型角 α，前角为 0°，后角为 6°~8°，为了保证两侧切削刃切削顺利，应磨成较大前角的卷屑槽。使用时必须注意，车刀前端切削刃不能参加切削，精车刀主要用于精车梯形螺纹牙型的两个侧面。

1）当刀宽等于牙槽底宽时，向左或向右的单侧移动量 = tan15° ×（牙高 – 已吃刀量）。

2）当刀宽小于牙槽底宽时，向左或向右的单侧移动量 = tan15° ×（牙高 – 已吃刀量）+（牙槽底宽 – 实际刀宽）/2。

该宏程序赋值如下：

#1 = A，牙顶间隙 $a_c > 0$

#2 = B，每一次的背吃刀量 > 0

#3 = C，刀头宽度偏差，为（牙槽底宽 – 实际刀宽）/2，即（$0.3660P - 0.5359a_c$ – 实际刀宽）/2 > 0

#9 = F，梯形螺纹导程

#21 = U，梯形螺纹小径相对于定位点的 X 轴坐标

#23 = W，梯形螺纹轴向加工终点相对于定位点的 Z 轴坐标

#24 = X，梯形螺纹小径的绝对坐标值，即 $d_3 = d - 2h_3 = d - P - 2a_c$

#26 = Z，梯形螺纹轴向加工终点的绝对坐标值

调用格式为：

G00 X(U)__ Z(W)__;

G65 P1076 A0.5 B0.2 C__ F6.0 X29.(或U)__ Z(或W)__;

程序如下：

O1076;

#31 = #5001;   存储定位点的 X 轴绝对坐标值

#32 = #5003;   存储定位点的 Z 轴绝对坐标值

IF [[#24 EQ #0] AND [#21 EQ #0]] GOTO 200;   如果 X、U 均未赋值，报警

IF [[#26 EQ #0] AND [#23 EQ #0]] GOTO 200;   如果 Z、W 均未赋值，报警

N10 IF [#21 EQ #0] GOTO 20;   如果 U 未赋值，跳转到 N20

N15 #24 = #31 + #21;   计算切削终点 X 轴的绝对坐标值

N20 IF [#23 EQ #0] GOTO 30;   如果 W 未赋值，跳转到 N30

N25 #26 = #33 + #23;   计算切削终点 Z 轴的绝对坐标值

N30 #4 = 0.5 * #9 + #1;   计算梯形螺纹牙高

N40 #5 = 2 * #4 + #24;   计算梯形螺纹公称直径

N50 WHILE [#5 GT #24] DO 1;   未切削到槽底时，执行循环体 1

N60 #4 = #4 − #2;   计算剩余背吃刀量

N70 IF [#4 LT 0] THEN #4 = 0;   为防止 X 轴过切，强制赋值

N80 #5 = 2 * #4 + #24;   计算将要切削的这层的 X 绝对坐标值

N90 G00 Z#32;   移动到直进刀切削的循环起点

N100 G92 X#5 Z#26 F#9;   直进刀切削

N110 G00 Z [#32 + 0.2679 * #4 + #3];   移动到牙型右侧的循环起点

N120 G92 X#5 Z#26 F#9;   向右借刀切削

N130 G00 Z [#32 − 0.2679 * #4 − #3];   移动到牙型左侧的循环起点

N140 G92 X#5 Z#26 F#9;   向左借刀切削

N150 END 1;

N160 M99;

N200 #3000 = 6 (FU ZHI BU DUI);   "赋值不对"报警

注意：

① 主轴转速一般为 150~200r/min，加充足的切削液。

② 如果梯形螺纹牙侧面的表面质量要求不高，可以只用粗车刀加工，加工完之后测量工件，若梯形螺纹中径尺寸值未到或牙槽底宽不足，可以适当调整#3 和 X（或 U）的数值。每一次的背吃刀量可以根据工件材料等因素，调整#2 的赋值。

③ 如果梯形螺纹牙侧面的表面质量要求较高，粗车刀加工时，底部可以不留余量或留有很小的余量，左右侧面的余量可以调整#3 的数值，例如左右侧面需要各留有 0.15 的余量，则#3 =（牙槽底宽 – 实际刀宽）/2 – 0.15；精加工时对 X（或 U）、#3 重新赋值即可。

④ 该例螺距较小，左右借刀量不大，所以左右各借刀一次；若螺距较大，左右可多次借刀，应用 IF…THEN 语句限制，避免过切。

宏语句在不同情况中的应用变化多样，不可赘述；不同的几何曲线、曲面、矩阵及数列，其中规律的数学表达式更是千差万别，难以一一道来。此为抛砖，希望读者朋友能融会贯通，学以致用，触类旁通，举一反三。即使读完这篇文章后，回头看看宏程序开篇时的话，大家可能仍会由心底发出一句感慨：传说中的宏程序，仍在传说之中。

附　　录

附录 A　三角函数关系

1. 任意角度的三角函数转化锐角三角函数

	±α	90°±α	180°±α	270°±α	360°±α
sin α	±sin α	+cos α	∓sin α	−cos α	±sin α
cos α	+cos α	∓sin α	−cos α	±sin α	+cos α
tan α	±tan α	∓cot α	±tan α	∓cot α	±tan α
cot α	±cot α	∓tan α	±cot α	∓tan α	±cot α

2. 常用三角公式

（1）倒数关系等

$\sin\alpha \csc\alpha = 1$

$\cos\alpha \sec\alpha = 1$

$\tan\alpha \cot\alpha = 1$

$\sin^2\alpha + \cos^2\alpha = 1$

$\tan^2\alpha + 1 = 1/\cos^2\alpha$

$\cot^2\alpha + 1 = 1/\sin^2\alpha$

（2）和（差）角公式

$\sin(\alpha \pm \beta) = \sin\alpha\cos\beta \pm \cos\alpha\sin\beta$

$\cos(\alpha \pm \beta) = \cos\alpha\cos\beta \mp \sin\alpha\sin\beta$

$\tan(\alpha \pm \beta) = (\tan\alpha \pm \tan\beta)/(1 \mp \tan\alpha\tan\beta)$

$\cot(\alpha \pm \beta) = (\cot\alpha\cot\beta \mp 1)/(\cot\beta \pm \cot\alpha)$

（3）倍角公式

$\sin 2\alpha = 2\sin\alpha\cos\alpha$

$\cos 2\alpha = \cos^2\alpha - \sin^2\alpha = 1 - 2\sin^2\alpha = 2\cos^2\alpha - 1$

$\tan 2\alpha = 2\tan\alpha/(1 - \tan^2\alpha)$

$\cot 2\alpha = (\cot^2\alpha - 1)/2\cot\alpha$

（4）半角公式

$\sin\alpha/2 = \sqrt{(1-\cos\alpha)/2} = (\sqrt{1+\sin\alpha} - \sqrt{1-\sin\alpha})/2$

$\cos\alpha/2 = \sqrt{(1+\cos\alpha)/2} = (\sqrt{1+\sin\alpha} + \sqrt{1-\sin\alpha})/2$

$\tan\alpha/2 = \sin\alpha/(1 + \cos\alpha) = (1 -$

$\cos \alpha)/\sin \alpha = \sqrt{(1-\cos \alpha)/(1+\cos \alpha)}$

$\cot \alpha/2 = (1+\cos \alpha)/\sin \alpha = \sin \alpha/(1-\cos \alpha) = \sqrt{(1+\cos \alpha)/(1-\cos \alpha)}$

(5) 积化和差公式

$\sin \alpha \sin \beta = [\cos(\alpha-\beta) - \cos(\alpha+\beta)]/2$

$\sin \alpha \cos \beta = [\sin(\alpha+\beta) + \sin(\alpha-\beta)]/2$

$\cos \alpha \cos \beta = [\cos(\alpha+\beta) + \cos(\alpha-\beta)]/2$

$\cos \alpha \sin \beta = [\sin(\alpha+\beta) - \sin(\alpha-\beta)]/2$

$\tan \alpha \tan \beta = (\tan \alpha + \tan \beta)/(\cot \alpha + \cot \beta)$

$\cot \alpha \cot \beta = (\cot \alpha + \cot \beta)/(\tan \alpha + \tan \beta)$

(6) 和差化积公式

$\sin \alpha + \sin \beta = 2\sin[(\alpha+\beta)/2]\cos[(\alpha-\beta)/2]$

$\sin \alpha - \sin \beta = 2\sin[(\alpha-\beta)/2]\cos[(\alpha+\beta)/2]$

$\cos \alpha + \cos \beta = 2\cos[(\alpha+\beta)/2]\cos[(\alpha-\beta)/2]$

$\cos \alpha - \cos \beta = -2\sin[(\alpha+\beta)/2]\sin[(\alpha-\beta)/2]$

$\tan \alpha \pm \tan \beta = \sin(\alpha \pm \beta)/(\cos \alpha \cos \beta)$

$\cot \alpha \pm \cot \beta = \sin(\beta \pm \alpha)/(\sin \alpha \sin \beta)$

(7) 万能公式

$\sin \alpha = 2\tan(\alpha/2)/[1+\tan^2(\alpha/2)]$

$\cos \alpha = [1-\tan^2(\alpha/2)]/[1+\tan^2(\alpha/2)]$

$\tan \alpha = 2\tan(\alpha/2)/[1-\tan^2(\alpha/2)]$

(8) 其他常用公式

$\sin^2 \alpha - \sin^2 \beta = \cos^2 \beta - \cos^2 \alpha = \sin(\alpha+\beta) \cdot \sin(\alpha-\beta)$

$\cos^2 \alpha - \sin^2 \beta = \cos^2 \beta - \sin^2 \alpha = \cos(\alpha+\beta) \cdot \cos(\alpha-\beta)$

$\sin^2 \alpha = (1-\cos 2\alpha)/2$

$\cos^2 \alpha = (1+\cos 2\alpha)/2$

$\sin^3 \alpha = (3\sin \alpha - \sin 3\alpha)/4$

$\cos^3 \alpha = (3\cos \alpha + \cos 3\alpha)/4$

$a\sin x + b\cos x = \sqrt{a^2+b^2}\sin(x+\varphi)$ ($\tan \varphi = b/a$)

(9) 三角形元素间的关系

a、b、c 是三角形的三边，A、B、C 是三个角，R 为外接圆半径，r 为内切圆半径，S 为三角形面积，半周长 $s = (a+b+c)/2$。

1) 正弦定理

$a/\sin A = b/\sin B = c/\sin C = 2R$

2) 余弦定理

$a^2 = b^2 + c^2 - 2bc\cos A$

$b^2 = a^2 + c^2 - 2ac\cos B$

$c^2 = a^2 + b^2 - 2ab\cos C$

3) 正切定理

$(a+b)/(a-b) = \tan[(A+B)/2]/\tan[(A-B)/2]$

$(a-b)/(a+b) = \tan[(A-B)/2]\tan(C/2)$

$(b+c)/(b-c) = \tan[(B+C)/2]/\tan[(B-C)/2]$

$(b-c)/(b+c) = \tan[(B-C)/2]\tan(A/2)$

$(c+a)/(c-a) = \tan[(C+A)/2]/\tan[(C-A)/2]$

$(c-a)/(c+a) = \tan[(C-A)/2]\tan(B/2)$

4) 半角公式

$\sin(A/2) = \sqrt{(s-b)\times(s-c)/bc}$

$\sin(B/2) = \sqrt{(s-a)\times(s-c)/ac}$

$\sin(C/2) = \sqrt{(s-a)\times(s-b)/ab}$

$\cos(A/2) = \sqrt{s\times(s-a)/bc}$

$\cos(B/2) = \sqrt{s\times(s-b)/ac}$

$\cos(C/2) = \sqrt{s\times(s-c)/ab}$

$\tan(A/2) = r/(s-a)$

$\tan(B/2) = r/(s-b)$

$\tan(C/2) = r/(s-c)$

5) 面积公式

$S = ab\sin(C/2) = bc\sin(A/2) = ac\sin(B/2)$

$S = \sqrt{s\times(s-a)(s-b)(s-c)} = rs$

3. 常用角度的三角函数值

函数值\函数 角度值	sin	cos	tan
0°	0	1	0
15°	$(\sqrt{6}-\sqrt{2})/4$	$(\sqrt{6}+\sqrt{2})/4$	$2-\sqrt{3}$
18°	$(\sqrt{5}-1)/4$	$\sqrt{10+2\sqrt{5}}/4$	$\sqrt{25-10\sqrt{5}}/5$
22.5°	$\sqrt{2-\sqrt{2}}/2$	$\sqrt{2+\sqrt{2}}/2$	$\sqrt{2}-1$
30°	0.5	$\sqrt{3}/2$	$\sqrt{3}/3$
36°	$\sqrt{10-2\sqrt{5}}/4$	$(1+\sqrt{5})/4$	$\sqrt{5-2\sqrt{5}}$
45°	$\sqrt{2}/2$	$\sqrt{2}/2$	1
54°	$(1+\sqrt{5})/4$	$\sqrt{10-2\sqrt{5}}/4$	$\sqrt{25+10\sqrt{5}}/5$
60°	$\sqrt{3}/2$	0.5	$\sqrt{3}$
67.5°	$\sqrt{2+\sqrt{2}}/2$	$\sqrt{2-\sqrt{2}}/2$	$\sqrt{2}+1$
72°	$\sqrt{10+2\sqrt{5}}/4$	$(\sqrt{5}-1)/4$	$\sqrt{5+2\sqrt{5}}$
75°	$(\sqrt{6}-\sqrt{2})/4$	$(\sqrt{6}+\sqrt{2})/4$	$2+\sqrt{3}$
90°	1	0	—

附录 B　数控操作面板常用术语英汉对照

EDIT　编辑
AUTO/MEM（Memory）　自动/存储运行
JOG　手动
Handle/MPG　手轮
MDI（Manual Data Input）　手动数据输入/录入
REF/ZRN（Zero Return）　回机械零点
INC　增量进给方式
Teach　示教方式
CNC：Computer Numerical Control　计算机数字控制
DNC：Direct Numerical Control　直接数字控制
Magazine　刀库
F：feed　进给量，进给值
Feedrate　进给倍率
feedrate override　进给倍率修调
T：tool　刀具
S：speed　速度，转速
spindle override　主轴倍率修调
sensor　传感器
original　起源
turret　转塔刀架
index　索引，表征
X、Y、Z、4th axis　X、Y、Z、第四轴

ATC：Auto Tool Changer　机械手
APC：Auto Pallet Changer　自动托台交换（卧式四轴回转工作台加工中心）
BG – EDIT　后台编辑（FANUC、MORI SEIKI 有此功能）
END – EDIT　后台编辑结束
pot up/down sensor alarm　刀套上/下传感报警器
spindle　主轴
CW/CCW　正/反转
status　状态
rapid　快速移动
rapid override　快速倍率修调
spindle orientation　主轴定向停止
coolant　切削液
lubricant　润滑油
coolant is not in auto model　切削液不在自动方式
lubricant level low　润滑油液位低
pressure　压力
air low/air too low　气压低
BT：Block Tool system　插入快换式系统
EOB：end of block　程序段结束/换行
POS：position　位置
Shift　上档

CAN：cancel　取消
Input　输入
System　系统
Message　（报警）信息
customer graph　用户图形界面
alter　替换
help　帮助
insert　插入
reset　复位
delete　删除
macro　宏
PROG：program　程序
quill out/in　顶尖前进/后退
tailstock/tail stock　尾座
chip conveyor　排屑器
chuck clamp/unclamp　卡盘夹紧/松开
execute　执行
ladder　梯形图
EXT：external　外部的（坐标系）（FANUC、MITSUBISHI、MORI SEIKI 有此功能，MORI SEIKI 上称为"通用"）
Parameter　参数
offset/setting　刀具偏置/设置
not ready　未准备好
alarm　报警
FOR.（forward）/Reverse（或 Back）　正/反转
Left/Right　正/反转
dry run　空运行/试运行
machine lock　机械锁/机床锁
single block　单程序段运行
cancel Z　Z 轴取消，Z 轴锁
optional stop　（程序）计划/选择停止
block skip　程序段跳跃
O. T. release：Over Travel release　超程解除/超程释放
lathe　车
mill　铣
actual　实际的
trace　踪迹
cassette　盒子
dwell　暂停
frequency　频率
main　主程序
sub.　子程序
emergency stop　紧急停止
absolute/incremental dimension　绝对/相对坐标
polar　极坐标
polar coordinate　极坐标系
geometry　几何的，形状，外形
wear　磨损/磨耗
steady rest　中心架
bearing　轴承

附录 C 非完全平方数二次根式的计算方法

在数控加工中，经常要对图样上的一些数据做处理，三角函数、极坐标及勾股定理等是经常用到的，很多时候，不可避免地要和二次根式打交道。在手头没有科学型计算器的情况下，有没有一种简便可行的方法能快速且准确地计算出能满足机床运行精度的数值呢？

笔者结合平方根式和完全平方公式，推导出一种简便的计算二次根式的方法，使用起来得心应手，奉献出来，以飨读者。

如果逆向思维，可以把二次根式看作是完全平方公式的逆运算，已知完全平方公式为：$(a \pm b)^2 = a^2 \pm 2ab + b^2$。如果 $a \gg b > 0$，且 b 的值很小，则 b^2 趋近于 0，可以忽略，则公式蜕变为：$(a \pm b)^2 \approx a^2 \pm 2ab$，则 $\sqrt{a^2 \pm 2ab} \approx a \pm b$。

例 1：求 $\sqrt{2900} = ?$

已知 $54^2 = 2916$，接近于被开方数 2900。令 $a = 54$，则 $2ab = (2900 - 2916)$，求得 $\sqrt{2900} \approx 54 + (2900 - 2916)/(2 \times 54) = 53.85185185$，和 $\sqrt{2900}$ 的值 53.85164807 相差 2.0378×10^{-4}，满足机床分辨率要求。

例 2：求 $\sqrt{3375} = ?$

① 已知 $58^2 = 3364$，接近于被开方数 3375。令 $a = 58$，则 $2ab = (3375 - 3364)$，求得 $\sqrt{3375} \approx 58 + (3375 - 3364)/(2 \times 58) = 58.09482759$，和 $\sqrt{3375}$ 的值 58.09475019 相差 7.7393×10^{-5}，满足机床分辨率要求。

② 若更进一步，已知 $58.1^2 = 3375.61$，更接近于被开方数 3375。令 $a = 58.1$，则 $2ab = (3375 - 3375.61)$ JP，求得 $\sqrt{3375} \approx 58.1 + (3375 - 3375.61)/(2 \times 58.1) = 58.09475043$，和 $\sqrt{3375}$ 的值 58.09475019 相差 2.3718×10^{-7}，满足机床分辨率要求。

例 3：求 $\sqrt{4712} = ?$

已知 $68^2 = 4624$，$69^2 = 4761$，显然 69^2 更接近于被开方数 4712。令 $a = 69$，则 $2ab = (4712 - 4761)$，求得 $\sqrt{4712} \approx 69 + (4712 - 4761)/(2 \times 69) = 68.64492754$，和 $\sqrt{4712}$ 的值 68.64400921 相差 9.1833×10^{-4}，满足机床分辨率要求。

例 4：求 $\sqrt{3272} = ?$

已知 $57^2 = 3249$，接近于被开方数 3272。令 $a = 57$，则 $2ab = (3272 - 3249)$，求得 $\sqrt{3272} \approx 57 + (3272 - 3249)/(2 \times 57) = 57.20175439$，和 $\sqrt{3272}$ 的值 57.20139858 相差 3.5580×10^{-4}，满足机床分辨率要求。

为了更快地计算出大约数，对式中的除法

可以快速估算商值，例如 61÷58.1 =？商为 1 后余数为 2.9，如果把除数看成是 58，则 61÷58.1≈1.05，和真实值 1.0499139 相差很小；有时可以利用差值法快速计算大约数，例如 230÷49 =？若令除数为 50，商为 4.6，49 和 50 相差 1/49，把商值加上其 1/49 即可，为了快速计算，可以取 1/50，所以大约数为 4.692，和真实值 4.6938776 相差很小。

参 考 文 献

［1］王爱玲．数控编程技术［M］．北京：机械工业出版社，2008．
［2］田春霞．数控加工工艺［M］．北京：机械工业出版社，2007．